教育部高等学校航空航天类专业教学指导委员会推荐教材

高等学校规划教材·航空、航天与航海科学技术

飞行器振动力学

——理论、应用与云实验

王　乐　谷迎松　杨智春　编著

西北工業大學出版社

西　安

【内容简介】 本书内容涉及单自由度系统振动、多自由度系统振动、连续体振动、振动测试、振动控制以及振动问题工程分析方法等振动力学的基本原理与方法，并充分利用"互联网＋教育"技术，开发涵盖若干典型知识点的互动虚拟实验平台——云实验，便于读者将复杂抽象的振动力学理论公式与生动形象的振动现象关联起来，以加深对振动力学理论和原理的理解，同时通过工程思想及工程案例的引入，促进振动力学理论与工程应用的融会贯通。

本书可作为高等学校航空航天、机械工程和土木工程等专业本科高年级学生及研究生的教材，也可供相关领域的工程技术人员阅读参考。

图书在版编目(CIP)数据

飞行器振动力学 ：理论、应用与云实验 / 王乐，谷迎松，杨智春编著. —西安：西北工业大学出版社，2024.1

教育部高等学校航空航天类专业教学指导委员会推荐教材 高等学校规划教材. 航空、航天与航海科学技术

ISBN 978-7-5612-9101-6

Ⅰ. ①飞… Ⅱ. ①王… ②谷… ③杨… Ⅲ. ①飞行器-结构振动-结构动力学-高等学校-教材 Ⅳ. ①V414

中国国家版本馆 CIP 数据核字(2023)第 229800 号

FEIXINGQI ZHENDONG LIXUE——LILUN、YINGYONG YU YUNSHIYAN

飞行器振动力学——理论、应用与云实验

王乐　谷迎松　杨智春　编著

责任编辑：孙　倩　　**策划编辑**：何格夫

责任校对：朱辰浩　　**装帧设计**：李　飞

出版发行：西北工业大学出版社

通信地址：西安市友谊西路 127 号　　邮编：710072

电　　话：(029)88491757，88493844

网　　址：www.nwpup.com

印 刷 者：兴平市博闻印务有限公司

开　　本：787 mm×1 092 mm　　1/16

印　　张：14.5

字　　数：380 千字

版　　次：2024 年 1 月第 1 版　　2024 年 1 月第 1 次印刷

书　　号：ISBN 978-7-5612-9101-6

定　　价：70.00 元

前　　言

振动问题是航空航天工程、机械工程、土木工程等领域必须面临的一个重要问题，且随着我国向制造强国迈进，对各类工程结构及装备的性能要求越来越高，而其工作环境却越来越恶劣，随之出现的振动问题更为凸显。弄清振动力学的基本概念、原理，掌握基本分析方法，是解决工程结构振动问题的基础。本书是一本振动力学相关理论及应用的入门教材，同时列举了大量飞行器相关的工程示例。

本书内容涉及振动力学领域的基础内容，重点介绍基本概念、基本原理和基本方法。全书共包含 7 章内容：第 1 章介绍振动基本概念、振动研究简史、振动分类、工程结构振动问题、相关预备知识以及本书的电子资源；第 2 章介绍单自由度系统的自由振动及强迫振动；第 3 章介绍多自由度系统的振动方程、固有模态、自由振动、强迫振动、实模态下的模态叠加法及复模态分析；第 4 章介绍弦、杆、轴、梁、膜及板等连续系统振动的基础知识；第 5 章介绍振动测试系统、模态测试及振动响应测试等结构振动测试的基础知识；第 6 章介绍振动控制中的阻振、隔振、吸振、缓冲等被动振动控制方法以及主动振动控制、半主动振动控制的基本原理；第 7 章介绍结构振动问题的工程分析方法。

本书的特色是充分利用“互联网＋教育”技术，开发了包含网页版及微信小程序版的云实验平台，相关实验项目分布于单自由度系统振动、多自由度系统振动以及结构振动控制基础等章节，便于读者将复杂抽象的振动力学理论公式与生动形象的振动现象关联起来，以加深对振动理论及振动现象的理解。同时，在编写本书过程中，笔者以解决工程结构振动问题为导向，突出工程应用及工程思想，并融合团队相关最新科研成果，以帮助读者将振动力学理论与其工程应用融会贯通。

本书内容适用于高等学校相关工科专业本科高年级学生及研究生的教学，具体学时可根据实际安排，对书中内容进行取舍。

本书的出版得到了西北工业大学规划教材项目的资助，也获得了教育部高等学校航空航天类专业教学指导委员会的推荐。编写本书参阅了相关作者的文献资料，同时在相关工程案例介绍中，使用了笔者所在课题组郭宁博士、李伟光博士、康在飞硕士的相关科研成果。

第一飞机设计研究院刘江华高级工程师对振动测试部分提出了建设性意见。同济大学宋汉文教授、南京航空航天大学张方教授仔细审阅了全稿，并提出了很多宝贵的意见。对以上支持与帮助，笔者在此一并表示感谢。

由于笔者水平有限，书中不妥之处在所难免，敬请读者不吝指正！

编著者

2023 年 6 月

目　　录

第1章　绪　　论

1.1　振动基本概念

1.1.1　振动的定义

在自然界、日常生活以及工程领域中，振动现象普遍存在。在自然界中，风吹草动（小草在风作用下的往复摆动），波涛汹涌（海浪的上下起伏运动），地动山摇（地震引起的大地晃动），等等。在日常生活中，清晨的闹钟响起（不管是机械闹钟还是电子闹钟，最终都是通过结构振动而发声），闹钟声音传到人的耳朵引起耳膜的振动，人可以说话是因为声带的振动，各种乐器因振动而发出美妙的声音，等等。在工程领域中，振动现象更是随处可见，如建筑物受到风或地震激励产生振动，车辆在行驶时由于路面不平而产生振动，飞机在飞行时受到紊流激励产生振动，各种旋转机械由于质量不平衡而产生振动，等等。

振动指物体经过其平衡位置所做的往复运动，也可定义为物体在其平衡位置附近的振荡。机械振动是指机械和结构的振动。不同领域中的机械振动虽然各具特色，但存在着共同的客观规律，可以建立统一的理论来进行研究。振动力学就是一门研究这一统一理论的力学分支学科。

在工程领域，通常将能产生振动的机械部件、工程结构等研究对象称为振动系统，简称系统，其一般包括一种储存势能的（弹簧或弹性）元件、一种储存动能的（质量或惯性）元件，以及一种消耗能量的（阻尼器）元件。机械振动的实质为能量的转换和消耗，包括势能向动能的转换和动能向势能的转换，对于有阻尼系统，每个振动周期都会消耗一些能量（一般转化为热能耗散掉）。

1.1.2　振动问题

机械振动就是指机械或结构的振动运动以及与振动运动相关的内部因素（弹性、惯性、阻尼）、外部因素（初始条件、作用力）及其相互关系。在机械振动中，可将初始扰动、强迫力等外界因素对于振动系统的作用统称为外激励，简称激励，而将振动系统在激励作用下产生的运动称为振动响应，简称响应。根据激励、系统、响应的关系，通常振动领域研究三类问题，如图 1.1 所示。第一类问题，已知激励及系统求解响应，称为振动分析；第二类问题，已知响应及激励识别系统参数，称为系统辨识或参数辨识；第三类问题，已知系统及响应识别激励，称为载荷识别。第一类问题属于振动工程中的正问题，而后两类属于振动工程中的反问题。

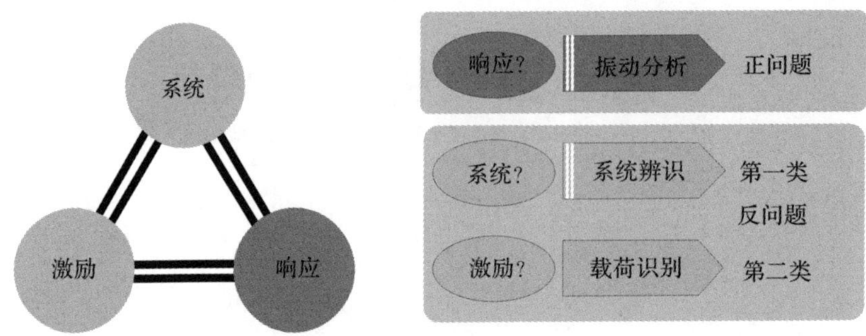

图 1.1　三类振动问题

1.2　振动研究简史

1.2.1　振动现象的探索与使用

声音作为一种典型的振动形式，在人类对振动的研究中起着重要作用。人类对振动的探索最先起源于一些乐器，如笛子、鼓等。人们从艺术角度建立了声学及振动的相关规则，但这些规则没有发展为一门科学，相关振动现象的探索与使用的大致时间图谱如图 1.2 所示。

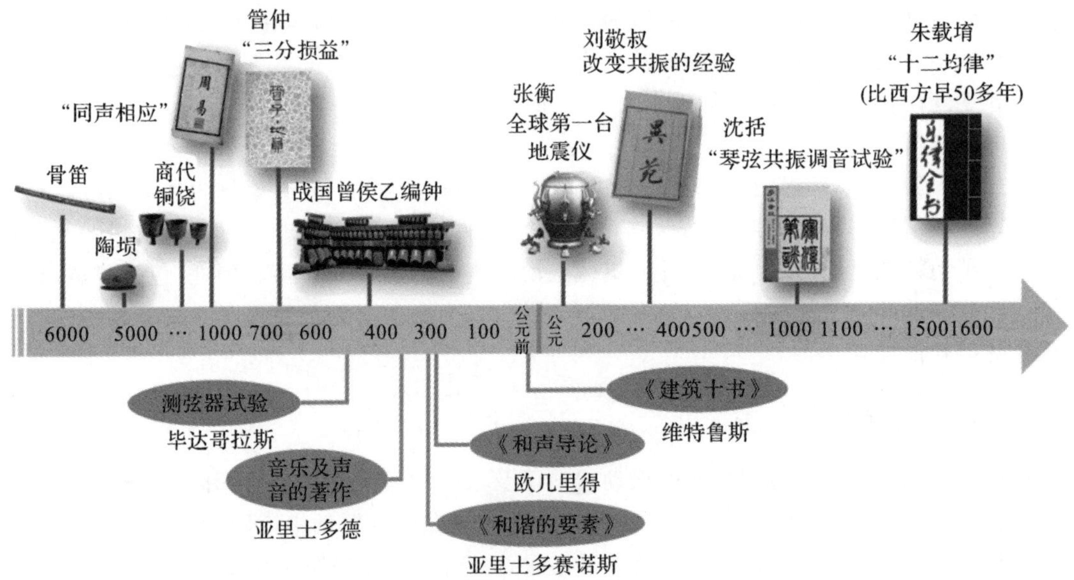

图 1.2　振动现象的探索与使用时间图谱

我国是世界四大文明古国之一。据文献记载和考古发现，我国在声学及振动知识的积累上有很长的历史，对声学及振动的探索与使用有重要的贡献。河南省舞阳贾湖出土了8 000年前的16支骨笛。浙江省余姚河姆渡出土了7 000年前的陶埙。商代铜饶已有十二音律中的九律，并有五度协和音程的概念。撰写于西周时期的《周易》上记录的“同声相应”可以说是对共振现象最早的观察和记录之一。春秋时期管仲(约公元前723—前645年)所著的《管子·地员》介绍了乐律的“三分损益”法。20世纪70年代出土了改写世界音乐史、代表中国先秦礼乐文明的战国曾侯乙编钟(全套包含65件青铜乐器)。东汉时期张衡(96—179年)发明了用来监测地震时间及方向的地动仪。南北朝时期刘敬叔(约390—471年)所著的《异苑》中介绍了古人对共振知识的了解和改变共振的经验。北宋沈括(1031—1095年)在《梦溪笔谈》中记录了频率为1∶2的琴弦共振调音试验。明朝朱载堉(1536—1611年)在其著作《乐律全书》中最先提出了音乐学理论的重大创造“十二均律”，比西方国家的相似理论[法国人马兰·梅森(Marin Mersenne，1588—1648年)及意大利人伽利略·伽利雷(Galileo Galilei，1564—1642年)于1636年、1638年先后提出，见后文]足足早了50多年，至今钢琴等定音乐器都是按照这一理论调音的。

国外对声学及振动的探索略晚于我国，主要集中在古希腊、古罗马等。古希腊人毕达哥拉斯(Pythagoras，公元前582—前507年)被认为是基于科学基础研究音乐的第一人，他通过“测弦器试验”表明短弦的长度如果是长弦的一半，其音调会比长弦的音调高八度音节(尽管当时已经建立了音调的概念，但音调与频率之间的关系直到17世纪伽利略时代才被人们所知晓，详见后文)。大约公元前350年，古希腊人亚里士多德(Aristotle，公元前384—前322年)撰写了关于音乐及声音的著作，已经有了“人的声音比乐器的声音更甜美”以及“长笛的声音比抱琴的声音更甜美”的记载。大约公元前320年，古希腊人亚里士多赛诺斯(Aristoxenus，约公元前4世纪)撰写了名为《和谐的要素》(*Elements of Harmony*)的著作。大约公元前300年，古希腊人欧几里得(Euclid，约公元前330—前275年)撰写了名为《和声导论》(*Introduction to Harmonics*)的著作，简要地论述了音乐，但没有提及声音的物理性质。在古希腊人音乐知识的基础之上，古罗马人维特鲁斯(Vitruvius，约公元前80—前15年)在大约公元前20年撰写了描述剧院声学特性的著作《建筑十书》(*De Architectura Libri Decem*)。

1.2.2 振动理论的确立与发展

15世纪，经过了文艺复兴运动的欧洲，其生产方式的改变促进了科学的发展，振动领域的相关研究逐渐从现象观察、应用发展到了试验、理论研究，科学家们从单摆的振动试验研究开始，逐步开展了弦、离散系统、梁、板、膜的振动试验与理论研究，以及后续的工程应用，相关研究的大致时间图谱如图1.3所示。

1. 振动理论的确立

振动领域的开创性研究当数伽利略·伽利雷开展的单摆试验研究，他于1638年发表了名为《两门新科学的谈话》(*Discourses Concerning Two New Sciences*)的著作，描述了单摆振动频率对单摆摆长的依赖关系及共振现象，同时在该著作中他也弄清了张力弦的振动频率与弦长、张力及密度之间的关系。其实，在伽利略·伽利雷发表著作之前，马兰·梅森在1636年就发表了名为《和谐之书》(*Harmonicorum Liber*)的著作，他同样测量了一个长弦的振动频率，进而利用该频率来预测一个同密度、同张力短弦的振动频率。通常认为，马兰·梅森发现了弦的振动规律（因其成果发表较早），但声望归于伽利略·伽利雷（因其成果完成较早）。

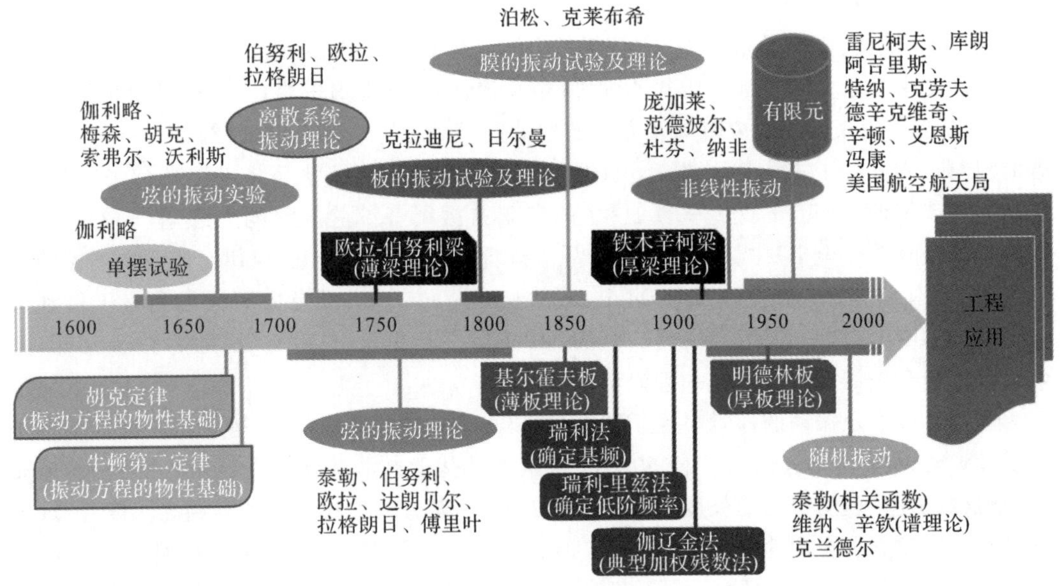

图 1.3　振动理论的确立与发展时间图谱

弦的振动试验是振动领域初期研究的热点方向。英国人罗伯特·胡克（Robert Hooke，1635—1703 年）也进行了相关弦振动试验，发现了弦的振动频率及音调之间的关系，同时他于 1678 年发表的胡克定律为振动理论的发展奠定了物性基础。法国人约瑟夫·索弗尔（Joseph Sauveur，1653—1716 年）完整地进行了系列弦振动试验研究，创造了单词“acoustics”来表示声音科学，观察到了模态振型[英国人约翰·沃利斯（John Wallis，1616—1703 年）也同时独立发现]，发现了振动的张力弦在一些点没有运动[称之为节点（nodes）]，而另一些点振动很剧烈[称之为环点（loops）]，也发现这些具有节点的张力弦的振动频率（谐频）比没有节点的张力弦的振动频率（基频）要高，且谐频是基频的倍数，还发现了张力弦振动时同时可包含多个谐频。

振动领域的理论研究热潮出现在英国人艾萨克·牛顿（Isaac Newton，1642—1727 年）于 1686 年发表《自然哲学的数学原理》（*Philosophiae Naturalis Principia Mathematica*）之后，该力学领域的不朽巨著描述了万有引力、三大运动定律及其他发现，其中牛顿第二运动定律是推导振动方程的基础。结合胡克定律及牛顿第二运动定律，科学家们在弦振动试验的基础上开展了大量弦振动理论研究，也为连续体振动理论研究奠定了基础。英国人布鲁克·泰勒（Brook Taylor，1685—1731 年）于 1713 年建立了振动弦的理论解，其理论固有频率与伽利略·伽利雷及马兰·梅森实测固有频率完全一致。随后，法国人丹尼尔·伯努利（Daniel Bernoulli，1700—1782 年）、法国人基恩·达朗贝尔（Jean D' Alembert，1717—1783 年）、瑞士人莱昂哈德·欧拉（Leonhard Euler，1707—1783 年）等人利用在运动方程中引入局部求导,改进了布鲁克·泰勒的求解方法。同时,丹尼尔·伯努利于1755年利用动力学方程证明了弦振动时同时包含了其多个谐波的可能性(即模态叠加),基恩·达朗贝尔和莱昂哈德·欧拉对此有所怀疑,直到1822年,法国人让·巴蒂斯特·约瑟夫·傅里叶(Jean Baptiste Joseph Fourier,1768—1830年)在其著作《热分析理论》(*Analytical Theory of Heat*)中,验证了该表达式的准确性。法国人约瑟夫·拉格朗日(Joseph Lagrange,1736—1813年)在1759年建立了弦振动的解析解,假定弦是由有限多个等间隔的质量块组成的,出现的独立振动频率的数量等于质量块的数量,当质量块数量趋于无穷时,获得的独立振动频率与弦的谐振频率相等。

几乎与弦振动研究同时,科学家们也开展了大量的离散系统振动理论研究,为振动理论的发展引入了重要的内容。法国人约翰·伯努利(Johann Bernoulli,1667—1748年)于1727年研究了不计质量弹性弦线上等距分布的等质量质点的运动,建立了无阻尼自由振动的动力学方程,并求出解析解。莱昂哈德·欧拉于1728年建立并求解了单摆在有阻尼介质中运动的微分方程,并于1739年研究了无阻尼系统在简谐激励下的振动,从理论上解释了共振现象,之后他于1747年对n个等质量质点由等刚度弹簧连接的系统列出微分方程组并求出精确解,从而发现了系统的振动是各阶主振动的叠加,特定振型的出现取决于初始条件。约瑟夫·拉格朗日于1762年建立了离散系统线性振动的一般理论,但其中关于频率方程有重根情形的结论有误,直到1858年才由德国人卡尔·魏尔施特拉斯(Karl Weierstrass,1815—1897年)加以更正。

梁作为另一种典型的一维结构,其振动研究主要集中在两种典型的梁理论。莱昂哈德·欧拉及丹尼尔·伯努利分别于1744年及1751年研究了不同约束方式的薄梁振动问题,他们的方法称为欧拉-伯努利梁理论(即薄梁理论)。100多年以后,通过考虑转动惯量及剪切变形,美籍俄裔斯蒂芬·铁木辛柯(Stephen Timoshenko,1878—1972年)于1920年前后改进了薄梁振动理论,提出了铁木辛柯梁理论(即厚梁理论)。

在一维结构及离散系统振动研究之后,科学家们开始了二维板的振动研究。德国人恩斯特·弗洛伦斯·弗里德里希·克拉迪尼(Ernst Florens Friedrich Chladni,1756—1827年)于1802年开展了一项研究板振动的试验,即在振动的板上撒上沙子以观察其模态振型,这是一种简单、有效且直观的观察振型的方法(此方法称为沙型法,一直使用到今天)。法国人苏菲·日尔曼(Sophie Germain,1776—1831年)先后三次参加了由法国科学院于1811年、1813年以及1815年开展的关于解释板振动现象的竞赛,第一次约瑟夫·拉格朗日发现她的推导有错误,第二次她修正了推导的错误但没有对其假设进行物理解释,第三次虽然评委对其理论并不是完全满意但她终于获奖,之后发现她的微分方程是正确的仅边界条件有误。振动板准确的边界条件于1850年由德国人古斯塔夫·罗伯特·基尔霍夫(Gustav Robert Kirchhoff,1824—1887年)给出(即基尔霍夫板或薄板理论)。后来,美国人雷蒙德·大卫·明德林(Raymond David Mindlin,1906—1987年)于1951年通过考虑转动惯量及剪切变形,提出了明德林板理论(即厚板理论)。

膜作为另一种典型的二维结构,其振动理论与试验研究也受到了科学家们的关注。法国人西蒙·丹尼斯·泊松(Simeon Denis Poisson,1781—1840年)于1829年研究了对理解鼓振动很重要的矩形膜的振动问题。德国人鲁道夫·弗里德里希·阿尔弗雷德·克莱布希

(Rudolf Friedrich Alfred Clebsch,1833—1872 年)于 1862 年基于鼓面的振动现象,研究了圆形膜的振动问题。

2. *振动应用的发展*

进入 19 世纪后期,随着航海运输和动力机械技术的发展,以及后来航空航天技术的发展,振动理论的工程应用受到了广泛重视,但针对复杂而不规则的实际工程结构难以获取其精确解,科学家和工程师们开展了相关大量近似计算方法研究。利用能量守恒原理,英国人瑞利爵士(Lord Rayleigh,1842—1919 年)于 1873 年根据系统的能量分析定义了瑞利商,由此提出确定保守系统振动基频的近似方法(即瑞利法)。之后,瑞士人沃尔特·里兹(Walther Ritz,1878—1909 年)于 1908 年以最小势能原理为基础,通过级数展开近似求解变分问题,将瑞利法发展为近似计算结构几个低阶固有频率的方法(即瑞利-里兹法)。再后来,俄罗斯人鲍里斯·伽辽金(Boris Galerkin,1871—1945 年)于 1915 年将级数展开的思想推广用于研究杆和板的平衡,形成了加权残数法的一种重要特殊形式,即伽辽金法。比齐诺(Biezeno C. B.)和格拉梅尔(Grammel R.)于 1933 年提出的子区域法及弗雷泽(Frazer B. A.)、琼斯(Jones W. P.)和斯肯(Sken S. W.)于 1937 年提出的并置法是加权残数法的特殊形式。加权残数法的一般形式由美国人斯蒂芬·哈利·克兰德尔(Stephen Harry Crandall,1920—2013 年)于 1956 年提出,并由美国人布鲁斯·芬利森(Bruce A. Finlayson,1940—)于 1972 年发展完善。

同时发展起来的还有各种工程方法。斯坦利·邓克莱(Stanley Dunkerley)于 1894 年分析旋转轴振动时提出了一种估算多圆盘轴横向振动基频的简单实用方法。斯洛伐克人奥雷尔·博莱斯拉夫·斯托多拉(Aurel Boleslav Stodola,1859—1942 年)研究了梁、板及膜的振动,其 1904 年计算轴杆频率时提出了一种逐步近似方法,成为矩阵迭代法的雏形。德国人赫尔曼·弗拉姆(Hermann Frahm,1867—1936 年)于 1902 年计算船舶主轴扭振时提出离散化的思想,他还于 1909 年提出了利用额外的次级弹簧-质量系统来消除主系统振动的动力吸振器(Frahm 吸振器)。离散化的思想相继被霍尔茨(Holzer H.)于 1907 年改进为表格化的霍尔茨方法,被美国人尼尔斯·奥托·莫克斯塔德(Nils Otto Myklestad,1909—1972 年)于 1944 年用于离散梁的弯曲振动。汤姆森(Thomson W.)于 1950 年将这种计算轴系和梁频率的离散化方法表述为矩阵形式,最终形成传递矩阵法。

有限元法的引入使得求解工程振动问题更为便利。有限元法的工作起源于俄裔加拿大人亚历山大·雷尼柯夫(Alexander Pavlovich Hrennikoff,1896—1984 年)和德裔美国人理查德·库朗(Richard Courant,1888—1972 年)于 20 世纪 40 年代初期的工作,亚历山大·雷尼柯夫于 1941 年使用晶格类比离散域,而理查德·库朗借鉴了瑞利、沃尔特·里兹和鲍里斯·伽辽金研究的偏微分方程早期求解方法,于 1943 年将域划分为有限的三角形子区域来求解由圆柱体扭转问题建立的二阶椭圆偏微分方程。20 世纪 60 年代前后,希腊裔德国人约翰·哈吉·阿吉里斯(Johann Hadji Argyris,1913—2004 年)、美国人乔纳森·特纳(Jonathan Turner,1915—1983 年)和美国人雷·威廉·克劳夫(Ray William Clough,1920—2016 年)、英国人奥尔吉耶·塞西尔·德辛克维奇(Olgierd Cecil Zienkiewicz,1921—2009 年)、英国人欧内斯特·辛顿(Ernest Hinton,1946—1999 年)和英国人布鲁斯·艾恩斯(Bruce Irons,1924—1983 年)等分别在土木及航空等领域研究了有限元方法,从而真正推动了有限元方法的发展。我国冯康(1920—1993年)于1964年也提出有限元法的思想,称之为基于变分原理的有限差分法,被国际学术界视为中国独立发展"有限元法"的重要里程碑。20世纪60年代末期,以美国航空航天局(National Aeronautics and Space Administration,NASA)为主导开发的有限元分析程序Nastran极大地促进了有限元法的工程应用,Nastran目前仍是有限元分析领域,尤其是航空航天领域最为重要的商用有限元分析软件。

人们很早就认识到,包括振动在内的许多基本力学问题都是非线性的。虽然一般采用线性处理在很多情况下都能获得满意的结果,但线性处理并不适合所有情况,在非线性系统中可能会发生在线性系统中理论上不可能发生的现象。19世纪末期,随着数学及物理学研究的发展,非线性振动研究也逐渐被重视,法国人亨利·庞加莱(Henri Poincaré,1854—1912年)和俄罗斯人亚历山大·李雅普诺夫(Aleksandr Lyapunov,1857—1918年)开始了非线性振动的数学理论研究,前者于1892年建立了近似求解非线性力学问题的摄动法,后者于同年提出了适用于多种类型动力学系统的现代稳定性理论基础。荷兰人巴尔萨泽·范德波尔(Balthasar van der Pol,1889—1959年)及格奥尔格·杜芬(Georg Duffing,1861—1944年)于1920年之后才为非线性振动理论带来了第一个确定解,并强调了其在工程领域的重要性。在之后的40年间,俄裔美国人尼古拉斯·米诺尔斯基(Nicolas Minorsky,1885—1970年)、美国人詹姆斯·约翰斯顿·斯托克(James Johnston Stoker,1905—1992年)等研究了大量关于非线性振动的相关问题。目前大多关于非线性振动的实际应用,都利用了巴勒斯坦人阿里·哈桑·纳非(Ali Hasan Nayfeh,1933—2017年)建立的摄动理论。

随机振动也广泛地存在于工程实际中,例如地震、风、海浪、载运工具等。德裔美国人阿尔伯特·爱因斯坦(Albert Einstein,1879—1955年)在1905年就注意到了布朗运动这一特殊的随机振动,英国人杰弗里·英格拉姆·泰勒(Geoffrey Ingram Taylor,1886—1975年)于1920年提出的相关函数,以及美国人诺伯特·维纳(Norbert Wiener,1894—1964年)于1930年和俄国人亚历山大·辛钦(Aleksandr Khinchi,1894—1959年)于1934年分别独立建立的谱理论(通常称为维纳-辛钦理论,Wiener-Khinchin Theorem),开辟了随机振动理论研究的新篇章。斯蒂芬·哈利·克兰德尔于1963年发表的专著对随机振动理论中的知识进行了系统化整理。

在1940年以前,关于工程结构的振动研究都采用了很粗糙的模型(仅包含很少的自由度)。从20世纪50年代开始,随着电子计算机的发展,人们已经可以处理适度复杂的系统,以获得复杂振动系统的近似解。与此同时,随着60年代有限元方法的发展,人们已经可以处理包含成千上万个自由度的复杂系统的振动问题,形成了现代研究复杂系统振动问题的数值方法。另外,1970年来以来,以快速傅里叶变换为代表的信号处理技术以及相关数字测试设备的飞速发展也为振动理论的工程应用研究提供了有力的技术支持。

历史的回顾表明,振动理论在其发展过程中逐渐由基础科学转化为基础科学与技术科学的结合。工程问题的需求使得振动理论成为必要,而测试和计算技术的进步又使振动理论的发展成为可能。学科的交叉也不断为振动理论的发展注入活力,使振动理论形成一门以物理概念为基础,以数学方法、数值计算和测试技术为工具,以解决工程中振动问题为主要目标的力学分支。

1.3 振动分类

基于不同的分类原则，振动有多种不同的分类方式。下面将分别按照激励类型、响应类型及系统类型简述振动的各种分类方式。

1.3.1 按激励类型分类

按激励类型，振动可分为自由振动、强迫（受迫）振动、自激振动及参激（参数）振动。

1. 自由振动

自由振动指系统受初始扰动后不再受外界激励的振动。例如，拨动琴弦引起琴弦的振动、跳板运动员离开跳板后跳板的振动、战斗机发射机翼外挂导弹后机翼的振动等都是自由振动。

2. 强迫（受迫）振动

强迫（受迫）振动指系统在外界控制的交变激励作用下的振动，即外激励为周期或非周期变化的激励。例如，具有不平衡质量的发动机转子因发动机转动引起的振动、飞机地面滑跑因跑道不平整引起的机体振动、飞机在飞行中因阵风载荷引起的机体振动等都是强迫（受迫）振动。

3. 自激振动

自激振动指系统在自身控制的外界恒定激励作用下的振动，即外激励为恒定激励，不是交变激励。例如，微风吹拂下树叶的振动、拉动琴弓引起的琴弦的振动、机翼或舵面可能出现的颤振等都是自激振动。

4. 参激（参数）振动

参激（参数）振动指激励方式是通过改变系统的物理参数而实现的振动，即外激励不是以外力形式施加于系统，而是周期性地改变系统参数，例如，适时地做出下蹲（最高位置时）和直立（最低位置时）动作的荡秋千就是参激振动。

1.3.2 按响应类型分类

按响应类型，振动可分为确定性振动和随机振动。

1. 确定性振动

响应是时间的确定性函数，一般可按照响应是否具有周期，分为周期振动和非周期振动，相关典型的周期振动和非周期振动分别如图 1.4 和图 1.5 所示（图中 Unit 表示力、位移、速度及加速度等振动量的单位 N、m、m/s、m/s^2 等，下同）。

(1)周期振动一般包括以下两种。

1)简谐振动：响应为时间的正弦或余弦函数，是最简单的周期振动。

2)一般周期振动：响应为时间的周期函数，可用傅里叶级数转换为一系列简谐振动的叠加，如周期方波振动、周期后峰锯齿波振动、若干个周期可通约的简谐振动合成的振动。

(2)非周期振动一般包括以下三种。

1)瞬态振动：也称为暂态振动，在很长时间内不变化，而在一个较短持续时间内幅值有显著变化的振动，一般由外加瞬态激励引起。

2)准周期振动:若干个周期不可通约的简谐振动合成的振动。

3)一般非周期振动:响应为时间的非周期函数,也就是除瞬态振动和准周期振动外的非周期振动。混沌振动(由确定性非线性系统受确定性激励而引起、对于初始条件极为敏感而具有内禀随机性和长期预测不可能性的非周期运动)是其中的一种特殊形式。需要强调的是,研究工程实际中遇到的一般非周期振动,只要考虑的时间足够长,都可认为是瞬态振动。因此,后续有关信号处理与分析的内容,将不区分瞬态振动信号与一般非周期振动信号。

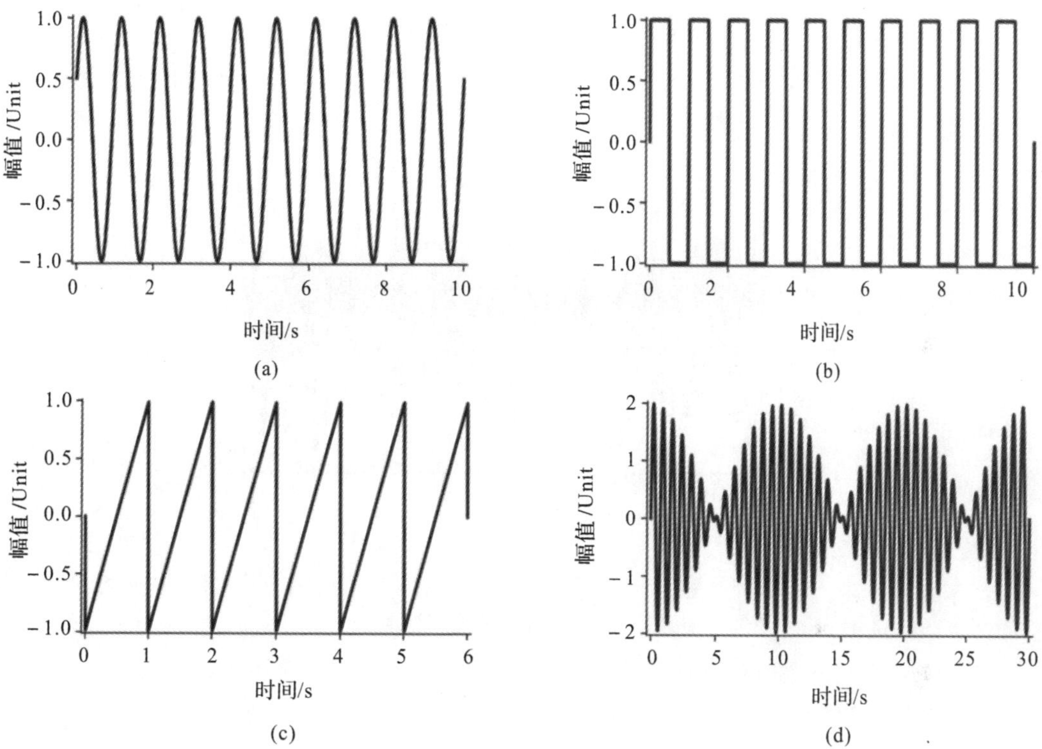

图 1.4 典型的周期振动

(a)简谐振动; (b)周期方波振动; (c)周期后峰锯齿波振动;

(d)两个简谐振动的合成振动(频率分别为 1.3 Hz 与 1.4 Hz)

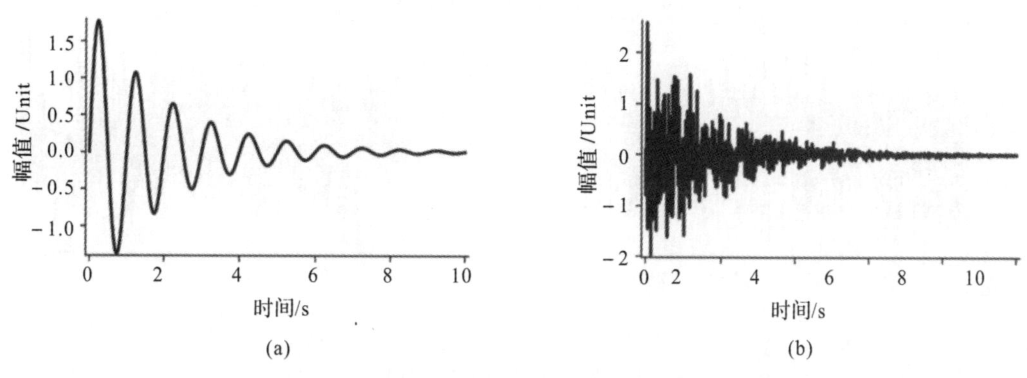

图 1.5 典型的非周期振动

(a)简单瞬态振动; (b)复杂瞬态振动

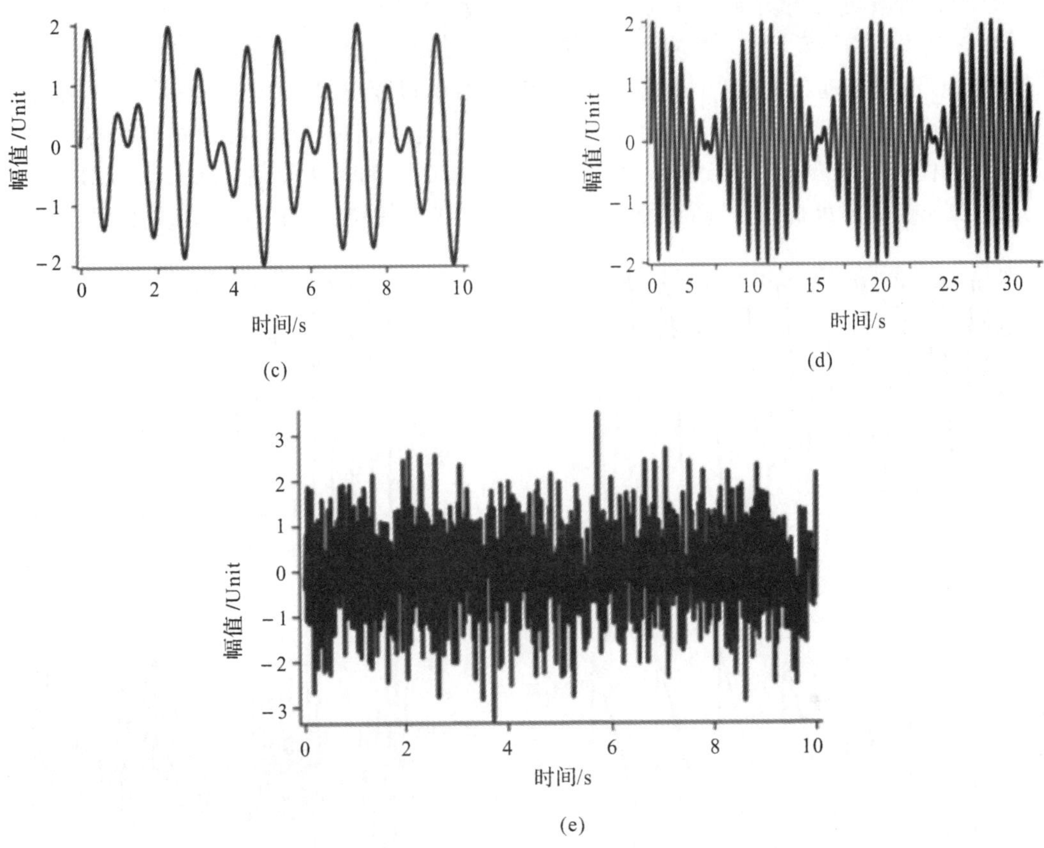

续图 1.5　典型的非周期振动

(c)两个简谐振动合成的准周期振动(频率分别为 1.0 Hz 与$\sqrt{2}$ Hz)；
(d)两个简谐振动合成的准周期振动(频率分别为 1.3 Hz 与$\sqrt{2}$ Hz)；(e)一般非周期振动(混沌振动)

2. 随机振动

响应为时间的随机函数,只能用概率统计方法描述,图 1.6 给出了某随机振动的两个样本。对于随机振动响应的某一个样本,其振动响应是确定的,也是典型的非周期振动。

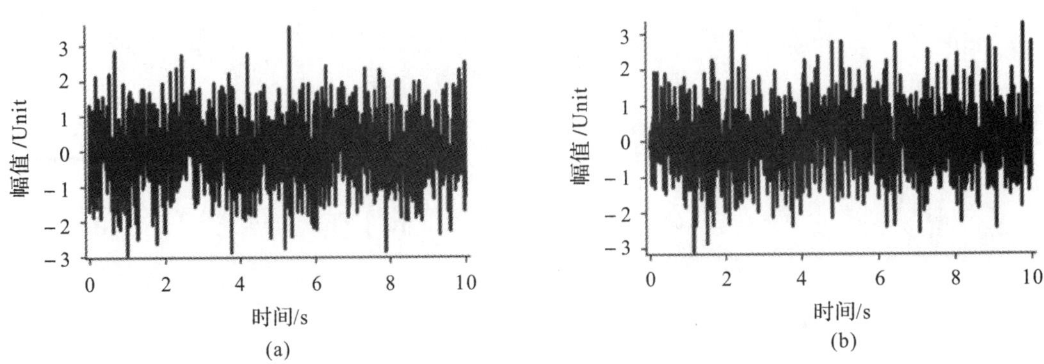

图 1.6　典型的随机振动

(a)样本 1；(b)样本 2

1.3.3 按系统类型分类

1. 按照是否具有阻尼分类

按照是否具有阻尼，振动系统可分为以下两种。

(1)无阻尼系统：一种不包含阻尼的理想系统。

(2)有阻尼系统：包含阻尼的系统，常见的阻尼模型有比例阻尼、库仑阻尼、结构阻尼及流体阻尼。

2. 按照系统参数分布规律分类

按照系统参数分布规律，振动系统可分为以下两种。

(1)离散系统：也称集中参量系统，由彼此分离的有限个惯性元件、弹性元件和阻尼元件组成，自由度为有限个，数学描述为常微分方程。最简单、最基本的离散系统为单自由度系统。

(2)连续系统：也称分布参量系统，由弦、杆、轴、梁、板、壳、体等弹性元件组成的系统，有无限多个自由度，数学描述为偏微分方程。

3. 按照系统受力与运动参数的关系分类

按照系统受力与运动参数的关系，振动系统可分为以下两种。

(1)线性系统：质量不变、弹性力和阻尼力与运动参数呈线性关系，数学描述为线性微分方程。

(2)非线性系统：不能简化为线性系统的系统，数学描述为非线性微分方程。

4. 按照系统参数的变化规律分类

按照系统参数的变化规律，振动系统可分为以下两种。

(1)确定性系统：系统参数变化规律可用时间的确定性函数描述，也称定则系统。通常其又可分为以下两类。

1)定常系统：也称常参量系统，系统参数不随时间改变，数学描述为常系数微分方程；

2)非定常系统：也称变参量系统，系统参数随时间变化，数学描述为变系数微分方程。

(2)随机系统：系统参数变化规律无法用时间的确定性函数描述，只能用有关统计特性描述。

1.4 工程结构振动问题

如1.1.2节所述，根据激励、振动系统、响应的关系，将振动问题分为振动分析、系统辨识及载荷识别三类问题。针对工程实际结构的具体振动问题，上述三类问题可能单一存在，也可能同时存在。因此，结合振动理论在工程实际中的应用，本节简要介绍若干工程实际中的振动问题。

1.4.1 振动分析

振动分析的目的是获取振动系统的响应特性，是处理其他振动相关问题的基础，通常包含模态分析及响应分析两个方面的内容。

1. 模态分析

模态分析就是获取结构的固有特性(含固有频率及固有振型),包含通过仿真手段获取固有特性的仿真模态分析(通常也叫模态计算)以及通过试验手段获取固有特性的试验模态分析(通常也叫模态识别)。结构的固有特性是描述结构振动特性的重要参数,模态分析也是振动工程应用的一项最基本、最重要的工作。本书第3章中的固有模态及第5章中的模态测试等章节会详细介绍相关内容。

2. 响应分析

响应分析指振动响应分析,也称动响应分析,包含通过仿真手段获取结构动响应的动响应仿真分析(通常也叫动响应计算)以及通过试验手段获取结构动响应的动响应试验分析(通常也叫动响应测试)。动响应是描述结构振动响应水平的物理量,其大小直接与描述结构承载特性的刚度或强度指标相关,其分析结果对工程结构的设计及改型具有重要的指导意义。本书第2～4章大部分内容、第5章中的振动响应测试以及第7章中的振动响应数值解法等章节会详细介绍相关内容。

1.4.2 振动控制

通常,工程结构的振动被视为有害现象,振动控制就是指根据振动的理论、原理和方法,对已有的机械或结构系统进行修改设计或设计一个附加的新系统来消除不需要的振动响应或降低振动响应的水平,以保证结构系统的正常工作,充分发挥其功能,延长其使用寿命。对某些结构系统,振动控制的目的是要通过设计附加系统或改进现有结构的参数,使结构处于动态稳定范围,不发生失稳性振动(如飞机的颤振),这类问题也称为振动稳定性控制。

根据振动控制是否需要外界能源的输入,其控制方法可以分为以下三类。

(1)被动振动控制。该类方法是振动控制中的经典方法,因其不涉及复杂的控制律且控制系统失效一般也不会对系统产生反效作用,是目前工程领域使用最广泛、应用最成熟的方法。

(2)主动振动控制。该类方法是根据振动响应主动产生控制力并作用在结构上以达到控制振动响应的目的,它实际上是一门融合振动理论、传感器/作动器技术、现代控制理论、信号处理技术、计算机技术以及先进材料等学科的综合技术,又称为有(能)源振动控制。

(3)半主动振动控制。该类方法是根据振动响应去主动改变振动系统的惯性、刚度或阻尼参数,相比主动振动控制直接施加控制力的方式,半主动振动控制需要的外界能量相对较少,这使得其成为振动控制领域一种有效而实用的方法,近年来在结构振动控制特别是振动稳定性控制中获得了广泛的应用。

有时也将上述主动振动控制称为狭义的主动振动控制,将其与半主动振动控制统称为广义的主动振动控制。本书第4章会详细介绍相关内容。

1.4.3 振动利用

振动利用是指利用振动的理论、原理和方法设计出特定的振动结构或振动机械来实现某种生活或工程的目的,也包含近些年来利用振动理论开展的一些可服务于工程实践的方法研究。振动利用的范畴也在不断扩大,就目前的工程现状而言,工程中的振动利用大致可包含振动机械和方法研究两类。

1. 振动机械

振动机械包括振动粉碎、振动钻孔、振动筛选和振动压实等。例如：医学领域的体外碎石机是利用冲击波在不同物质中传递时的不同阻抗实现对结石的粉碎；冲击电钻是以旋转切削为主，兼有依靠操作者推力生产冲击力的冲击机构，用于砖、砌块及轻质墙等材料上钻孔的电动工具；振动筛就是一种利用振动使物料在筛网上进行筛分的设备；振动压路机就是利用其自身的重力和振动机构来压实各种筑路材料的工程机械。

2. 方法研究

目前利用振动理论的相关工程方法研究包含模型修正、结构健康监测、载荷识别、能量俘获等。例如：模型修正就是利用结构实测振动响应与仿真分析振动响应的差异来修正仿真模型，以提升仿真模型的准确度与可信度；结构健康监测就是利用结构振动响应来对结构健康状态进行评估，根据振动响应采集的便利性，往往可用于结构工作状态下的在线健康监测；载荷识别就是利用结构振动响应并结合振动系统模型，识别振动系统所受的外载荷；能量俘获就是将振动响应中包含的机械能通过某种方式转换为可供其他设备使用的能源。

1.4.4 结构振动与人工智能

随着人工智能技术的发展，传统的振动理论与人工智能的结合也是振动领域的一个发展热点。人工智能，尤其是近些年来在各行业取得显著成效的深度学习技术，因其在特征提取与模式识别中的优异表现，也逐渐被应用到传统的振动研究领域并成为当前的研究热点，如利用深度学习技术开展的振动响应预计、振动控制、结构健康监测、载荷识别等。

1.4.5 处理振动问题的一般流程

振动问题作为一种典型的力学工程问题，其处理流程与传统的力学工程问题类似。任何一个工程上的振动系统都是一个非常复杂的动力系统，进行分析时不可能把实际工程结构的所有细节都考虑进来，通常需要根据实际情况，对系统进行简化以达到既能得到有效结果又能提升分析效率的目的。其一般处理流程如图1.7所示。

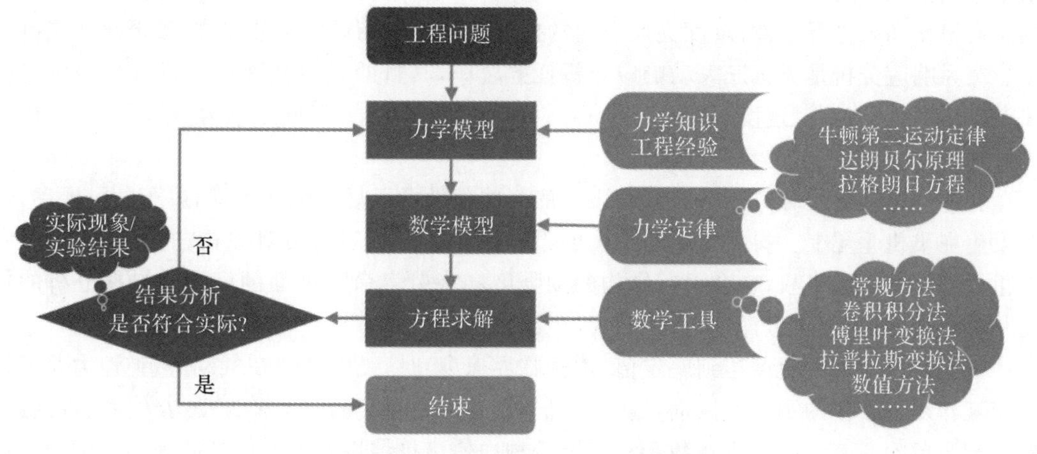

图1.7 处理振动问题的一般流程

步骤1:建立力学模型。需要结合力学知识与工程经验,建立能揭示系统全部重要特性的力学模型。力学模型根据分析目的应包含足够的细节,但不能过于复杂,以便于采用数学方程来描述其行为。建立合适的振动系统力学模型,需要进行大量的工程判断,通常还需要通过迭代不断完善。

步骤2:建立数学模型。利用诸如牛顿第二运动定律、达朗贝尔原理、能量守恒方程、拉格朗日方程等动力学定律方程,针对建立的力学模型,推导其控制方程——运动微分方程,通常称之为振动方程。对于离散系统来说,振动方程通常是一个常微分方程,对于连续系统来说,振动方程通常是一个偏微分方程。

步骤3:方程求解。利用诸如常规方法、卷积积分法、傅里叶变换法、拉普拉斯变换法、数值方法等数学方法,求解振动方程,获得系统响应规律。

步骤4:结果分析。需要对计算获得结果进行分析,通常可包含时域分析、频域分析等,并结合实际现象或实验结果或工程经验,判断结果是否合理。如结果不合理,则需继续完善力学模型,直至结果合理。

1.4.6 飞行器中的典型振动问题

1. 动力装置相关振动问题

动力装置相关振动问题是飞行器结构振动的主要问题之一。例如,在飞机振动环境试验中,针对各种类型的飞机,都给有明确的振动环境谱,要保证相关设备能够在相应振动环境谱下正常工作(即功能试验考核),且能经受相应振动环境谱而不发生失效(即耐久性考核)。另外,推力反向装置、推力矢量装置也会引起飞机结构的振动,在相关情况下必须考虑这些因素下的飞机振动响应以及由此引发的动强度问题。

2. 气动力相关振动问题

飞行器中与气动力相关的振动问题包括阵风(gust)、抖振(buffet)、颤振(flutter)、嗡鸣(buzz)、压力脉动引起的振动、舱门减速板打开时的振动、不规则表面引起的振动等等。

阵风又称突风,指与飞机飞行方向垂直的风速突然变化,包括竖直平面内的垂直突风和水平面内的侧向突风,也可分为离散突风和连续突风。轻度突风引起的振动会干扰飞行员的正常操作和乘坐舒适性;重度突风引起的振动则会影响飞行任务的完成,甚至危及飞行安全。突风响应分析是飞机三大动响应分析任务之一,其目的是研究弹性飞机各个部位在突风激励下产生的位移、速度、加速度运动响应和飞机结构各个部位的轴力、弯矩、剪力、扭矩等载荷响应。

抖振是指边界层分离或湍流激起飞机的某些部件的不规则强迫振动,属于随机振动,通常发生在飞机垂尾上。抖振发生时结构的强烈振动会影响飞行员对飞机的正常操作控制,严重的甚至会引起事故,也会引起结构的动强度和疲劳寿命等方面的问题。抖振分析的目的是确定抖振边界、抖振深度、抖振载荷以及抖振响应。

颤振是指当飞行速度达到一定值(颤振临界速度)时,飞机部件在气动力、弹性力及惯性力交互作用下发生的不衰减振动,属于飞机气动弹性力学中的气动弹性动力学稳定性问题。颤振相当危险,一旦发生,将在数十秒甚至几秒内使飞机结构发生毁灭性的破坏。颤振分析通常包含机翼线性颤振、机翼非线性颤振分析、带外挂物的机翼颤振分析、操纵面颤振分析、跨声速颤振分析以及全机伺服颤振分析等。

嗡鸣是指当飞机跨声速飞行时，可能出现的一种操纵面绕其铰链轴的单自由度周期性的等幅(或发散振幅)振动，本质是由操纵面旋转自由度构成的单自由度颤振。嗡鸣会降低操纵面效率，严重时会使操纵面失效甚至毁坏。嗡鸣分析的目的是确定操纵面嗡鸣速度、频率，并给出防嗡鸣措施。

另外，压力脉动、舱门减速板打开、不规则表面等都可视为额外气动力引起的强迫振动，往往针对一些相应的部件需要开展这类分析，以获取相关结构在这些气动力作用下的动载荷。

3. 机械部件相关振动问题

与机械部件相关的振动问题包括着陆(landing)、滑跑(taxiing)、前轮摆振、武器发射引起的振动，泵、发电机、压气机等辅助动力装置引起的振动，燃料晃动引起的振动，舰载机弹射(catapulting)、拦阻(arresting)引起的振动，等等。

着陆指飞机主起落架机轮着地到前起落架机轮着地的一段过程，通常研究飞机以各种质量分布、各种下沉速度着陆时的振动响应。滑跑是指飞机全部机轮着地时的地面滑行状态，包含起飞滑跑和着陆滑跑，通常研究飞机以各种质量分布、各种水平速度通过各种不同跑道时的振动响应。着陆、滑跑会影响飞机的舒适性和安全性，因此着陆、滑跑产生的增量载荷在飞机结构强度评估中也不能忽略。着陆、滑跑响应分析是飞机三大动响应分析的另外两项任务，其目的是研究弹性飞机各个部位在着陆、滑跑时产生的位移、速度、加速度运动响应和飞机结构各个部位的轴力、弯矩、剪力、扭矩等载荷响应。

前轮摆振是指偏航着陆、侧向撞击或机轮动态不平衡等引起飞机在滑跑时其前轮绕其定向轴做交变转动，并引起前起落架支柱和前机身的晃动，是一种典型的自激振动。前轮摆振将使得前轮运动呈连续的S形，同时机头猛烈摇晃，振动越来越剧烈，直至前轮损坏，甚至可能引起飞机机体结构的破坏。前轮摆振研究的目的是获取摆振临界速度，并给出防摆振措施。

武器发射主要指军用飞机发射武器后，由武器发射的反推力(一般相当于给飞机结构一个冲击激励)引起的飞机结构振动。飞行器中包含泵、发电机、压气机等辅助动力装置，这些装置一般为旋转机械，其不可避免存在的质量不平衡将会引起其安装部位的振动。飞行器在做机动动作时，燃料的晃动也会引起振动。舰载机的弹射及拦阻也会使得飞机弹射/拦阻关键部件承受很大的冲击载荷，进而引起结构振动。

1.5 预备知识

1.5.1 振动典型元件

在结构振动系统中，质量、弹性系数、阻尼系数是表示振动系统特性的三个基本物理参数。由一个质量块、一个弹簧和一个阻尼器就组成了一个最基本的振动系统，当只考虑质量块沿弹簧伸缩方向的振动运动时，由于描述这个系统的运动只需要一个独立的坐标，人们称其为单自由度振动系统，简称单自由度系统。

离散系统由集中参数元件组成,它们是理想化的、高度简化的力学模型。典型的离散系统一般包含惯性元件、弹性元件和阻尼元件三种集中参数元件。要组成一个离散振动系统,惯性元件和弹性元件是必不可少的。单自由度系统就是最简单的离散系统。

1.5.1.1 惯性元件

典型的惯性元件是质量块,质量可以度量质量块的大小,单位为 kg,当质量块 m 沿 x 轴做直线运动时,根据达朗贝尔原理,质量块的惯性力 F_m 与质量 m 之间的关系为

$$F_m = -m\ddot{x} \tag{1.1a}$$

式中:负号表示惯性力的方向与加速度方向相反。

当系统由若干个质量块或具有分布质量的结构组成时,为了采用离散系统的方法对其进行描述,可采用等效质量的方法。质量等效以系统等效前后的动能 T 不变为原则,即

$$T = \frac{1}{2}m_{\text{eq}}\dot{x}^2 = \sum_{i=1}^{n}\left(\frac{1}{2}m_i\dot{x}_i^2\right) \tag{1.1b}$$

当系统做转动运动时,式(1.1a) 惯性力、式(1.1b) 动能可分别写为

$$M_I = -I\ddot{\theta} \tag{1.1c}$$

$$T = \frac{1}{2}I_{\text{eq}}\dot{\theta}^2 = \sum_{i=1}^{n}\left(\frac{1}{2}I_i\dot{\theta}_i^2\right) \tag{1.1d}$$

式中:θ 表示角位移;I 表示转动惯量。

1.5.1.2 弹性元件

典型的弹性元件是弹簧,弹簧的刚度系数或弹性系数可以度量弹簧弹性的大小,弹性系数的单位为 N/m。当弹簧两端产生的位移差(即弹簧的变形) 为 x 时,弹簧的弹性恢复力 F_x 与弹性系数 k 之间的关系为

$$F_k = -kx \tag{1.2a}$$

式中:负号表示弹性恢复力的方向与弹簧的变形方向相反。

当系统由若干个弹簧或具有分布弹性的结构组成时,为了采用离散系统的方法对其进行描述,可采用等效刚度的方法。刚度等效以系统等效前后的弹性势能 V 不变为原则,即

$$V = \frac{1}{2}k_{\text{eq}}x^2 = \sum_{i=1}^{n}\left(\frac{1}{2}k_i x_i^2\right) \tag{1.2b}$$

表 1.1 给出了若干典型构件的等效刚度,其中典型梁的等效刚度可根据刚度系数的定义并通过材料力学计算挠度的方法获得。

表 1.1 典型构件的等效刚度

类 型	示意图	等效刚度
串联弹簧	k_1 k_2	$\dfrac{k_1 k_2}{k_1+k_2}$
并联弹簧	k_1 k_2	k_1+k_2

续表

类　型	示意图	等效刚度
等直杆拉压		$\frac{EA}{l}$
等直杆扭转		$\frac{GJ}{l}$
悬臂梁(端点受力)		$\frac{3EI}{l^3}$
简支梁(中点受力)		$\frac{48EI}{l^3}$
悬臂简支梁(中点受力)		$\frac{786EI}{7l^3}$
两端固简支梁(中点受力)		$\frac{192EI}{l^3}$
剪切框架(悬臂梁自由度无转角)		$\frac{12EI}{l^3}$

当系统做转动运动时,式(1.2a)弹性恢复力、式(1.2b)弹性势能可分别写为

$$M_k = -r\theta \tag{1.2c}$$

$$U = \frac{1}{2}r_{\mathrm{eq}}\theta^2 = \sum_{i=1}^{n}\left(\frac{1}{2}r_i\theta_i^2\right) \tag{1.2d}$$

式中:θ 表示角位移;r 表示扭转刚度。

1.5.1.3　阻尼元件

阻尼指在振动过程中起耗散系统振动能量、阻碍振动运动的一种机制。对于工程实际中的振动系统,振动时因阻尼的存在必有能量耗散,多数情况下是机械能转换为热能。阻尼性质不同,所服从的物理规律也不一样,由于阻尼产生的机理复杂,要完全准确地用数学表达式来表示一个系统复杂的阻尼特性是非常困难的,而且复杂的数学表达式不便于进行振

动分析。通常的做法是采用某些简化的阻尼模型，以方便对有阻尼振动系统进行分析，其中最简单、最便于分析的阻尼模型是黏性阻尼模型。在后续章节中，如不特殊强调，有阻尼系统均指具有黏性阻尼模型的系统。除黏性阻尼外，还有干摩擦阻尼、流体阻尼、结构阻尼、磁滞阻尼及碰撞阻尼等。通常在振动分析中采用能量等效原则来简化阻尼模型，即根据不同阻尼在系统的一个振动周期内耗散的能量相同的原则来将其等效为当量的黏性阻尼。下面介绍几种常用的阻尼模型以及它们的等效方法。

1. 黏性阻尼

黏性阻尼是振动分析中最简单的阻尼模型，也称线性阻尼或比例阻尼，其阻尼力与阻尼器两端的运动速度差成正比，比例系数就是黏性阻尼的阻尼系数 c，它反映了阻尼器的阻尼水平，黏性阻尼系数的单位是 N・s/m，黏性阻尼力 F_c 可表示为

$$F_c = -c\dot{x} \tag{1.3a}$$

式中：负号表示黏性阻尼力的方向与阻尼器两端的运动速度差的方向相反。

当系统做简谐运动(简谐运动是最基本的振动形式，详见 1.5.2 节) 时

$$x = X\sin(\omega t + \varphi) \tag{1.3b}$$

阻尼所耗散的能量，即阻尼力所做的功为

$$W_c = \int F_c \mathrm{d}x = -\int c\dot{x}^2 \mathrm{d}t \tag{1.3c}$$

因振动周期 $T = 2\pi/\omega$，故系统振动一个周期阻尼所耗散的能量为

$$W_c = -\int_0^T c\dot{x}^2 \mathrm{d}t = -\int_0^T cX^2\omega^2\cos^2(\omega t + \varphi)\mathrm{d}t = -\pi\omega c X^2 \tag{1.3d}$$

式(1.3d) 等号右边的负号表示阻尼消耗能量，黏性阻尼在系统振动一个周期内所消耗的能量正比于它的振幅的二次方，同时也与黏性阻尼系数和圆频率成正比。

2. 库仑阻尼

当系统发生振动时，如果系统内两个干燥面接触并产生相对运动，在正压力的作用下，会在接触面上产生库仑摩擦力，也称干摩擦力(相应地，库仑阻尼也称干摩擦阻尼)，它与振动速度无关，并始终与运动的方向相反，即

$$F_f = -\mu N \frac{\dot{x}}{|\dot{x}|} \tag{1.4a}$$

式中：N 是接触面的正压力；μ 为摩擦因数。

系统做简谐振动时，一个周期内库仑阻尼所耗散的能量是

$$W_f = -4\mu N X \tag{1.4b}$$

式中：X 是阻尼器两端相对运动的振幅。根据能量等效原则，可求得库仑阻尼的等效黏性阻尼系数

$$c_f = \frac{4\mu N}{\pi\omega X} \tag{1.4c}$$

库仑阻尼几乎不受环境温度变化的影响，在组装式结构中 90% 的阻尼来自库仑阻尼，利用库仑阻尼减振的工程应用也非常广泛。

3. 流体阻尼

物体在流体中运动时所受到的阻力称为流体阻尼，流体阻尼力与运动速度的二次方成

正比，并与运动的方向相反，因而流体阻尼力可以表示为

$$F_e = -\alpha_e \dot{x} |\dot{x}| \tag{1.5a}$$

式中：α_e 为流体阻尼系数。流体阻尼力在系统振动一个周期内消耗的能量为

$$W_e = -\int_0^T \alpha_e \dot{x}^2 |\dot{x}| dt \tag{1.5b}$$

将简谐运动 $x = X\sin(\omega t + \varphi)$ 代入式(1.5b)，得到

$$W_e = -\frac{8}{3}\alpha_e \omega^2 X^3 \tag{1.5c}$$

其等效黏性阻尼系数为

$$c_e = \frac{8}{3\pi}\omega \alpha_e X \tag{1.5d}$$

4. 结构阻尼

结构阻尼也是振动分析中常使用的一种阻尼。它是当材料处于交变应力状态时，由于材料内摩擦耗散能量而呈现的一种阻尼特性。实验发现，结构阻尼在系统振动一个周期内耗散的能量与交变应力的频率无关，而与振幅的二次方成正比。因而，结构阻尼力的大小与位移成正比，方向与速度方向相反(阻碍振动运动)。

当存在结构阻尼时，结构振动一个周期，它的应力-应变曲线形成一条迟滞回线，所以结构阻尼也称为迟滞阻尼。实验证明，这条迟滞回线所包围的面积就是系统振动一个周期所耗散的能量。小应变情况下，在一个很宽的频带范围内这个面积保持为常数，而仅与振幅的二次方成正比，即系统振动一个周期所耗散的能量可写为

$$W_s = -\alpha_s X^2 \tag{1.6a}$$

式中：α_s 为实验测定的常数，对于金属，α_s 取值在 2 ～ 3 之间。

其等效黏性阻尼系数为

$$c_s = \frac{\alpha_s}{\pi\omega} \tag{1.6b}$$

除了上面所介绍的阻尼外，还有由于金属在磁场中运动所产生的涡流与磁场相互作用而产生的磁滞阻尼，以及两个物体发生非完全弹性碰撞时，由于动能损失所产生的碰撞阻尼。对它们仍然可以按照在一个振动周期内消耗的能量相等的原则来等效为等效黏性阻尼。另外，当系统中包含多个阻尼模型时，若需要将其简化为一个阻尼模型，也可使用上述耗能相等的原则进行阻尼等效。

1.5.2　简谐运动

简谐运动在数学上可以用正弦函数或余弦函数来表示，简谐运动是振动最基本的形态，简称为谐振动，是最简单的一种周期振动。

1.5.2.1　三角函数表示

图 1.8 所示的止转轭机构，其上部质量块或 T 形顶杆顶部 S 点的竖直运动就是典型的简谐运动。在该机构中，半径为 A 的曲柄绕着轴心 O 以角速度 ω 逆时针运动，曲柄另一端 P 在 T 形顶杆的水平滑道中运动，T 形顶杆在曲柄的带动下做竖直运动，上部质量块或 T 形顶

杆顶部 S 点相对于其中间位置的位移可表示为

$$x(t)=A\sin\theta=A\sin\omega t \tag{1.7a}$$

其运动形式如图 1.8 中的正弦曲线所示，其速度及加速度可分别表示为

$$\dot{x}(t)=\frac{\mathrm{d}x}{\mathrm{d}t}=\omega A\cos\omega t \tag{1.7b}$$

$$\ddot{x}(t)=\frac{\mathrm{d}^2x}{\mathrm{d}t^2}=-\omega^2A\sin\omega t=-\omega^2x(t) \tag{1.7c}$$

可以看出，简谐运动的加速度与位移成正比且方向永远相反。这种加速度与位移成正比且方向指向平均位置的振动称为简谐运动。图 1.8 也清楚地描述了循环(谐波)运动与正弦运动之间的相似性，而余弦运动 $x(t)=A\cos\omega t$ 是简谐运动的另一个例子。

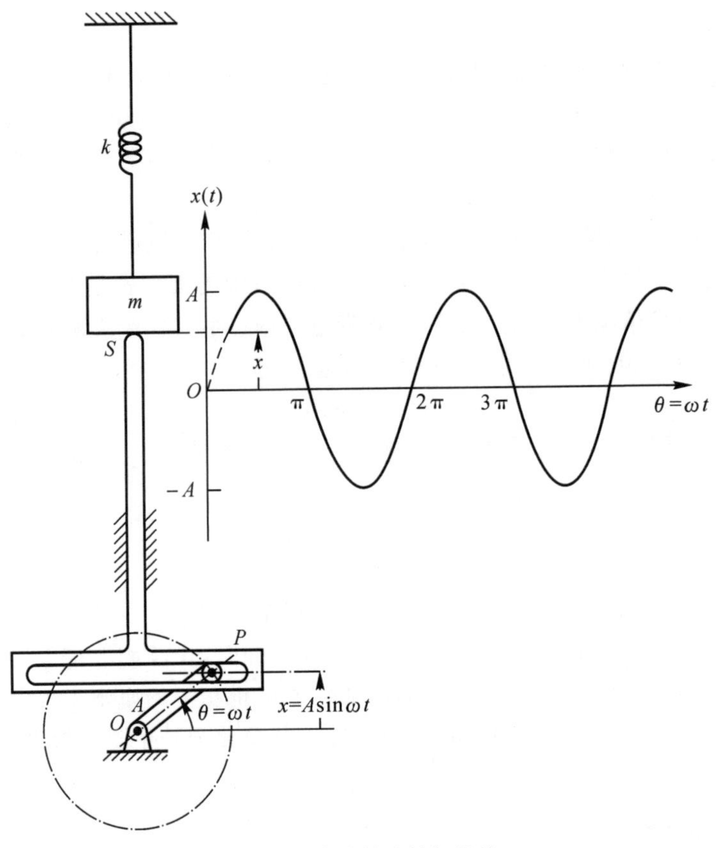

图 1.8　典型的止转轭机构

1.5.2.2　矢量表示

简谐运动可用以匀角速度 ω 转动的、幅值为 A 的矢量 $\overrightarrow{OP}$ 来表示，如图 1.9 所示，矢量 $\boldsymbol{X}=\overrightarrow{OP}$ 的矢端在垂直轴及水平轴上的投影分别为

$$y(t)=A\sin\omega t \tag{1.8a}$$

$$x(t)=A\cos\omega t \tag{1.8b}$$

这两个投影就是上述以三角函数表示的简谐运动。

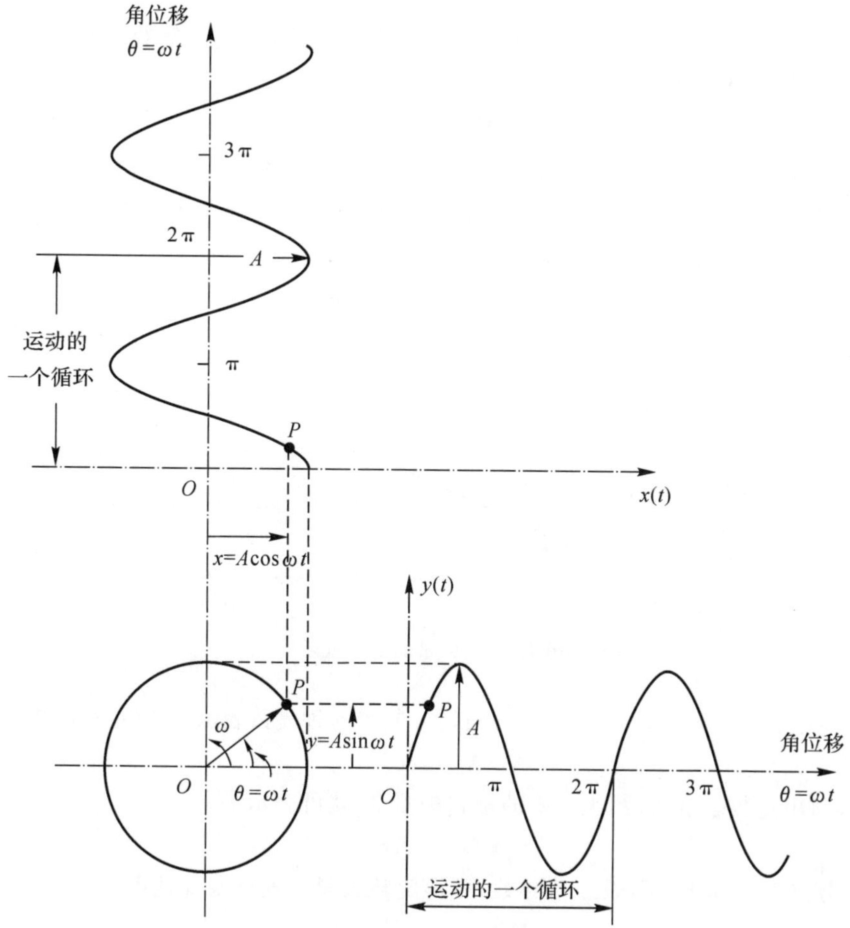

图1.9　用旋转矢量的矢端投影表示的简谐运动

利用矢量表示,可方便采用几何法进行简谐运动的合成。如图1.10所示,矢量$\boldsymbol{X}_1$与矢量$\boldsymbol{X}_2$可利用平行四边形法则合成为矢量$\boldsymbol{X}$,其表示简谐运动$\boldsymbol{X}_1$与简谐运动$\boldsymbol{X}_2$的合成运动就是简谐运动$\boldsymbol{X}$。

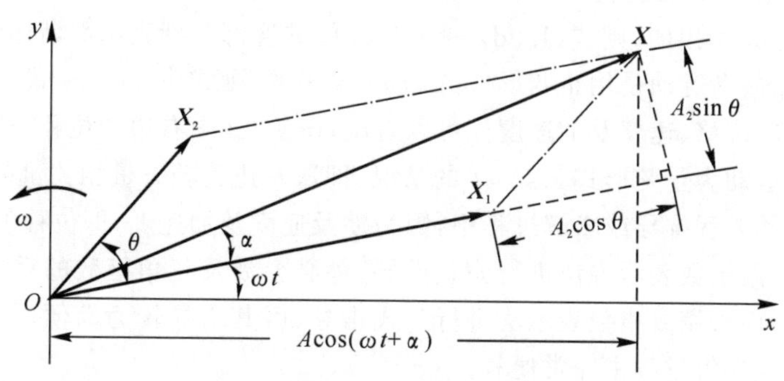

图1.10　简谐运动的矢量运算

1.5.2.3 复数表示

上述简谐运动的矢量表示同时需要水平及垂直两个分量，利用复数表示这两个分量非常便利。任一矢量 $\boldsymbol{X}$ 都可以在 xOy 平面内表示为一个复数

$$\boldsymbol{X}=a+\mathrm{j}b \tag{1.9a}$$

式中：$\mathrm{j}=\sqrt{-1}$ 表示单位虚数；a 及 b 分别表示 $\boldsymbol{X}$ 的 x 及 y 向分量，如图 1.11 所示。a，b 也分别称为矢量 $\boldsymbol{X}$ 的实部和虚部，如果 A 表示矢量 $\boldsymbol{X}$ 的幅值，θ 表示矢量 $\boldsymbol{X}$ 的相角（或矢量 $\boldsymbol{X}$ 与 x 轴的夹角），则矢量 $\boldsymbol{X}$ 也可表示为

$$\boldsymbol{X}=A\cos\theta+\mathrm{j}A\sin\theta \tag{1.9b}$$

式中：$A=\sqrt{a^2+b^2}$；$\theta=\arctan(b/a)$。

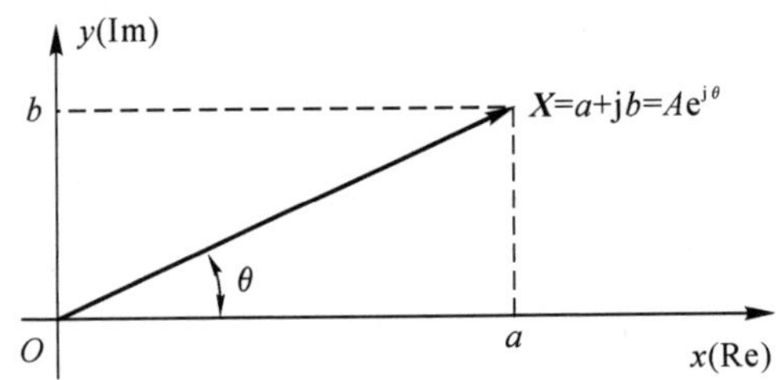

图 1.11 矢量的复数表示

根据欧拉公式 $\mathrm{e}^{\mathrm{j}\theta}=\cos\theta+\mathrm{j}\sin\theta$，可得矢量 $\boldsymbol{X}$ 的另一种复数表示方式（也称复指数表示）为

$$\boldsymbol{X}=A\mathrm{e}^{\mathrm{j}\theta} \tag{1.9c}$$

这样，利用复数表示法，图 1.9 中的旋转矢量 $\boldsymbol{X}$ 就可表示为

$$\boldsymbol{X}(t)=A\mathrm{e}^{\mathrm{j}\omega t} \tag{1.9d}$$

将 $\boldsymbol{X}$ 分别对时间求一阶及二阶导数，可得旋转矢量的速度及加速度为

$$\dot{\boldsymbol{X}}(t)=\frac{\mathrm{d}\boldsymbol{X}(t)}{\mathrm{d}t}=\mathrm{j}\omega A\mathrm{e}^{\mathrm{j}\omega t}=\mathrm{j}\omega\boldsymbol{X}(t) \tag{1.9e}$$

$$\ddot{\boldsymbol{X}}(t)=\frac{\mathrm{d}^2\boldsymbol{X}(t)}{\mathrm{d}t^2}=-\omega^2A\mathrm{e}^{\mathrm{j}\omega t}=-\omega^2\boldsymbol{X}(t) \tag{1.9f}$$

将旋转矢量 $\boldsymbol{X}$ 及其速度 $\dot{\boldsymbol{X}}$、加速度 $\ddot{\boldsymbol{X}}$ 绘制在同一复平面内，如图 1.12 所示，可以看出，加速度领先于速度 $\pi/2$，而速度领先于位移 $\pi/2$。根据复数表示法可知：若原始简谐运动是用余弦形式 $A\cos\omega t$ 给出的，则式(1.9d) ～ 式(1.9f) 的实部分别表示简谐运动的位移、速度及加速度；若原始简谐运动是用正弦形式 $A\sin\omega t$ 给出的，则式(1.9d) ～ 式(1.9f) 的虚部分别表示简谐运动的位移、速度及加速度。可以看出，图 1.12 中右边的位移、速度及加速度就对应于原始简谐运动为正弦形式 $A\sin\omega t$ 的情况，即取左边旋转矢量相关量的虚部。

在后续的振动方程推导或求解过程中，因为涉及速度及加速度，即位移的一阶及二阶导数，所以若采用三角函数表示方法进行公式推导，势必会涉及三角函数的反复求导，运算过程一般较为复杂，而采用复指数表示法进行公式推导，因其求导较为简便，故复指数表示法在振动方程推导或求解过程中非常便利。

综上所述，三角函数表示法一般用于直接描述简谐运动的时域历程，矢量表示一般用于

简谐运动的合成以及与矢量相关的一些公式推导，而复指数表示一般用于涉及求导运算的相关公式推导。

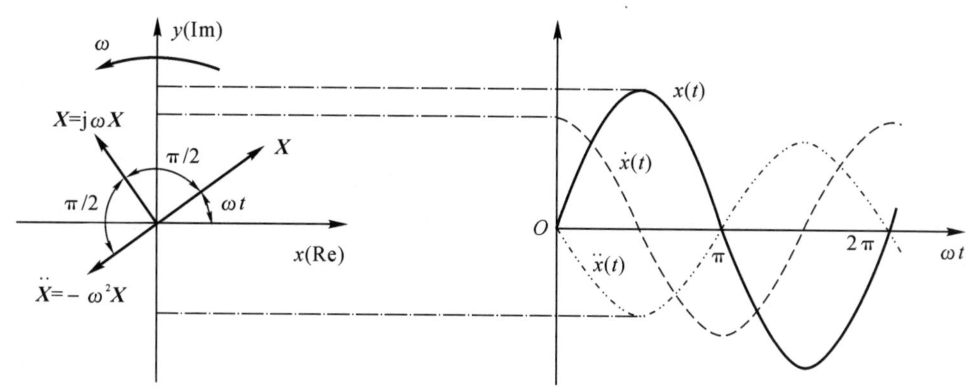

图 1.12　旋转矢量表示的位移、速度及加速度

1.5.2.4　相关定义

1. 循环

振动物体从平衡位置向一个方向运动到极限位置后，再运动到平衡位置，然后再从平衡位置运动到另一个方向的极限位置后，再运动到平衡位置，称为一个振动循环(cycle)。如图 1.8 所示，曲柄旋转一周就是一个循环，相应地，质量块也运动了一个循环。

2. 幅值

振动物体距离其平衡位置的最大位移称为振动的幅值(amplitude)，其国际标准单位为 m，如图 1.8 及图 1.9 中的 A。幅值的概念也被扩展到其他量，如速度幅值、加速度幅值、动态应变幅值等。

3. 振动周期

完成一个运动循环所需的时间称为振动周期(period of oscillation)，其国际标准单位为 s，等于图 1.9 中的旋转矢量 $\overrightarrow{OP}$ 以角速度 ω 转动一周(对应的角度为 2π rad)所需的时间，则周期 T 的定义为

$$T=\frac{2\pi}{\omega} \tag{1.10a}$$

4. 振动频率

单位时间内完成的运动循环数，称为振动频率，用 f 表示，即

$$f=\frac{1}{T}=\frac{\omega}{2\pi} \tag{1.10b}$$

注意，ω 及 f 都表示振动的频率。ω 一般称为圆频率或角频率，表示周期运动的角速度(国际标准单位为 rad/s)；f 一般称为线频率(国际标准单位为 1/s，即 Hz)，也称 Hz 频率，表示每秒经过的振动循环次数。通常都采用频率来表示这两个量，而通过其单位来判断是圆频率还是线频率。

5. 相角、初相角、相位差

将简谐运动 $A\sin(\omega t+\theta)$ 对应的旋转矢量与 x 轴的夹角(即 $\omega t+\theta$)称为相角或相位角(phase angle),其国际标准单位为 rad,其中 θ 称为初相角或初相位(initial phase angle)。两个简谐运动相角的差异称为相位差(phase difference),例如简谐运动 $A\sin(\omega t+\theta)$ 与简谐运动 $A\sin(\omega t)$ 的相位差恒为 θ,表示简谐运动 $A\sin(\omega t)$ 滞后简谐运动 $A\sin(\omega t+\theta)$ 的相位滞后角为 θ。

6. 分贝

在振动和噪声领域,许多量(如位移、速度、加速度、功率、压力等)往往都可用分贝(dB)表示。分贝是一个无量纲对数单位,反映的是一个物理量与其基准物理量值的比值的对数值,其基本定义是功率 P 与参考功率 P_0 的比值取以 10 为底的对数再乘以 10,即

$$1\ \text{dB}=10\lg\left(\frac{P}{P_0}\right) \tag{1.10c}$$

从分贝的定义可以看出,$\lg(P/P_0)$ 实质上是贝尔(bel) 的定义,由于贝尔的分度太粗,分贝就表示将贝尔再分为10份。考虑到功率 P 一般与其基本物理量 X 的二次方成正比,则分贝也可表示为

$$1\ \text{dB}=10\lg\left(\frac{X^2}{X_0^2}\right)=20\lg\left(\frac{X}{X_0}\right) \tag{1.10d}$$

通过上述定义可以看出,如果用功率(例如加速度功率谱) 来定义分贝就采用式(1.10c),如果用基本物理量(如加速度) 来定义分贝就采用式(1.10d)。注意,采用 dB 尺度来表示一个物理量时,不是表示绝对值而是相对比值,即表示它比基准量高出了多少“级”。

7. 倍频程

倍频程(octave band) 用来描述一个频带范围内最大频率值 f_{up} 与最小频率值 f_{low} 之间的关系,n 倍频程的定义为

$$2^n=\frac{f_{\text{up}}}{f_{\text{low}}} \tag{1.10e}$$

其中心频率为

$$f_{\text{central}}=\sqrt{f_{\text{low}}f_{\text{up}}} \tag{1.10f}$$

例如,当 $n=1$ 时称为 1 倍频程,当 $n=\frac{1}{3}$ 时称为 $\frac{1}{3}$ 倍频程。当采用 1 倍频程描述 $f_1\sim f_2$ 所表示的频带时,其倍频数 N 的计算方式如下:

$$N=\log_2\left(\frac{f_2}{f_1}\right) \tag{1.10g}$$

在描述功率谱密度的变化时,通常会有“分贝 / 倍频程”(dB/oct) 的单位,表示频率每增加 1 倍频程功率谱密度的量级改变多少分贝,如 -6 dB/oct 表示频率每增加 1 oct 功率谱密度的量级下降 6 dB。

8. 拍振

由两个频率相近的简谐振动合成的振动称为拍振(beats)。假设两个频率相近的简谐振动分别为 $x_1(t)=A\sin\omega t$,$x_2(t)=A\sin(\omega+\delta)t$,其中 δ 为一小量,其合成运动为

$$x(t)=x_1(t)+x_2(t)=A[\sin\omega t+\sin(\omega+\delta)t] \tag{1.10h}$$

利用三角函数关系，式(1.10h)可改写为

$$x(t)=2A\cos\left(\frac{\delta t}{2}\right)\sin\left(\omega+\frac{\delta}{2}\right)t \tag{1.10i}$$

式(1.10h)和式(1.10i)描述的典型拍振如图1.13所示。可以看出，合成运动为一个频率为$\omega+\delta/2$的正弦波(近似等于ω)，但其振幅随着时间按照$2A\cos(\delta t/2)$变化。当振幅达到最大值时称为拍，振幅在$0\sim 2X$之间变化的频率δ称为拍频[即幅值变化函数$2A\cos(\delta t/2)$的频率$\delta/2$的两倍]，相应的$T_b=2\pi/\delta$称为拍周期。

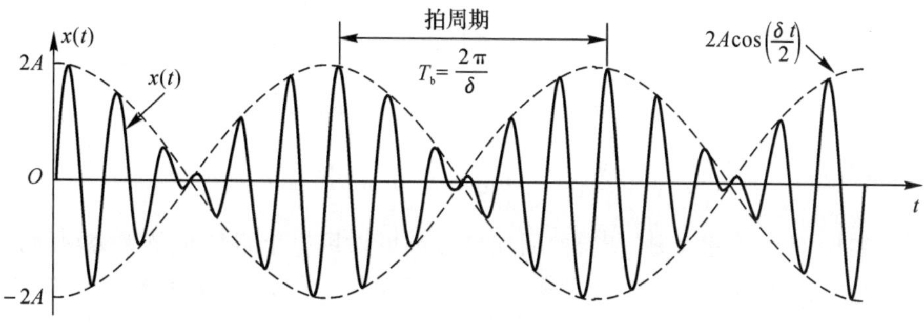

图1.13 典型拍振

1.5.3 傅里叶级数与傅里叶积分

傅里叶级数与傅里叶积分在信号处理领域应用非常广泛，是振动时域信号与频域信号之间转换的重要工具，本节将简要介绍相关知识。

1.5.3.1 周期信号与傅里叶级数

假设一个随时间变化的信号$x(t)$，对某一正常数T，满足关系式

$$x(t)=x(t\pm nT),\quad n=1,2,\cdots \tag{1.11a}$$

则称$x(t)$是周期的，其中T为周期。显然，简谐信号是一种最简单的周期信号。图1.14(a)(b)分别为周期方波和周期后峰锯齿波等两种典型周期信号。

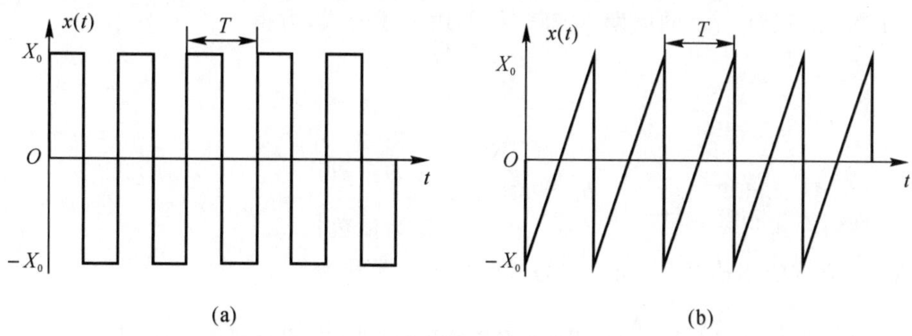

图1.14 典型周期信号

(a) 周期方波； (b) 周期后峰锯齿波

1. 傅里叶级数展开

若周期信号 $x(t)$ 满足狄利克雷条件(即函数在其定义域上有界且在一个周期内只具有有限个不连续点或极值点),则其傅里叶级数表示为

$$x(t)=\frac{a_0}{2}+\sum_{n=1}^{\infty}(a_n\cos n\omega_0 t+b_n\sin n\omega_0 t) \tag{1.11b}$$

式中:$\omega_0=2\pi/T$ 称为周期信号的基频,对应的简谐分量 $a_1\cos\omega_0 t$ 及 $b_1\sin n\omega_0 t$ 称为周期信号 $x(t)$ 的基波,将 n 倍于基频的频率称为周期信号 $x(t)$ 的 n 阶谐波频率,对应的简谐分量 $a_n\cos n\omega_0 t$ 及 $b_n\sin n\omega_0 t$ 称为周期信号 $x(t)$ 的 n 阶谐波。a_0、a_n、b_n 为常数,有

$$a_0=\frac{2}{T}\int_0^T x(t)\mathrm{d}t \tag{1.11c}$$

$$a_n=\frac{2}{T}\int_0^T x(t)\cos n\omega_0 t\,\mathrm{d}t \tag{1.11d}$$

$$b_n=\frac{2}{T}\int_0^T x(t)\sin n\omega_0 t\,\mathrm{d}t \tag{1.11e}$$

式(1.11b)的物理意义是,所有的周期信号都可以用一个常数项及无穷项简谐信号的和来表示。通过量纲分析可知,上述傅里叶系数的单位均与 $x(t)$ 单位相同。考虑到 $x(t)$ 以及 $\cos n\omega_0 t$、$\sin n\omega_0 t$ 的周期性,将上述三个积分下、上限改为 $-T/2$ 和 $T/2$ 会得到相同的结果。虽然式(1.11b)包含无穷项简谐信号,但一般情况下都可采用其前若干项来足够近似地表示该周期信号。

利用三角函数,傅里叶级数也可仅用正弦或余弦项表示,例如,采用正弦项,式(1.11b)可表示为

$$x(t)=d_0+\sum_{n=1}^{\infty}[d_n\sin(n\omega_0 t+\varphi_n)] \tag{1.11f}$$

其中

$$d_0=\frac{a_0}{2} \tag{1.11g}$$

$$d_n=\sqrt{a_n^2+b_n^2} \tag{1.11h}$$

$$\varphi_n=\arctan\left(\frac{a_n}{b_n}\right) \tag{1.11i}$$

对于图 1.14(a) 所示的周期方波信号,利用上述公式,可得

$$\left.\begin{array}{l} a_0=0 \\ a_n=0 \\ b_n=\begin{cases}\dfrac{4X_0}{n\pi}, & n\text{ 为奇数} \\ 0, & n\text{ 为偶数}\end{cases}\end{array}\right\} \tag{1.11j}$$

其中,X_0 为方波的幅值,则周期方波的傅里叶级数展开为

$$x(t)=\frac{4X_0}{\pi}\left(\sin\omega_0 t+\frac{1}{3}\sin 3\omega_0 t+\frac{1}{5}\sin 5\omega_0 t+\cdots\right) \tag{1.11k}$$

对于图 1.14(b) 所示的周期后峰锯齿波信号,利用上述公式,可得

$$\left.\begin{aligned} a_0 &= 0 \\ a_n &= 0 \\ b_n &= -\frac{2X_0}{n\pi} \end{aligned}\right\} \tag{1.11l}$$

其中，X_0 为后峰锯齿波的幅值，则周期后峰锯齿波的傅里叶级数展开为

$$x(t) = -\frac{2X_0}{\pi}\left(\sin\omega_0 t + \frac{1}{2}\sin 2\omega_0 t + \frac{1}{3}\sin 3\omega_0 t + \cdots\right) \tag{1.11m}$$

可以看到，不管是周期方波信号还是周期后峰锯齿波信号，随着谐波分量阶次的增加，其谐波项的幅值都在剧烈减小，这说明一般采用其傅里叶级数展开的前若干项即可获得足够准确的结果。图 1.15(a)(b) 分别给出了利用不同数量的谐波项对两种信号进行傅里叶级数展开的对比图，可以看到，采用前若干阶谐波项已经可以足够近似地表示相应的周期信号了。

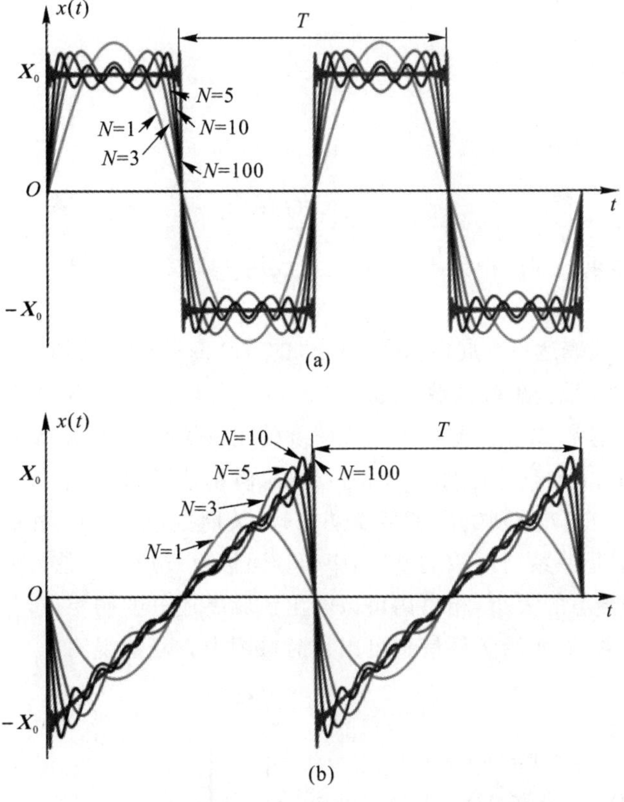

图 1.15　傅里叶级数展开谐波项数量对信号的影响

(a) 周期方波；(b) 周期后峰锯齿波

2. 傅里叶级数的复数表示

傅里叶级数也可表示为复数形式，由欧拉公式 $e^{j\omega t} = \cos\omega t + j\sin\omega t$ 可知

$$\cos\omega t = \frac{e^{j\omega t} + e^{-j\omega t}}{2} \tag{1.11n}$$

$$\sin\omega t = \frac{e^{j\omega t} - e^{-j\omega t}}{2j} \tag{1.11o}$$

则式(1.11b)可写为

$$x(t) = e^{j(0)\omega_0 t}\left(\frac{a_0}{2} - j\frac{b_0}{2}\right) + \sum_{n=1}^{\infty}\left[e^{jn\omega_0 t}\left(\frac{a_n}{2} - j\frac{b_n}{2}\right) + e^{-jn\omega_0 t}\left(\frac{a_n}{2} + j\frac{b_n}{2}\right)\right] \tag{1.11p}$$

其中，$b_0 = 0$。可定义复傅里叶系数 c_n 和 c_{-n} 分别为

$$c_n = \frac{a_n - jb_n}{2} \tag{1.11q}$$

$$c_{-n} = \frac{a_n + jb_n}{2} \tag{1.11r}$$

根据上述定义，有

$$c_0 = \frac{a_0}{2} \tag{1.11s}$$

则式(1.11p)可写为

$$x(t) = \sum_{n=-\infty}^{\infty} c_n e^{jn\omega_0 t} \tag{1.11t}$$

根据 a_n、b_n 的表达式以及 c_n、c_{-n}、c_0 的定义，可知

$$c_n = \frac{1}{T}\int_0^T x(t) e^{-jn\omega_0 t} dt \tag{1.11u}$$

如前所述，这里求 c_n 时，积分下、上限也可改用 $-T/2$ 和 $T/2$。

3. 信号的频谱

通常，为了清晰地表达一个周期信号中所含的各个简谐信号的频率、振幅及相位信息，可以以频率 ω 为横坐标，以傅里叶系数 a_n、b_n 或 d_n、φ_n 或 $|c_n|$、$\arg(c_n)$ 为纵坐标，绘制相应的频谱图，简称频谱。通常 d_n、φ_n 或 $|c_n|$、$\arg(c_n)$ 使用得较为广泛，并将 $d_n-\omega$、$|c_n|-\omega$ 图称为幅值谱、将 $\varphi_n-\omega$、$\arg(c_n)-\omega$ 图称为相位谱，也将幅值谱、相位谱等频谱称为信号的频域描述。图 1.16 及图 1.17 分别给出了某简谐信号、某周期信号的时域及频域表示。可以看出，周期信号的频谱是一系列离散的谱线，幅值谱可以直观地表示信号所包含的频率成分以及每一个频率成分幅值的大小，相位谱可以给出该频率成分的初相位，但不易从频谱中看出信号的初始条件信息，而初始条件信息可以从时域图中方便地观测。

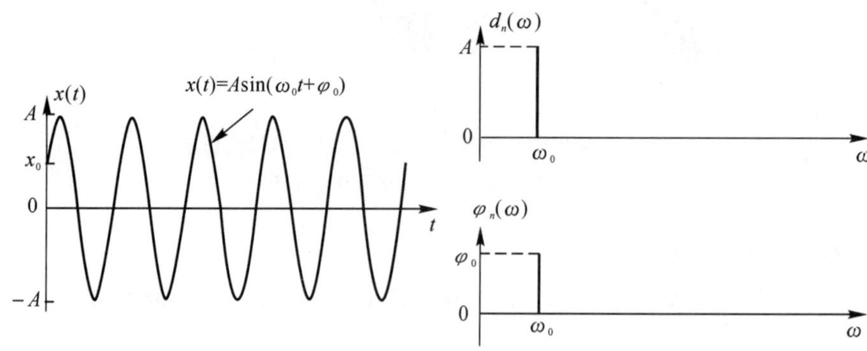

图 1.16　某简谐信号的时域及频域表示

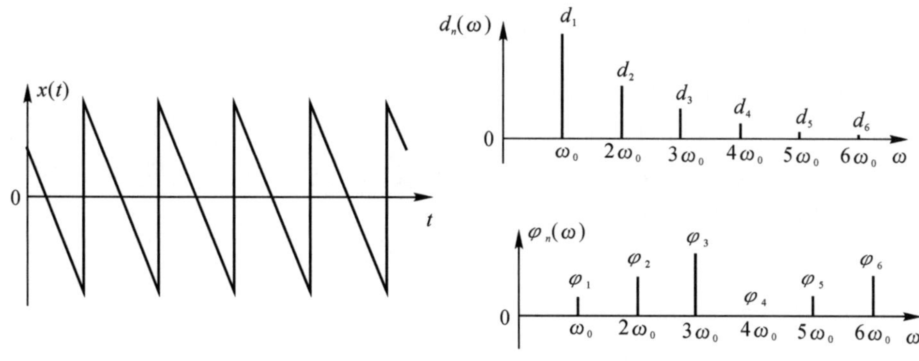

图 1.17 某周期信号的时域及频域表示

4. 不规则周期信号傅里叶级数系数项的数值解法

对于简单形式的周期信号 $x(t)$ 来说,采用式(1.11c) ～ 式(1.11e) 或式(1.11u),通过积分运算,容易获取其傅里叶级数展开。但对于一些形式复杂的周期信号或者没有明确表达式的周期信号,如振动测试中采集到的周期信号,仅能获得在若干个时间采样点上的值,如图1.18所示。假设 $t_1, t_2, \cdots, t_N$ 是周期 T 的 N 个等分点,对应的 $x(t)$ 值分别为 $x_1, x_2, \cdots, x_N$,同时有 $x_0 = x_N$,则可采用数值积分方法获得式(1.11c) ～ 式(1.11e) 或式(1.11u) 中的傅里叶系数。例如,采用梯形法则时,各个系数可表示为

$$a_0 = \frac{2}{N}\sum_{l=1}^{N} x_i \tag{1.12a}$$

$$a_n = \frac{2}{N}\sum_{l=1}^{N} x_i \cos\frac{2\pi n t_i}{T} \tag{1.12b}$$

$$b_n = \frac{2}{N}\sum_{l=1}^{N} x_i \sin\frac{2\pi n t_i}{T} \tag{1.12c}$$

$$c_n = \frac{1}{N}\sum_{l=1}^{N} x_i \mathrm{e}^{-2\mathrm{j}\pi n t_i/T} \tag{1.12d}$$

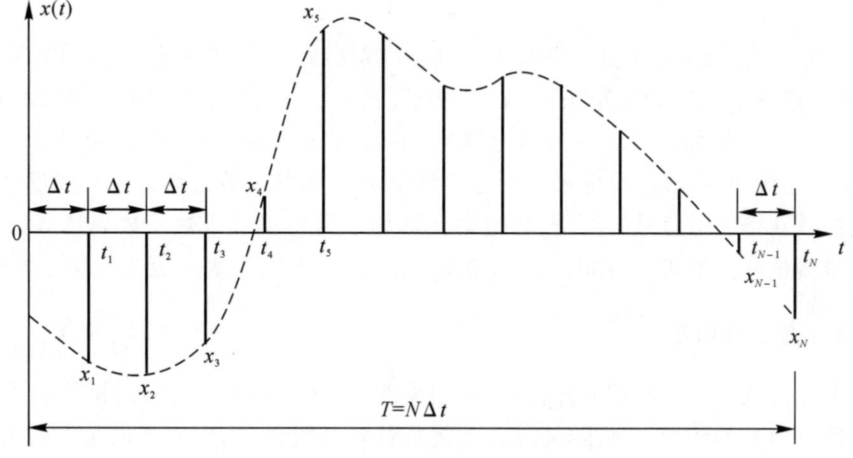

图 1.18 不规则周期信号示意图

1.5.3.2 非周期信号与傅里叶积分

考虑式(1.11t)表示的周期信号的傅里叶级数的复数表示形式，当周期信号的周期区域无穷大时，周期信号就变成了非周期信号。当周期 T 趋于无穷大时，基频 $\omega_0=2\pi/T$ 趋于无穷小，用 $\Delta\omega$ 表示，则各个谐波的频率 $n\omega_0$ 接近于连续值，此时可用 ω 代替 $n\omega_0$，用 T 乘以 c_n 定义新的傅里叶系数，即

$$X(\omega)=\lim_{T\to\infty}(Tc_n) \tag{1.13a}$$

由式(1.11u)可知

$$X(\omega)=\lim_{T\to\infty}\int_{-T/2}^{T/2}x(t)\mathrm{e}^{-\mathrm{j}n\omega_0 t}\mathrm{d}t=\int_{-\infty}^{\infty}x(t)\mathrm{e}^{-\mathrm{j}\omega t}\mathrm{d}t \tag{1.13b}$$

由式(1.11t)可知

$$\begin{aligned}x(t)&=\sum_{n=-\infty}^{\infty}\lim_{T\to\infty}c_n\mathrm{e}^{\mathrm{j}n\omega_0 t}=\frac{1}{2\pi}\sum_{n=-\infty}^{\infty}\lim_{T\to\infty}(Tc_n)\mathrm{e}^{\mathrm{j}n\omega_0 t}\omega_0\\&=\frac{1}{2\pi}\sum_{n=-\infty}^{\infty}X(\omega)\mathrm{e}^{\mathrm{j}\omega t}\Delta\omega=\frac{1}{2\pi}\int_{-\infty}^{\infty}X(\omega)\mathrm{e}^{\mathrm{j}\omega t}\mathrm{d}\omega\end{aligned} \tag{1.13c}$$

式(1.13b)称为非周期信号的傅里叶积分，也称傅里叶变换，式(1.13c)称为傅里叶逆变换，两者统称为非周期信号的傅里叶变换对，即傅里叶变换和傅里叶逆变换分别为

$$X(\omega)=\mathscr{F}[x(t)]=\int_{-\infty}^{\infty}x(t)\mathrm{e}^{-\mathrm{j}\omega t}\mathrm{d}t \tag{1.13d}$$

$$x(t)=\mathscr{F}^{-1}[X(\omega)]=\frac{1}{2\pi}\int_{-\infty}^{\infty}X(\omega)\mathrm{e}^{\mathrm{j}\omega t}\mathrm{d}\omega \tag{1.13e}$$

其中，$\mathscr{F}[\cdot]$ 和 $\mathscr{F}^{-1}[\cdot]$ 分别表示傅里叶变换和傅里叶逆变换。需要注意的是，任何一个非周期信号 $x(t)$ 可进行傅里叶变换的前提条件是，该信号定义在 $(-\infty,+\infty)$ 区间内、有界且绝对可积(即 $\int_{-\infty}^{\infty}|x(t)|\mathrm{d}t<\infty$)。

由式(1.13e)可知，各频率分量的贡献量可表示为

$$X(\omega)\frac{\mathrm{d}\omega}{2\pi}=X(f)\mathrm{d}f \tag{1.13f}$$

这里的 $\mathrm{d}\omega$ 或 $\mathrm{d}f$ 表示无穷小量。根据式(1.13d)或式(1.13e)的量纲分析可知，$X(\omega)$ 为频谱密度(简称谱密度)，其单位为"Us"或"U/Hz"[其中 U 表示 $x(t)$ 的单位]，表示每赫兹有多少个 $x(t)$ 单位，例如，当 $x(t)$ 表示位移时(单位用 m 表示)，$X(\omega)$ 的单位为"m/Hz"。$X(\omega)-\omega$ 为连续曲线，表示幅值密度与连续频率 ω 之间的函数关系。针对周期信号，其傅里叶级数展开获得的是信号的频谱，通过对比周期信号傅里叶级数系数表达式(1.11u)与非周期信号傅里叶变换式(1.13d)可知，傅里叶系数 c_n 乘以周期 T 就是谱密度的概念。

1.5.4 相关性概念

除傅里叶级数与傅里叶积分外，信号的相关性(包含互相关函数和自相关函数)是通过统计观点研究信号特性的一种重要方法，尤其是针对随机信号，因其不满足绝对可积条件，不能直接采用傅里叶变换来获取其频域特性。相关性分析是处理随机信号的一种重要方

法。其实，信号的相关性不仅适用于随机信号，还适用于周期信号和非周期信号，本节将简要介绍信号相关性的一些基础知识。

1.5.4.1 周期信号的相关函数

1. 互相关函数

针对两个周期信号，其可进行相关性分析的基础是两个信号具有相同的基频，如果基频相等条件不满足，那么时间一长，这两个信号之间就完全不相关了。将具有相同基频 $\omega_0 = 2\pi/T$ 的周期信号 $x_1(t)$ 和 $x_2(t)$ 的互相关函数定义为

$$R_{12}(\tau) = \frac{1}{T}\int_{-T/2}^{T/2} x_1(t)x_2(t+\tau)\mathrm{d}t \tag{1.14a}$$

互相关函数表示时移后 $x_2(t+\tau)$ 与 $x_1(t)$ 的相似程度，这种相似程度可以给我们提示一些结构振动响应的传递特性，在工程实际中有时非常有用。下面讨论互相关函数与两个信号傅里叶系数之间的关系。根据1.5.3.1节，周期信号 $x_1(t)$ 和 $x_2(t)$ 的傅里叶级数展开形式如下

$$x_1(t) = \sum_{n=-\infty}^{\infty} X_{1n}\mathrm{e}^{\mathrm{j}n\omega_0 t} \tag{1.14b}$$

$$X_{1n} = \frac{1}{T}\int_{-T/2}^{T/2} x_1(t)\mathrm{e}^{-\mathrm{j}n\omega_0 t}\mathrm{d}t \tag{1.14c}$$

$$x_2(t) = \sum_{n=-\infty}^{\infty} X_{2n}\mathrm{e}^{\mathrm{j}n\omega_0 t} \tag{1.14d}$$

$$X_{2n} = \frac{1}{T}\int_{-T/2}^{T/2} x_2(t)\mathrm{e}^{-\mathrm{j}n\omega_0 t}\mathrm{d}t \tag{1.14e}$$

将式(1.14d) 中的 t 用 $t+\tau$ 替换，并代入式(1.14a)，可得

$$R_{12}(\tau) = \frac{1}{T}\int_{-T/2}^{T/2}\left\{x_1(t)\sum_{n=-\infty}^{\infty} X_{2n}\mathrm{e}^{\mathrm{j}n\omega_0 t}\mathrm{e}^{\mathrm{j}n\omega_0 \tau}\right\}\mathrm{d}t \tag{1.14f}$$

根据积分及求和定义，式(1.14f) 可改写为

$$R_{12}(\tau) = \sum_{n=-\infty}^{\infty} X_{2n}\mathrm{e}^{\mathrm{j}n\omega_0 \tau}\left[\frac{1}{T}\int_{-T/2}^{T/2} x_1(t)\mathrm{e}^{\mathrm{j}n\omega_0 t}\mathrm{d}t\right] \tag{1.14g}$$

比较式(1.14g) 中括号内的项与式(1.14c)，可知中括号内的项是 X_{1n} 的共轭复数，用 X_{1n}^* 表示，则

$$R_{12}(\tau) = \sum_{n=-\infty}^{\infty} X_{1n}^* X_{2n}\mathrm{e}^{\mathrm{j}n\omega_0 \tau} = \sum_{n=-\infty}^{\infty} C_{12n}\mathrm{e}^{\mathrm{j}n\omega_0 \tau} \tag{1.14h}$$

其中

$$C_{12n} = X_{1n}^* X_{2n} \tag{1.14i}$$

式(1.14h) 表明周期函数的互相关函数 $R_{12}(\tau)$ 也是周期函数，可以展开为若干个简谐项之和。根据傅里叶级数的展开公式，可知

$$C_{12n} = \frac{1}{T}\int_{-T/2}^{T/2} R_{12}(\tau)\mathrm{e}^{-\mathrm{j}n\omega_0 \tau}\mathrm{d}\tau \tag{1.14j}$$

可以看到，式(1.14h) 与式(1.14j) 构成了一个周期函数的傅里叶级数变换对，给出了互相关函数与其频率分量之间的关系，式(1.14i) 则显示了互相关函数频率分量与两个原函

数频率分量之间的关系。

现考虑互相关函数 $R_{21}(\tau)$，其定义为

$$R_{21}(\tau)=\frac{1}{T}\int_{-T/2}^{T/2}x_2(t)x_1(t+\tau)\mathrm{d}t \tag{1.14k}$$

利用上述相同的推导过程，可得

$$R_{21}(\tau)=\sum_{n=-\infty}^{\infty}X_{2n}^*X_{1n}\mathrm{e}^{\mathrm{j}n\omega_0\tau}=\sum_{n=-\infty}^{\infty}C_{21n}\mathrm{e}^{\mathrm{j}n\omega_0\tau} \tag{1.14l}$$

其中

$$C_{21n}=X_{2n}^*X_{1n} \tag{1.14m}$$

根据傅里叶级数的展开公式，可知

$$C_{21n}=\frac{1}{T}\int_{-T/2}^{T/2}R_{21}(\tau)\mathrm{e}^{-\mathrm{j}n\omega_0\tau}\mathrm{d}\tau \tag{1.14n}$$

对比式(1.14i)及式(1.14m)可知，互相关函数 $R_{12}(\tau)$ 和 $R_{21}(\tau)$ 的频率分量互为共轭复数，即

$$C_{12n}=C_{21n}^*,\quad C_{21n}=C_{12n}^* \tag{1.14o}$$

根据式(1.14o)并结合互相关函数的定义，可知

$$R_{12}(\tau)=R_{21}(-\tau) \tag{1.14p}$$

2. 自相关函数

当两个信号相同时，即一个时域信号与其自身时延信号的相关性，就是自相关函数。令式(1.14a)中的 $x_2(t)=x_1(t)$，可得自相关函数的定义，即

$$R_{11}(\tau)=\frac{1}{T}\int_{-T/2}^{T/2}x_1(t)x_1(t+\tau)\mathrm{d}t \tag{1.15a}$$

根据上述互相关函数的相关推导，易知

$$R_{11}(\tau)=\sum_{n=-\infty}^{\infty}X_{1n}^*X_{1n}\mathrm{e}^{\mathrm{j}n\omega_0\tau}=\sum_{n=-\infty}^{\infty}C_{11n}\mathrm{e}^{\mathrm{j}n\omega_0\tau} \tag{1.15b}$$

其中

$$C_{11n}=X_{1n}^*X_{1n}=|X_{1n}|^2 \tag{1.15c}$$

根据傅里叶级数的展开公式，可知

$$C_{11n}=\frac{1}{T}\int_{-T/2}^{T/2}R_{11}(\tau)\mathrm{e}^{-\mathrm{j}n\omega_0\tau}\mathrm{d}\tau \tag{1.15d}$$

从上述公式可以看出：① 当时间延迟 $\tau=0$ 时，自相关函数就是周期函数的均方根值；②C_{11n} 全为正实数，自相关函数为偶函数(展开式只包含余弦项)，即 $R_{11}(\tau)=R_{11}(-\tau)$。

1.5.4.2 非周期信号的相关函数

非周期信号相当于周期 T 趋于无穷大时的周期信号，因此，与前述学习非周期信号傅里叶变换时类似，非周期信号的相关函数也需要在周期信号相关函数的基础上乘以 T。

1. 互相关函数

非周期信号互相关函数的定义为

$$R_{12}^{t}(\tau)=\int_{-\infty}^{\infty}x_1(t)x_2(t+\tau)\mathrm{d}t \tag{1.16a}$$

根据1.5.3.2节，非周期信号 $x_1(t)$ 和 $x_2(t)$ 的傅里叶变换对分别为

$$X_1(\omega)=\int_{-\infty}^{\infty}x_1(t)\mathrm{e}^{-\mathrm{j}\omega t}\mathrm{d}t \tag{1.16b}$$

$$x_1(t)=\frac{1}{2\pi}\int_{-\infty}^{\infty}X_1(\omega)\mathrm{e}^{\mathrm{j}\omega t}\mathrm{d}\omega \tag{1.16c}$$

$$X_2(\omega)=\int_{-\infty}^{\infty}x_2(t)\mathrm{e}^{-\mathrm{j}\omega t}\mathrm{d}t \tag{1.16d}$$

$$x_2(t)=\frac{1}{2\pi}\int_{-\infty}^{\infty}X_2(\omega)\mathrm{e}^{\mathrm{j}\omega t}\mathrm{d}\omega \tag{1.16e}$$

仿照上节周期信号互相关函数的相关推导，可得

$$R_{12}^{t}(\tau)=\frac{1}{2\pi}\int_{-\infty}^{\infty}[X_1^{*}(\omega)X_2(\omega)]\mathrm{e}^{\mathrm{j}\omega t}\mathrm{d}\omega=\frac{1}{2\pi}\int_{-\infty}^{\infty}C_{12}(\omega)\mathrm{e}^{\mathrm{j}\omega t}\mathrm{d}\omega \tag{1.16f}$$

其中

$$C_{12}(\omega)=X_1^{*}(\omega)X_2(\omega) \tag{1.16g}$$

根据傅里叶变换公式，可知

$$C_{12}(\omega)=\int_{-\infty}^{\infty}R_{12}^{t}(\tau)\mathrm{e}^{-\mathrm{j}\omega\tau}\mathrm{d}\tau \tag{1.16h}$$

同样，式(1.16f)与式(1.16h)构成了一个非周期信号互相关函数的傅里叶变换对，而式(1.16g)则显示了互相关函数频谱与两个原函数频谱之间的关系。

通过上述相同的推导过程，可得

$$R_{21}^{t}(\tau)=\frac{1}{2\pi}\int_{-\infty}^{\infty}[X_2^{*}(\omega)X_1(\omega)]\mathrm{e}^{\mathrm{j}\omega t}\mathrm{d}\omega=\frac{1}{2\pi}\int_{-\infty}^{\infty}C_{21}(\omega)\mathrm{e}^{\mathrm{j}\omega t}\mathrm{d}\omega \tag{1.16i}$$

其中

$$C_{21}(\omega)=X_2^{*}(\omega)X_1(\omega) \tag{1.16j}$$

根据傅里叶变换公式，可知

$$C_{21}(\omega)=\int_{-\infty}^{\infty}R_{21}^{t}(\tau)\mathrm{e}^{-\mathrm{j}\omega\tau}\mathrm{d}\tau \tag{1.16k}$$

对比式(1.16g)及式(1.16j)可知，互相关函数 $R_{12}^{t}(\tau)$ 和 $R_{21}^{t}(\tau)$ 的频谱互为共轭复数，即

$$C_{12}(\omega)=C_{21}^{*}(\omega),\quad C_{21}(\omega)=C_{12}^{*}(\omega) \tag{1.16l}$$

根据式(1.16l)并结合互相关函数的定义，可知

$$R_{12}^{t}(\tau)=R_{21}^{t}(-\tau) \tag{1.16m}$$

2. 自相关函数

如果互相关函数中的两个信号相同，那么就变成了自相关函数，这样，非周期信号自相关函数的定义为

$$R_{11}^{t}(\tau)=\int_{-\infty}^{\infty}x_1(t)x_1(t+\tau)\mathrm{d}t \tag{1.17a}$$

根据上述互相关函数的相关推导，易知

$$R_{11}^{t}(\tau)=\frac{1}{2\pi}\int_{-\infty}^{\infty}C_{11}(\omega)\mathrm{e}^{\mathrm{j}\omega\tau}\mathrm{d}\omega \tag{1.17b}$$

其中

$$C_{11}(\omega)=X_1^*(\omega)X_1(\omega)=|X_1(\omega)|^2 \tag{1.17c}$$

根据傅里叶变换公式,可知

$$C_{11}(\omega)=\int_{-\infty}^{\infty}R_{11}^t(\tau)e^{-j\omega\tau}d\tau \tag{1.17d}$$

可以看到,$C_{11}(\omega)$ 为实数,非周期信号的自相关函数与周期信号自相关函数一样,也是偶函数,即 $R_{11}^t(\tau)=R_{11}^t(-\tau)$,则 $C_{11}(\omega)$ 也必为偶函数,即 $C_{11}(\omega)=C_{11}(-\omega)$。根据傅里叶变换的定义,$X_1(\omega)$ 的单位为"U/Hz"[其中 U 表示 $x(t)$ 的单位],则 $C_{11}(\omega)$ 的单位为"$(U/Hz)^2$"。

1.5.4.3 随机信号的相关函数与功率谱

随机信号因其不满足绝对可积条件,故不能直接采用傅里叶变换来获得其频域特征,但从 1.5.3.2 节中我们知道,非周期信号的频谱与其自相关函数的频谱有关,按照这一思路,我们来建立随机信号的相关分析方法。本节假定随机信号都是各态遍历的稳态过程,也就是说样本平均(在给定时刻对许多时间历程进行平均)与时间平均(对任何一个时间历程进行时间平均)所给出的均值、均方值以及统计分布都分别相同。

1. 自相关函数与自谱密度

随机信号自相关函数的定义为

$$R_{xx}(\tau)=\lim_{T\to\infty}\frac{1}{T}\int_{-T/2}^{T/2}x(t)x(t+\tau)dt \tag{1.18a}$$

注意到,式(1.18a)与周期信号自相关函数定义式(1.15a)的不同之处在于,这里的平均时间 T 趋于无穷大。除平均时间 T 的长度有差异之外,这两者之间的相似性正是分析随机信号的基础。根据周期信号的自相关函数易知,$R_{xx}(\tau)$ 具有如下性质:

(1) 随着 τ 绝对值的增大,$R_{xx}(\tau)$ 必然趋于零(随机信号意味着当前信号与过去信号或未来信号之间不存在相关性),因此随机信号的自相关函数满足傅里叶变换对信号的要求。

(2) 自相关函数是实值偶函数,$R_{xx}(\tau)=R_{xx}(-\tau)$。

这样,就可利用傅里叶变换获得随机信号自相关函数的傅里叶变换对,即

$$S_{xx}(\omega)=\int_{-\infty}^{\infty}R_{xx}(\tau)e^{-j\omega\tau}d\tau \tag{1.18b}$$

$$R_{xx}(\tau)=\frac{1}{2\pi}\int_{-\infty}^{\infty}S_{xx}(\omega)e^{j\omega\tau}d\omega \tag{1.18c}$$

由于 $R_{xx}(\tau)$ 为实值偶函数,所以上述公式中的 $e^{\pm j\omega\tau}$ 也可替换成 $\cos\omega\tau$,$S_{xx}(\omega)$ 也必定是实值偶函数,即 $S_{xx}(\omega)=S_{xx}(-\omega)$,进一步还可以证明 $S_{xx}(\omega)$ 只能是正数。令 $\tau=0$,可以看出 $S_{xx}(\omega)$ 的物理意义,结合式(1.18a)和式(1.18c),可得

$$R_{xx}(0)=\lim_{T\to\infty}\frac{1}{T}\int_{-T/2}^{T/2}x^2(t)dt=\frac{1}{2\pi}\int_{-\infty}^{\infty}S_{xx}(\omega)d\omega \tag{1.18d}$$

式(1.18d)第一个积分项显然是信号的均方值的定义,而第二个积分项是 $S_{xx}(\omega)$ 整个曲线下面的面积除以 2π。因此,通常将 $S_{xx}(\omega)$ 称为均方谱密度(Mean Squre Spectrum

Density，MSSD）或自谱密度（Auto Spectrum Density，ASD），但由于频率分析的概念最初是从声学或通信理论发展起来的，且 $S_{xx}(\omega)$ 中包含了 $x(t)$ 单位的二次方，所以 $S_{xx}(\omega)$ 也称为自功率谱密度（Auto Power Spectrum Density，APSD），简称功率谱密度（Power Spectrum Density，PSD）。

从式(1.18d)容易看出 $S_{xx}(\omega)$ 的单位，中间式子的单位为“U^2”[其中U表示 $x(t)$ 的单位]，而右边式子是 $S_{xx}(\omega)$ 与 $d\omega/2\pi$ 或 df（以Hz为单位）相乘，因此 $S_{xx}(\omega)$ 的单位为“U^2/Hz”。

实际上，功率谱密度是一个双边谱，工程实际中往往采用单边谱 $G_{xx}(\omega)$，即

$$\left.\begin{aligned} G_{xx}(\omega) &= 2S_{xx}(\omega), \quad \omega > 0 \\ S_{xx}(0) &= S_{xx}(0), \quad \omega = 0 \end{aligned}\right\} \tag{1.18e}$$

2. 互相关函数与互谱

结合周期信号的互相关函数，可以给出随机信号 $x(t)$ 和 $y(t)$ 的互相关函数的定义，即

$$R_{xy}(\tau) = \lim_{T\to\infty} \frac{1}{T}\int_{-T/2}^{T/2} x(t)y(t+\tau)\mathrm{d}t \tag{1.19a}$$

$$R_{yx}(\tau) = \lim_{T\to\infty} \frac{1}{T}\int_{-T/2}^{T/2} y(t)x(t+\tau)\mathrm{d}t \tag{1.19b}$$

根据上述随机信号自相关函数的分析，只要 $x(t)$ 和 $y(t)$ 在 τ 较大时不相关，就可利用傅里叶变换获得随机信号互相关函数的傅里叶变换对，即

$$S_{xy}(\omega) = \int_{-\infty}^{\infty} R_{xy}(\tau)\mathrm{e}^{-\mathrm{j}\omega\tau}\mathrm{d}\tau \tag{1.19c}$$

$$R_{xy}(\tau) = \frac{1}{2\pi}\int_{-\infty}^{\infty} S_{xy}(\omega)\mathrm{e}^{\mathrm{j}\omega\tau}\mathrm{d}\omega \tag{1.19d}$$

$$S_{yx}(\omega) = \int_{-\infty}^{\infty} R_{yx}(\tau)\mathrm{e}^{-\mathrm{j}\omega\tau}\mathrm{d}\tau \tag{1.19e}$$

$$R_{yx}(\tau) = \frac{1}{2\pi}\int_{-\infty}^{\infty} S_{yx}(\omega)\mathrm{e}^{\mathrm{j}\omega\tau}\mathrm{d}\omega \tag{1.19f}$$

其中，$S_{xy}(\omega)$ 与 $S_{yx}(\omega)$ 称为随机信号 $x(t)$ 与 $y(t)$ 的互谱密度（Cross Spectrum Density，CSD）或互功率谱密度（Cross Power Spectrum Density，CPSD）。

与周期信号及非周期信号的频谱类似，$S_{xy}(\omega)$ 与 $S_{yx}(\omega)$ 互为共轭复数，即

$$S_{xy}(\omega) = S_{yx}^{*}(\omega), \quad S_{yx}(\omega) = S_{xy}^{*}(\omega) \tag{1.19g}$$

根据式(1.19g)并结合互相关函数的定义，可知

$$R_{xy}(\tau) = R_{yx}(-\tau) \tag{1.19h}$$

上述关系也跟周期信号及非周期信号互相关函数的结果相同。

1.6 电子资源简介

本书配套的云实验，也称互动虚拟实验，包含网页版及微信小程序版，网页版可运行于任何具有主流浏览器的联网计算机上，用于教师课堂授课展示以及相关授权维护等工作；微信小程序版可运行于任何一台安装了微信的移动设备上，用于学生课前、课中以及课后自主

探索振动现象，增加对振动理论的理解。

互动虚拟实验平台网页版的网址为 https://www.cloud-labs.com.cn，在浏览器中输入网址后，点击主页右上角的按钮并在弹出的页面中采用微信扫码的方式登录，进入互动虚拟实验平台后，采用页面左侧菜单即可访问相关实验页面，如图 1.19 所示。网页版只为选用了本书的教师用户开通，具体请咨询笔者(E-mail：le.wang@nwpu.edu.cn)。

图 1.19　互动虚拟实验平台网页版主页

互动虚拟实验平台微信小程序版可通过在微信小程序中搜索“力学云实验”或扫描二维码访问，登录后可进入小程序主界面，之后便可使用主页中的相关菜单按钮访问互动虚拟实验页面，如图 1.20 所示。小程序版为购买了本书的任何用户开通，须采用随书附带的激活码在小程序里绑定后使用(自绑定日期开始，一年内有效)。

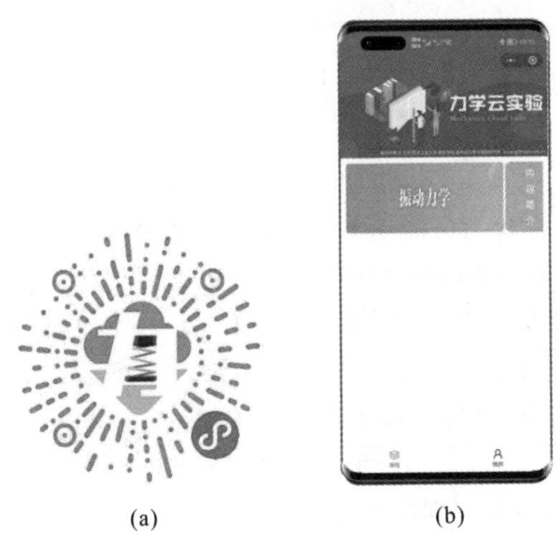

图 1.20　互动虚拟实验平台微信小程序版

(a)小程序二维码；(b)小程序主界面

平台涵盖了单自由度系统、多自由度系统以及振动控制等章节的 23 个实验项目，如图 1.21 所示。典型的虚拟试验页面如图 1.22 所示，曲线展示区可以显示响应的实时曲线，动画展示区则实时显示对应的演示动画，通过调节各种参数，可直观展示其对振动响应的影响规律，进而便于开展相关参数的特性分析。各实验项目的具体操作及简要说明穿插于本书对应章节，也列于附录 A 之中。

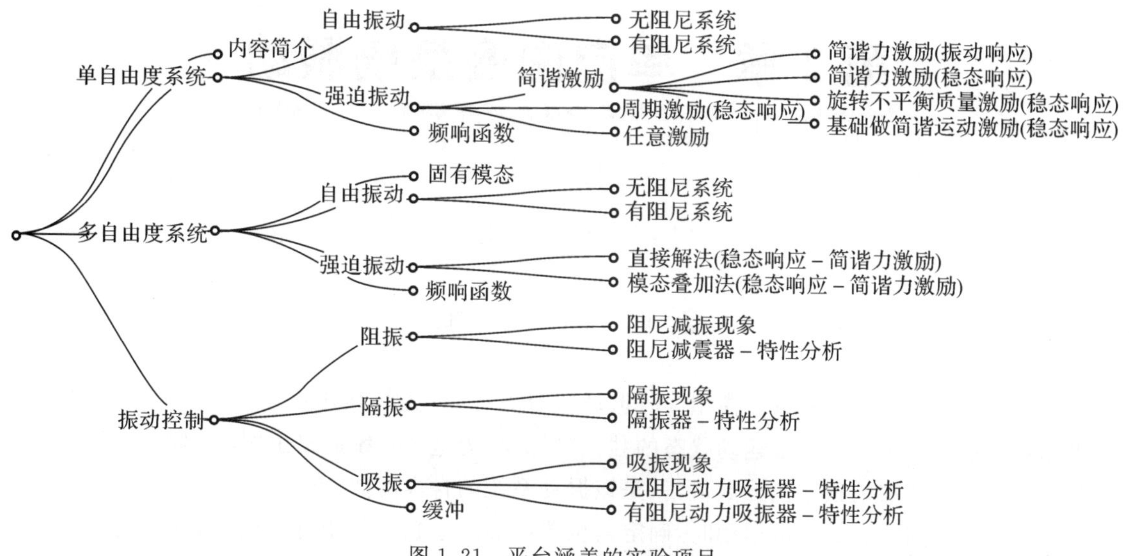

图 1.21　平台涵盖的实验项目

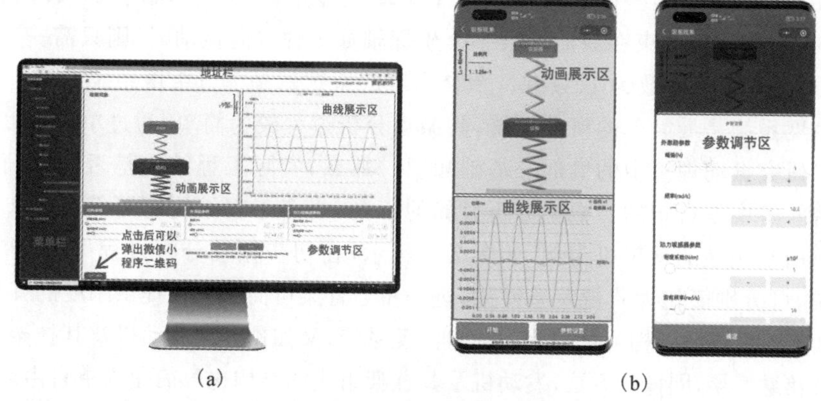

图 1.22　典型虚拟试验界面

(a)网页版；(b)小程序版

思考与练习题

1. 列出几种生活或工程中的振动现象，并简述其产生过程。
2. 根据振动的研究简史，总结振动研究的发展过程。
3. 搜集我国古代关于振动现象的观察、解释或利用的相关文献资料并总结、归纳。
4. 简述自由振动、受迫振动及自激振动的异同。
5. 简述工程振动问题的分析与处理方法。
6. 简述飞行器中的典型振动问题，分别按照振动的几种分类方式对其进行分类。

第 2 章　单自由度系统振动

2.1 概　　述

为了建立振动系统的数学模型——振动微分方程，首先必须建立一个描述系统运动的坐标系。描述一个振动系统运动状态的独立坐标，称为这个系统的自由度，而确定一个振动系统运动位置所需的独立坐标数目，就是该振动系统的自由度数。

当一个空间质点做自由运动时，确定其位置需要三个独立的坐标，其自由度数为 3。对于一个空间刚体，由于轴刚体运动可以分解为随质心的平动和绕质心的转动，描述其在空间的运动需要确定其沿直角坐标 x,y,z 的三个平动位移和绕 x,y,z 轴的三个转角，其自由度数为6。当一个质点被约束在只能沿某一个坐标轴如 x 轴方向振动时，则只需一个坐标 x 就能确定其位置，其自由度数为 1，只有一个自由度的系统就是单自由度系统。

单自由度系统是最简单的离散系统，其振动分析过程较为简单，通过单自由度系统的振动分析可以研究振动理论中的大部分基础知识。那么，实际工程结构是否可以简化为单自由度系统呢？答案是肯定的。根据分析目的的不同，很多工程结构都可简化为单自由度系统。这里以航空领域的预警机为例，如图 2.1 所示，在初步振动分析过程中，预警机雷达天线及其支架，可分别简化为质量及悬臂梁，进一步悬臂梁可简化为仅提供刚度的弹簧，这样雷达天线及其支架组成的结构就可简化为单自由度系统；又如预警器发动机及其挂架，也可分别简化为质量及悬臂梁，同样的方法，发动机及其挂架组成的结构也可简化为单自由度系统。

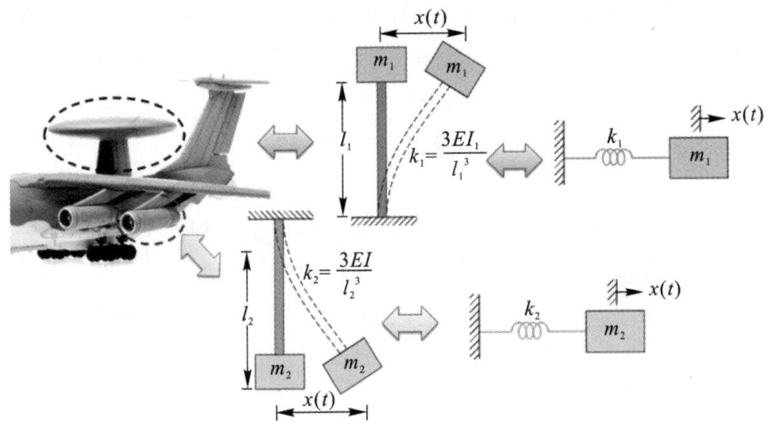

图 2.1　工程结构向单自由度系统的简化

2.2　自由振动

所谓自由振动是指系统受到初始扰动后，仅靠弹性恢复力来维持的振动。下面依次通过无阻尼单自由度系统、有阻尼单自由度系统的振动分析来说明单自由度系统自由振动的特征和性质。

2.2.1　无阻尼系统

只由惯性元件和弹性元件组成的振动系统称为无阻尼系统，它是最简单的振动系统，也是理想化的振动系统。典型的无阻尼单自由度系统的力学模型如图 2.2 所示。

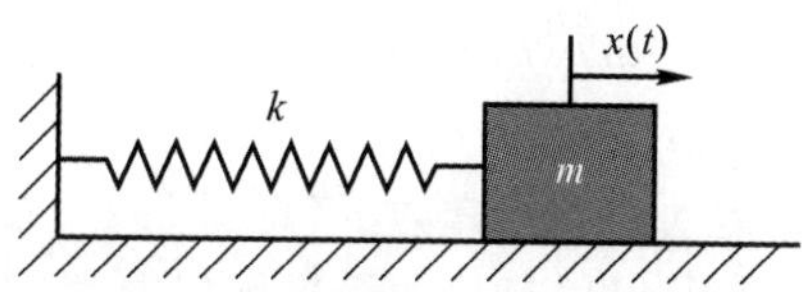

图 2.2　典型的无阻尼单自由度系统

1. 利用牛顿第二运动定律建立振动方程

以质量块的静平衡位置为坐标原点、以向右运动为正，假设质量块有正向的位移 $x(t)$，则其受力图如图 2.3(a) 所示。

利用牛顿第二运动定律，可得

$$m\ddot{x}(t) = -kx(t) \tag{2.1a}$$

整理，可得

$$m\ddot{x}(t) + kx(t) = 0 \tag{2.1b}$$

它描述了质量块 m 在时刻 t 的运动规律，在数学上它是一个二阶常系数线性微分方程。

2. 利用达朗贝尔原理建立振动方程

同样，以质量块的静平衡位置为坐标原点、以向右运动为正，假设质量块有正向的位移 $x(t)$，则考虑虚加惯性力时的受力图如图 2.3(b) 所示。

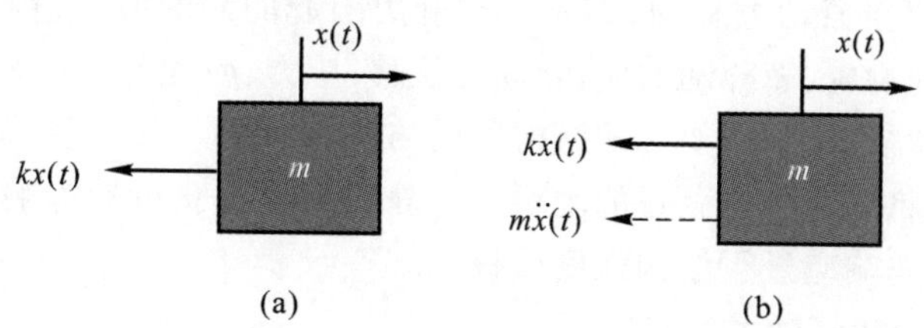

图 2.3　质量块的受力分析

利用受力平衡，可得

$$-m\ddot{x}(t) - kx(t) = 0 \tag{2.2}$$

整理，可得与式(2.1b)完全相同的方程，即

$$m\ddot{x}(t)+kx(t)=0$$

3. 利用能量守恒定律建立振动方程

同样，以质量块的静平衡位置为坐标原点、以向右运动为正，假设质量块有正向的位移 $x(t)$，此时质量块的速度为 $\dot{x}(t)$，系统的动能和势能分别为

$$T=\frac{1}{2}m\dot{x}^2(t) \tag{2.3a}$$

$$V=\frac{1}{2}kx^2(t) \tag{2.3b}$$

利用能量守恒定律，即 $\frac{\mathrm{d}}{\mathrm{d}t}(T+V)=0$，可得与式(2.1b)完全相同的方程，即

$$m\ddot{x}(t)+kx(t)=0$$

4. 沿运动方向作用一常力时的振动方程

假设质量块受到一个沿着运动方向的常力 F(见图 2.4)，在常力 F 的作用下，弹簧有一个初始变形 δ，则 $F=k\delta$。此时，若以质量块的静平衡位置为坐标原点、以向右运动为正，假设质量块有正向的位移 $x(t)$，则利用牛顿第二运动定律可得如下方程：

$$m\ddot{x}(t)=F-k[\delta+x(t)] \tag{2.4}$$

代入 $F=k\delta$，整理，可得与式(2.1b)完全相同的方程，即

$$m\ddot{x}(t)+kx(t)=0$$

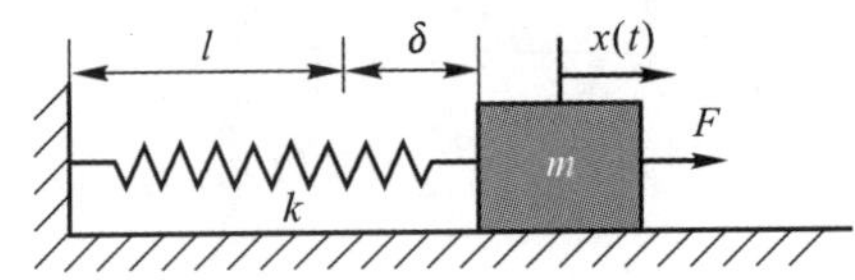

图 2.4 质量块上作用一沿着运动方向的常力

可见，上述获得的最终方程与不考虑常力时的方程完全一致。这表明，以静平衡位置为坐标原点建立振动方程时，可不考虑沿振动方向的常力及常力引起的弹性力。需要强调的是，若以系统的初始位置为坐标原点建立振动方程，沿振动方向的常力是必须考虑的，此时质量块的位移应为 $x(t)+\delta=x(t)+F/k$。在结构振动分析中，通常都是以结构的静平衡位置为坐标原点来建立振动方程的，即不考虑静力引起的静响应(含静态位移、应力、应变等)，此时获取的振动响应(简称动响应，含动态位移、应力、应变等)是关于其平衡位置的增量响应。在结构强度校核中，需要考虑结构所受的所有载荷，因此，静载荷引起的静响应不能被忽略，这就需要将振动分析获得的动响应与静力学分析获得的静响应叠加起来作为结构的总响应，并利用总响应进行结构强度校核。

5. 铅垂方向运动的振动方程

针对铅锤方向运动的无阻尼单自由度系统，如图 2.5 所示，δ_{st} 表示重力作用下弹簧的初始变形，即 $k\delta_{st}=mg$。此时，若以质量块的静平衡位置为坐标原点、以向上运动为正，假设质量块有正向的位移 $x(t)$，则利用牛顿第二运动定律可得如下方程：

$$m\ddot{x}(t)=-mg-k[x(t)-\delta_{st}] \tag{2.5}$$

代入 $k\delta_{st}=mg$，整理可得与式(2.1b) 完全相同的方程，即

$$m\ddot{x}(t)+kx(t)=0$$

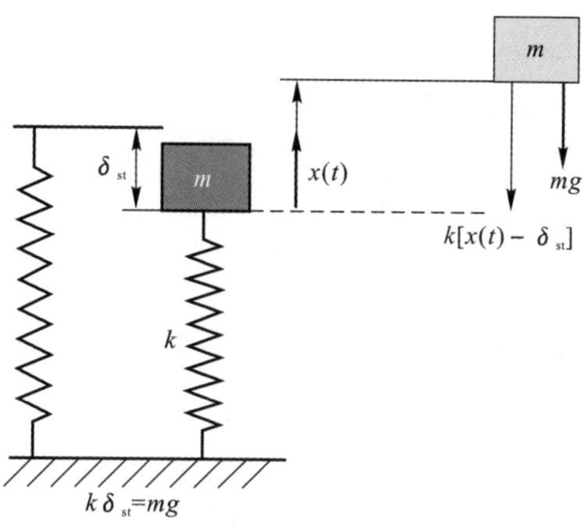

图 2.5　铅锤方向上的运动

上述方程与水平方向上的振动方程完全相同，同时也可以发现，若在方程建立过程中不考虑重力及重力引起的弹性力，仍可获得式(2.2a)。这表明，以静平衡位置为坐标原点建立铅锤方向振动方程时，可不考虑重力及重力引起的弹性力。实质上，针对这里的铅锤方向上运动的单自由度系统，重力在其运动方向上为常力，是“沿运动方向作用一常力”的一种特殊情况。

6. 振动方程的求解

引入参数 $\omega_n=\sqrt{k/m}$，则方程式(2.1b) 写为

$$\ddot{x}+\omega_n^2x=0 \tag{2.6}$$

由常微分方程理论可知，方程式(2.6) 的解可表示为

$$x(t)=A\mathrm{e}^{st} \tag{2.7a}$$

将其代入方程式(2.2b)，可得其特征方程为

$$s^2+\omega_n^2=0 \tag{2.7b}$$

求解上述特征方程，可得其特征根为

$$s_{1,2}=\pm \mathrm{j}\omega_n \tag{2.7c}$$

该特征根为不相等的两个虚值，则响应通解由两个特征根表示的响应的线性叠加来表示，有

$$x(t)=A_1\mathrm{e}^{\mathrm{j}\omega_n t}+A_2\mathrm{e}^{-\mathrm{j}\omega_n t} \tag{2.7d}$$

其中，A_1 和 A_2 为未知常数。利用欧拉公式 $\mathrm{e}^{\mathrm{j}\omega t}=\cos\omega t+\mathrm{j}\sin\omega t$，上述公式可简化为

$$x(t)=C_1\sin\omega_n t+C_2\cos\omega_n t \tag{2.7e}$$

其中，$C_1=A_1+A_2$ 和 $C_2=\mathrm{j}(A_1-A_2)$ 为改写后的未知常数，可由初始条件(即质量块在 $t=0$ 时刻的初始位移和初始速度) 来决定，即

$$x(0)=x_0 \tag{2.7f}$$

$$\dot{x}(0)=\dot{x}_0 \tag{2.7g}$$

将式(2.7f)及式(2.7g)代入式(2.7e)可得

$$C_1 = \frac{\dot{x}_0}{\omega_n} \tag{2.7h}$$

$$C_2 = x_0 \tag{2.7i}$$

则无阻尼单自由度系统的自由振动响应为

$$x(t) = \frac{\dot{x}_0}{\omega_n}\sin\omega_n t + x_0\cos\omega_n t \tag{2.7j}$$

进一步利用三角函数关系,式(2.7j)可改写为

$$x(t) = A\sin(\omega_n t + \varphi) \tag{2.7k}$$

式中:A 为振动的幅值;φ 为初相位有

$$A = \sqrt{x_0^2 + \left(\frac{\dot{x}_0}{\omega_n}\right)^2} \tag{2.7l}$$

$$\varphi = \arctan\frac{\omega_n x_0}{\dot{x}_0} \tag{2.7m}$$

从式(2.7k)可以看出,无阻尼单自由度系统的自由振动响应是简谐振动,其振动的圆频率 $\omega_n = \sqrt{k/m}$ 由其刚度及质量确定,而振动的幅值 A 和初相位 φ 均由系统参数及初始条件决定。根据式(2.7m)并考虑 x_0 与 $\dot{x}_0$ 的具体取值,初相位 φ 的取值范围为 $\varphi \in [0,2\pi)$。根据 $\omega_n = \sqrt{k/m}$ 可知,无阻尼单自由度系统振动的圆频率 ω_n 与初始条件无关,只与系统的质量 m 和刚度系数 k,即只与系统的固有参数有关,则通常称 ω_n 为系统的固有振动频率,简称固有频率。显然,系统的质量 m 越大或刚度系数 k 越小,则固有频率 ω_n 越低,反之亦然。

无阻尼单自由度系统自由振动响应的振动周期可称为固有周期,记为 T_n,根据振动频率与振动周期的关系可知

$$T_n = \frac{2\pi}{\omega_n} = 2\pi\sqrt{\frac{m}{k}} \tag{2.7n}$$

显然,固有频率越高,固有周期越小,反之亦然。将固有周期 T_n 的倒数称为线固有频率或 Hz 固有频率,记为 f_n,表示单位时间内振动运动重复的次数,根据 $f_n = 1/T_n$,可得

$$\omega_n = 2\pi f_n \tag{2.7o}$$

式(2.7o)给出了圆固有频率 ω_n 与线固有频率 f_n 的关系。与1.5.2.4节中的圆频率与线频率类似,在振动分析时,只要不引起混淆,ω_n 和 f_n 都称为固有频率,只通过其单位来区分。通常,在理论或仿真分析中,固有频率都是通过质量及刚度直接获取的,其默认单位一般为 rad/s,即圆固有频率;而在振动测试中,因频率都是通过时域响应的测试并经过傅里叶变换获取的,其默认单位一般为 Hz,即线固有频率。

将式(2.7k)对时间求导,可以获得无阻尼单自由度系统自由振动速度响应 $\dot{x}(t)$ 及加速度响应 $\ddot{x}(t)$,具体如下

$$\dot{x}(t) = A\omega_n\cos(\omega_n t + \varphi) = A\omega_n\sin(\omega_n t + \varphi + \pi/2) \tag{2.7p}$$

$$\ddot{x}(t) = -A\omega_n^2\sin(\omega_n t + \varphi) = A\omega_n^2\sin(\omega_n t + \varphi + \pi) \tag{2.7q}$$

可以看出,位移响应相位滞后速度响应相位 $\pi/2$,滞后加速度响应相位 π。

云实验 1：单自由度系统 → 自由振动 → 无阻尼系统

可以利用云实验来研究系统参数(固有频率)以及初始条件(初始速度、初始位移)对无阻尼单自由度系统的自由振动位移响应、速度响应及加速度响应的影响,并可观察这三种响应的相位关系。

2.2.2　有阻尼系统

当系统中存在黏性阻尼时,如图 2.6 所示,δ_{st} 表示重力作用下弹簧的初始变形,即 $k\delta_{st}=mg$。此时,若以质量块的静平衡位置为坐标原点、以向上运动为正,假设质量块有正向的位移 $x(t)$,可不考虑重力及重力引起的弹性力,则利用牛顿第二运动定律可得如下方程:

$$m\ddot{x}(t)=-kx(t)-c\dot{x}(t) \tag{2.8a}$$

整理可得

$$m\ddot{x}(t)+c\dot{x}(t)+kx(t)=0 \tag{2.8b}$$

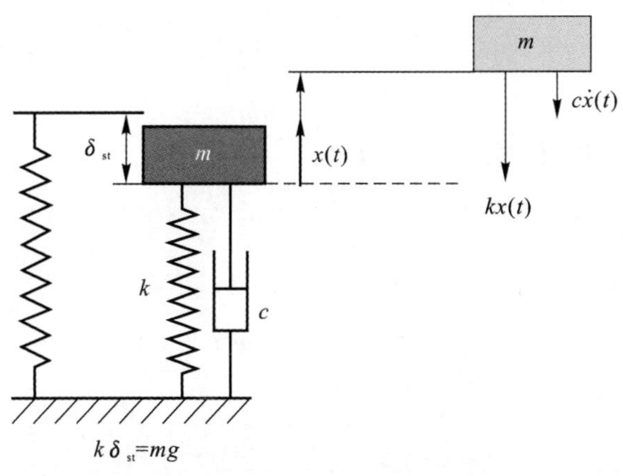

图 2.6　有阻尼单自由度系统

可以看出,黏性阻尼单自由度系统的自由振动方程是一个典型的二阶常系数齐次线性微分方程。引入参数 $\omega_n=\sqrt{k/m}$,$c_0=2\sqrt{mk}$,$\zeta=c/c_0$,方程式(2.8b)改写成

$$\ddot{x}(t)+2\zeta\omega_n\dot{x}(t)+\omega_n^2x(t)=0 \tag{2.8c}$$

式中:ω_n 为系统的无阻尼固有频率;c_0 为临界阻尼系数,仅与系统的质量及刚度特性有关;ζ 为阻尼比,也称阻尼因子或阻尼率,描述了系统阻尼系数 c 与临界阻尼系数 c_0 的关系,是阻尼强弱的一个无量纲度量。由常微分方程理论可知,方程式(2.8c)的解可表示为

$$x(t)=A\mathrm{e}^{st} \tag{2.8d}$$

将其代入方程式(2.8c),可得其特征方程为

$$s^2+2\zeta\omega_ns+\omega_n^2=0 \tag{2.8e}$$

求解上述特征方程，可得其特征根为

$$s_{1,2}=(-\zeta\pm\sqrt{\zeta^2-1})\omega_n \tag{2.8f}$$

系统的阻尼系数 c 一般为正数，则阻尼比是一个大于 0 的数。根据阻尼比 ζ 取值与 1 的关系，上述特征根有不同的形式，方程的通解形式也有所不同，如下将分别讨论。

1. 当 $0<\zeta<1$ 时

当 $0<\zeta<1$ 时，称为欠阻尼或亚临界阻尼，此时

$$s_{1,2}=(-\zeta\pm \mathrm{j}\sqrt{1-\zeta^2})\omega_n=-\zeta\omega_n\pm \mathrm{j}\omega_d \tag{2.9a}$$

其中，$\omega_d=\sqrt{1-\zeta^2}\,\omega_n$ 称阻尼自由振动频率，工程中也称其为有阻尼固有频率。此时，特征根为不相等的两个复数，则响应通解由两个特征根表示的响应的线性叠加来表示

$$x(t)=A_1\mathrm{e}^{s_1t}+A_2\mathrm{e}^{s_2t} \tag{2.9b}$$

其中，A_1 和 A_2 为未知常数。利用欧拉公式 $\mathrm{e}^{\mathrm{j}\omega t}=\cos\omega t+\mathrm{j}\sin\omega t$，并代入 $s_1=-\zeta\omega_n+\mathrm{j}\omega_d$，$s_2=-\zeta\omega_n-\mathrm{j}\omega_d$，上述公式可改写为

$$x(t)=\mathrm{e}^{-\zeta\omega_n t}(C_1\sin\omega_d t+C_2\cos\omega_d t) \tag{2.9c}$$

其中，$C_1=A_1+A_2$ 和 $C_2=\mathrm{j}(A_1-A_2)$ 为改写后的未知常数，可由初始条件来决定。将 $x(0)=x_0$，$\dot{x}(0)=\dot{x}_0$ 代入式(2.9c)，可得

$$C_1=\frac{\dot{x}_0+\zeta\omega_n x_0}{\omega_d} \tag{2.9d}$$

$$C_2=x_0 \tag{2.9e}$$

则欠阻尼单自由度系统的自由振动响应为

$$x(t)=\mathrm{e}^{-\zeta\omega_n t}\left(\frac{\dot{x}_0+\zeta\omega_n x_0}{\omega_d}\sin\omega_d t+x_0\cos\omega_d t\right) \tag{2.9f}$$

进一步利用三角函数关系，式(2.9f) 可改写为

$$x(t)=A\mathrm{e}^{-\zeta\omega_n t}\sin(\omega_d t+\varphi) \tag{2.9g}$$

式中：A 为振动的幅值；φ 为初相位。有

$$A=\sqrt{x_0^2+\left(\frac{\dot{x}_0+\zeta\omega_n x_0}{\omega_d}\right)^2} \tag{2.9h}$$

$$\varphi=\arctan\frac{\omega_d x_0}{\dot{x}_0+\zeta\omega_n x_0} \tag{2.9i}$$

可以看出，欠阻尼单自由度系统自由振动响应的幅值 A 和初相位 φ 均由系统参数及初始条件决定。根据式(2.9i)并考虑 x_0 与 $\dot{x}_0$ 的具体取值，初相位 φ 的取值范围为 $\varphi\in[0,2\pi)$。典型的欠阻尼单自由度系统自由振动响应时间历程如图 2.7 所示，它的振幅随时间逐渐减小，称这种振动为“衰减振动”。同时可以发现，将式(2.9g) ～ 式(2.9i) 中的阻尼比 $\zeta=0$，这些式子就完全退化为无阻尼单自由度系统的自由振动响应公式，即分别与式(2.7k) ～ 式(2.7m) 完全相同，这说明欠阻尼情况下得到的自由振动响应公式适用于无阻尼情况。

显然，有阻尼单自由度系统的振幅随时间按指数规律衰减，其衰减振动已不具有周期性，但仍具有等时性，用其有阻尼固有频率 ω_d 来描述这种等时性，习惯上，也称

$$T_d = \frac{2\pi}{\omega_d} = \frac{2\pi}{\omega_n\sqrt{1-\zeta^2}} \tag{2.9j}$$

为衰减振动的周期。衰减振动响应的任意两个时差 T_d 时刻的幅值之比为常数(振幅为 0 的时刻除外),称其自然对数 δ 为衰减振动幅值的对数衰减率,根据式(2.9g) 可知

$$\delta = \ln\frac{x_i}{x_{i+T}} = \ln e^{\zeta\omega_n T_d} = \zeta\omega_n T_d \tag{2.9k}$$

将式(2.9j) 代入式(2.9k) 可得对数衰减率与阻尼比的关系为

$$\delta = \frac{2\pi\zeta}{\sqrt{1-\zeta^2}} \tag{2.9l}$$

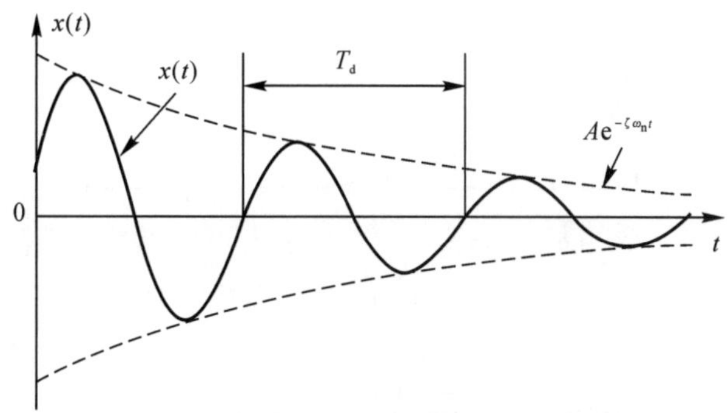

图 2.7　欠阻尼系统的自由振动响应时间历程

从而可以用测量得到的系统衰减响应的对数衰减率来求系统的阻尼比。对数衰减率与阻尼比的关系曲线如图 2.8 所示,可以看出,当 $\zeta \ll 1$ 时

$$\delta \approx 2\pi\zeta \tag{2.9m}$$

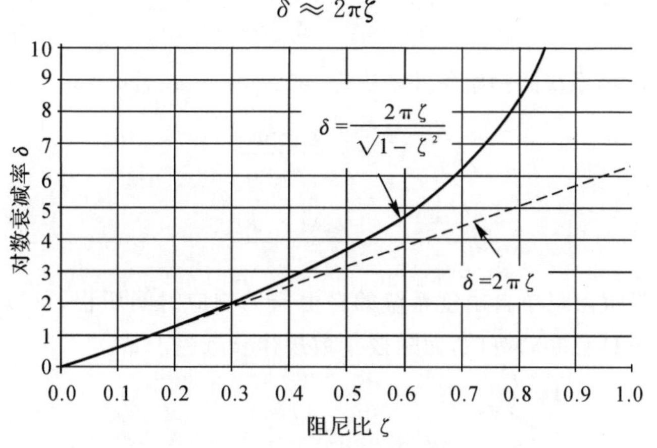

图 2.8　对数衰减率与阻尼比的关系

2. 当 $\zeta = 1$ 时

当 $\zeta = 1$ 时,称为临界阻尼,此时

$$s_{1,2} = -\omega_n \tag{2.10a}$$

特征根为相等的两个负实数。根据微分方程理论,响应通解可由如下的线性叠加来表示:

$$x(t) = A_1 e^{s_1 t} + A_2 t e^{s_2 t} \tag{2.10b}$$

式中：常数 A_1 和 A_2 由系统的初始条件来决定，将 $x(0)=x_0$、$\dot{x}(0)=\dot{x}_0$、$s_1=s_2=-\omega_n$ 代入式(2.10b)，可得

$$A_1=x_0 \tag{2.10c}$$

$$A_2=x_0\omega_n+\dot{x}_0 \tag{2.10d}$$

图 2.9 为不同初始条件下典型临界阻尼单自由度系统的自由振动响应时间历程，可以看出，系统响应不具有振动特性，而是按指数规律衰减趋于零。

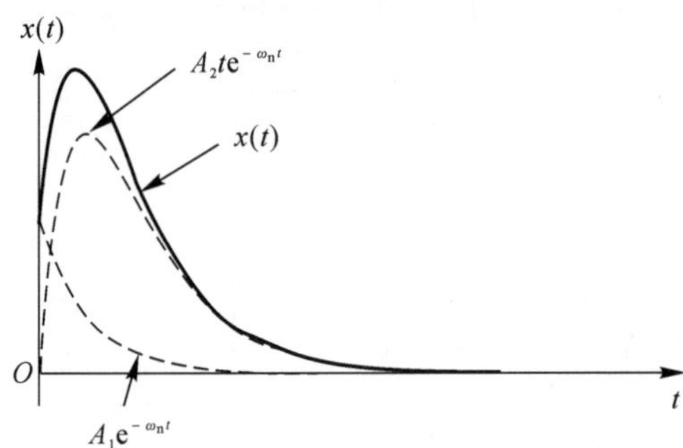

图 2.9 临界阻尼系统的自由振动响应时间历程

3. 当 $\zeta>1$ 时

当 $\zeta>1$ 时，称为过阻尼或超临界阻尼，此时

$$s_{1,2}=(-\zeta\pm\sqrt{\zeta^2-1})\omega_n \tag{2.11a}$$

特征根为不相等的两个负实数。根据微分方程理论，响应通解由两个特征根表示的响应的线性叠加来表示，与欠阻尼时相同，即式(2.9b)有

$$x(t)=A_1e^{s_1t}+A_2e^{s_2t}$$

其中，常数 A_1 和 A_2 由系统的初始条件来决定，将 $x(0)=x_0$，$\dot{x}(0)=\dot{x}_0$ 代入式(2.9b)，可得

$$A_1=\frac{x_0s_2-\dot{x}_0}{s_2-s_1} \tag{2.11b}$$

$$A_2=\frac{x_0s_1-\dot{x}_0}{s_1-s_2} \tag{2.11c}$$

图 2.10 为典型过阻尼单自由度系统的自由振动响应时间历程，可以看出，与临界阻尼相似，系统响应仍不具有振动特性，而是按指数规律衰减趋于零。

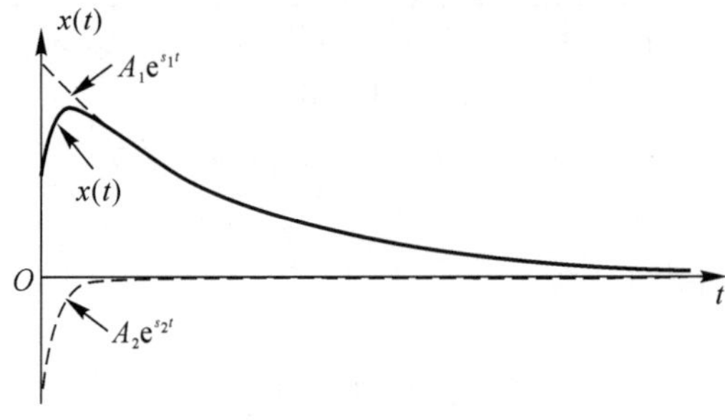

图 2.10 过阻尼系统的自由振动响应时间历程

图 2.11 给出了某单自由度系统在无阻尼($\zeta=0$)、欠阻尼($0<\zeta<1$)、临界阻尼($\zeta=1$)以及过阻尼($\zeta>1$) 情形下的振动响应时间历程。可以看出,随着阻尼的引入及不断增加,系统的振动由简谐振动($\zeta=0$) 逐渐变为衰减振动($0<\zeta<1$)、不振动($\zeta\geqslant 1$)。

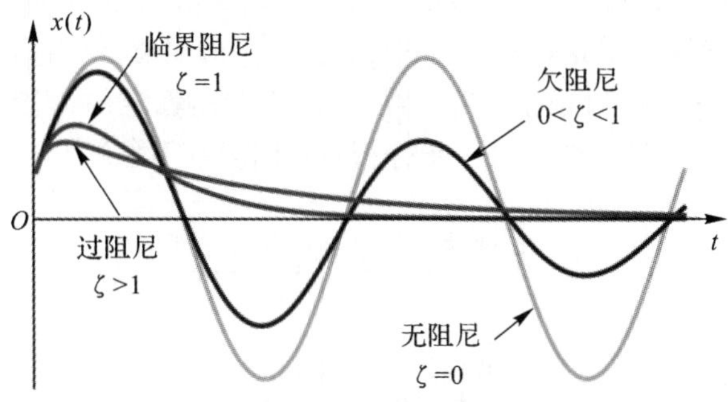

图 2.11　单自由度系统的自由振动响应时间历程

云实验 2:单自由度系统 → 自由振动 → 有阻尼系统

可以利用云实验来研究系统参数(固有频率、阻尼比)以及初始条件(初始速度、初始位移)对有阻尼单自由度系统自由振动响应的影响,通过勾选参数设置中的阻尼比的影响,可以直观对比其他参数不变时阻尼比对振动响应的影响。

2.2.3　系统的稳定性与根轨迹

如前所述,有阻尼单自由度系统的特征方程见式(2.8e),即

$$s^2+2\zeta\omega_n s+\omega_n^2=0$$

根据阻尼比 ζ 与 1 的关系,其特征根分别见式(2.9a) 及式(2.11a),即

$$s_{1,2}=(-\zeta\pm \mathrm{j}\sqrt{1-\zeta^2})\omega_n$$

$$s_{1,2}=(-\zeta\pm\sqrt{\zeta^2-1})\omega_n$$

根据两个特征值是否相等,其自由振动响应可分别表示为式(2.9b) 及式(2.10b) 的形式,即

$$x(t)=A_1 e^{s_1 t}+A_2 e^{s_2 t}$$

$$x(t)=A_1 e^{s_1 t}+A_2 t e^{s_2 t}$$

1. 系统的稳定性

本节假设系统可以具有负阻尼,即阻尼系数 c 可以为负数,则阻尼比 ζ 也可以为负数。这样,由式(2.8f) 确定的特征根可绘制在一个复平面内,也称为 s 平面(以水平轴表示特征根的实部、以垂直轴表示特征根的虚部)。

因系统的响应可分别表示为式(2.9b)或式(2.10b)的形式，故通过观察上述系统响应的表达式以及特征根的表达式，当特征根位于 s 平面的不同位置时，由图 2.12(因特征根要么为实数，要么为共轭的复数，这里仅给出 s 平面的实轴及以上部分，实轴下半部分的情况与其上半部分完全对称相似)给出各种典型情况。可以看出，当阻尼比 $\zeta=0$ 时，特征根落在虚轴上，系统是否稳定取决于固有频率 ω_n 及初始速度 $\dot{x}_0$ 的取值，仅当 $\omega_n=0$ 且 $\dot{x}_0\neq 0$ 时系统不稳定；当阻尼比 $\zeta>0$ 时，特征根落在左半平面，系统是稳定的；当阻尼比 $\zeta<0$ 时，特征根落在右半平面，系统是不稳定的。进一步分析，可获得以下结论。

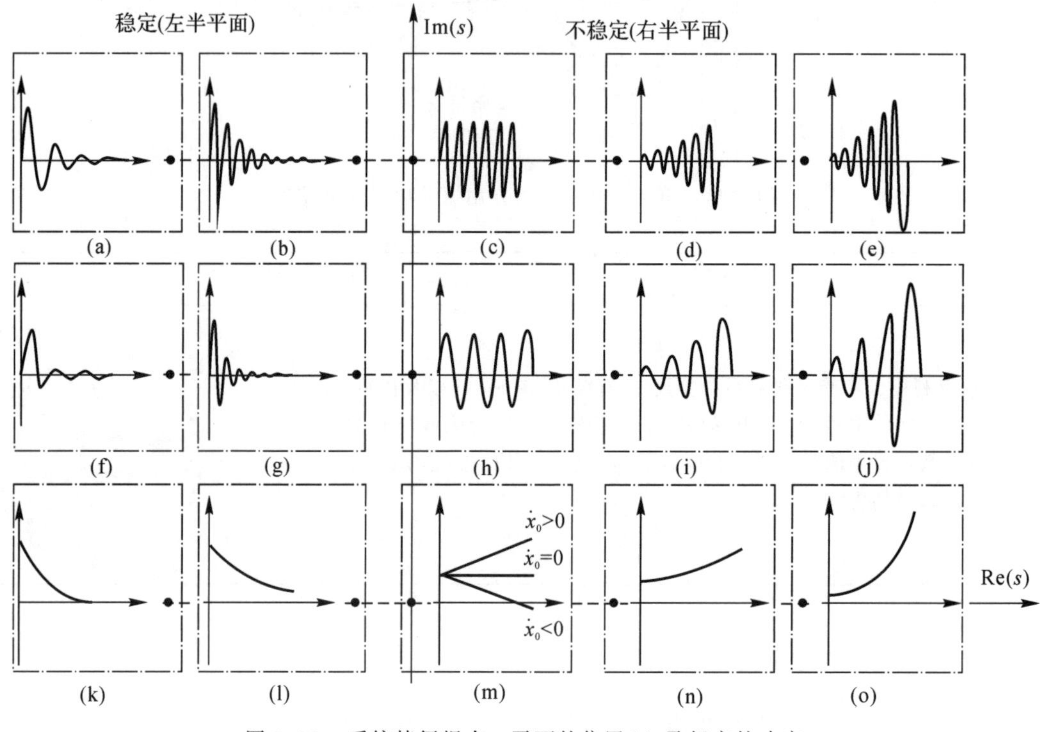

图 2.12　系统特征根在 s 平面的位置(•)及相应的响应

1) 当 $\omega_n=0$ 时，系统的两个特征根均为零，位于 s 平面的坐标原点，如图 2.12(m)所示，系统的响应为静态响应，即系统做刚体运动，其位移响应由系统的初始位移 x_0 及初始速度 $\dot{x}_0$ 确定，当 $\dot{x}_0=0$ 时系统稳定(位移恒为 x_0)，当 $\dot{x}_0\neq 0$ 时系统不稳定(位移线性增加或减小)。

2) 当 $\omega_n>0$ 时：

a. 当 $\zeta>1$ 时，系统有两个不相等的负实根，位于 s 平面的负实轴上，如图 2.12(k)(l)所示，系统以指数形式做衰减运动；阻尼比 ζ 越大，一个特征根越远离虚轴[引起的运动衰减越快，见图 2.12(k)]、一个特征根越接近虚轴[引起的运动衰减越慢，见图 2.12(l)]，系统最终响应的衰减程度取决于两个特征根对应响应的参与程度(由初始条件及两个特征根共同决定)。

b. 当 $\zeta=1$ 时，系统有两个相等的负实根，位于 s 平面的负实轴上，系统以指数形式做衰减运动，具体形式介于图 2.12(k)(l)之间。

c. 当 $0 < \zeta < 1$ 时，系统有两个实部小于零的共轭复根，位于 s 平面的左上部分，如图 2.12(a)(b)(f)(g) 所示，系统做衰减振动；阻尼比 ζ 越大，特征根的实部越远离虚轴，振动衰减越快；固有频率 ω_n 越大，特征根的虚部越远离实轴，振动频率越高。

d. 当 $\zeta = 0$ 时：系统有两个不相等共轭虚根，位于 s 平面的虚轴上(坐标原点除外)，如图 2.12(c)(h) 所示，系统做简谐运动；固有频率 ω_n 越大，特征根越远离实轴，振动频率越高。

e. 当 $-1 < \zeta < 0$ 时：系统有两个实部大于零的共轭复根，位于 s 平面的右上部分，如图 2.12(d)(e)(i)(j) 所示，系统做发散振动；阻尼比 ζ 越小(其绝对值越大)，特征根的实部越远离虚轴，振动发散越快；固有频率 ω_n 越大，特征根的虚部越远离实轴，振动频率越高。

f. 当 $\zeta = -1$ 时：系统有两个相等的正实根，位于 s 平面的正实轴上，系统以指数形式做发散运动，具体形式介于图 2.12(n)(o) 之间。

g. 当 $\zeta < -1$ 时：系统有两个不相等的正实根，位于 s 平面的正实轴上，如图2.12(n)(o) 所示，系统以指数形式做发散运动；阻尼比 ζ 越小(其绝对值越大)，一个特征根越远离虚轴[引起的运动发散越快，见图 2.12(o)]、一个特征根越接近虚轴[引起的运动发散越慢，见图 2.12(n)]，系统最终响应的发散程度取决于两个特征根对应响应的参与程度(由初始条件及两个特征根共同决定)。

2. s 平面与 ω_n、ω_d 及 ζ

假设一个特征根 s_1 位于 s 平面的上半平面，见图 2.13 中 A 点，则其实部为 $-\zeta\omega_n$，虚部为 ω_d，线段 OA 的长度为 ω_n。因此，位于半径为 ω_n 的圆上的特征根都对应于相同的固有频率 ω_n，这样，s 平面上不同的同心圆代表具有不同的固有频率的系统。通过 A 点的水平线(其位置可用线段 BO 或 AD 的长度来表示)对应有阻尼固有频率 ω_d，从而平行于实轴的线表示具有不同有阻尼固有频率的系统。

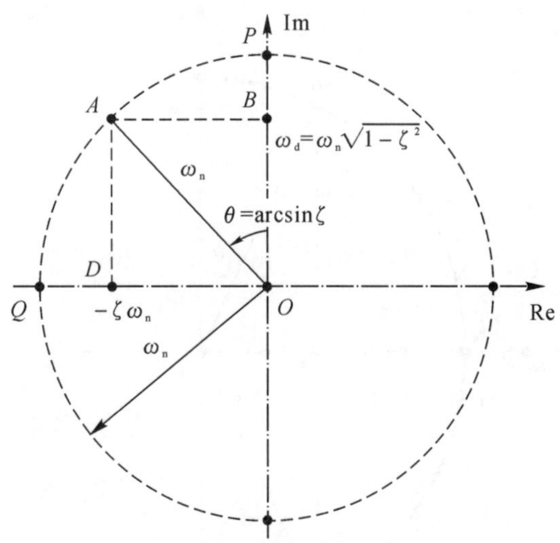

图 2.13　ω_n、ω_d 及 ζ 在 s 平面中的描述

从图 2.13 中还可以看出，线段 OA 与虚轴的夹角的正弦值为

$$\sin\theta = \frac{\zeta\omega_n}{\omega_n} = \zeta \tag{2.12a}$$

改写可得

$$\theta = \arcsin\zeta \tag{2.12b}$$

这样,通过原点的径向线对应不同阻尼比的系统。虚轴对应于 $\theta = 0$,即无阻尼系统;实轴对应于 $\theta = \pi/2$,即临界阻尼系统。

系统的时间常数 τ 可定义为

$$\tau = \frac{1}{\zeta\omega_n} \tag{2.12.c}$$

这样,通过 A 点的垂直线(其位置可用线段 DO 或 AB 的长度来表示)对应系统时间常数的倒数,从而平行于虚轴的线表示具有不同时间常数的系统。

3. 根轨迹

表示系统某一参数的变化引起系统特征根发生何种变化的图称为根轨迹图(root locus plot),根轨迹法是一种进行系统稳定性和自由振动响应分析与设计的有效方法。对于振动系统,只需要针对若干典型的参数计算特征根并绘制曲线,根轨迹法可以定性地研究系统特性受某种系统参数(如阻尼、刚度、质量)的影响。

下面以系统阻尼比的变化为例,来定性说明系统质量、刚度参数不变的情况下,阻尼参数对系统特性的影响。根据工程实际结构一般不会出现负阻尼的原则,这里假定阻尼比从零增加到无穷大,来研究 s 平面上特征根的迁移规律。

当 $\zeta = 0$ 时,根据式(2.8f),两个特征根为式(2.7c)的形式,即

$$s_{1,2} = \pm \mathrm{j}\omega_n$$

于是,特征根始于虚轴,一个从正虚轴开始,一个从负虚轴开始,如图 2.14 所示。

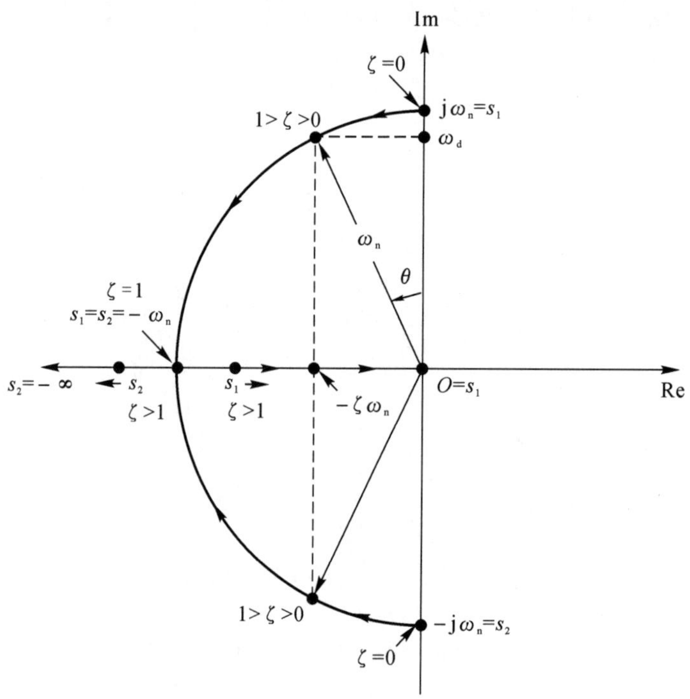

图 2.14　随阻尼比 ζ 变化的根轨迹图

当 $0<\zeta<1$ 时，利用式(2.9a) 可得

$$\mathrm{Re}^2(s_{1,2})+\mathrm{Im}^2(s_{1,2})=\omega_n^2 \tag{2.13}$$

系统质量、刚度参数不变，系统的固有频率 ω_n 是不变的。可以看出，$0<\zeta<1$ 时，根轨迹为 s 平面上的一个圆心在原点、半径为 ω_n 的圆，如图 2.14 所示，即当阻尼比从零增加到 1 时，一个根以逆时针从正虚轴沿着圆弧移动到负实轴，另一个根以顺时针从负虚轴沿着圆弧移动到负实轴。

当 $\zeta=1$ 时，根据式(2.8f)，两个特征根为式(2.10a) 的形式，即

$$s_{1,2}=-\omega_n$$

可以看出，$\zeta=1$ 时，两个根轨迹相遇在 $s_{1,2}=-\omega_n$ 处，如图 2.14 所示。

当 $\zeta>1$ 时，根据式(2.8f)，两个特征根为式(2.11a) 的形式，即

$$s_{1,2}=(-\zeta\pm\sqrt{\zeta^2-1})\omega_n$$

可以看出，$\zeta>1$ 时，随着阻尼比 ζ 的不断增加，一个根从 $-\omega_n$ 处沿着负实轴向负无穷移动，另一个根从 $-\omega_n$ 处沿着负实轴向原点移动，如图 2.14 所示。

同样地，当分别改变系统质量或刚度参数时，也可获得根轨迹在 s 平面上的移动规律，进而定性地获得系统的稳定性及自由振动响应特性。

2.2.4　库仑阻尼下的自由振动

对如图 2.15 所示的具有库仑阻尼的单自由度系统，其中，μ 为摩擦因数，W 为铅锤方向上作用在质量块上的力，N 为接触面给质量块的支反力。考虑到阻尼力与运动的速度相反，假设以质量块的静平衡位置为坐标原点、向右运动为正建立坐标系，需分别针对质量块速度 $\dot{x}(t)$ 的正负进行分析：

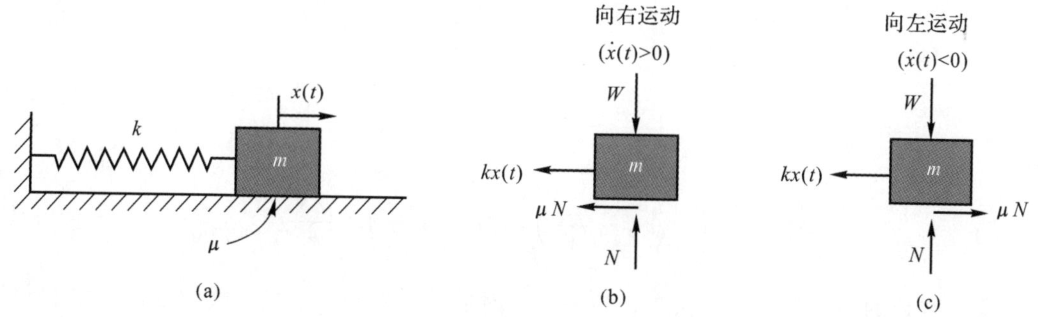

图 2.15　库仑阻尼系统及其受力分析

情况 1　假设质量块速度 $\dot{x}(t)$ 为正，即从左向右运动的半个周期，其受力分析如图 2.15(b) 所示，利用牛顿第二运动定律可得

$$m\ddot{x}(t)=-kx(t)-\mu N \tag{2.14a}$$

整理可得

$$m\ddot{x}(t)+kx(t)=-\mu N \tag{2.14b}$$

方程式(2.14b) 为二阶非齐次常微分方程，其通解可写为

$$x(t)=A_1\sin(\omega_n t+\varphi_1)-\frac{\mu N}{k} \tag{2.14c}$$

式中：A_1 及φ_1 由初始条件确定。

情况 2 假设质量块速度 $\dot{x}(t)$ 为负，即从右向左运动的半个周期，其受力分析如图 2.15(c) 所示，利用牛顿第二运动定律可得

$$m\ddot{x}(t)=-kx(t)+\mu N \tag{2.14d}$$

整理可得

$$m\ddot{x}(t)+kx(t)=\mu N \tag{2.14e}$$

方程式(2.14e) 也为二阶非齐次常微分方程，其通解可写为

$$x(t)=A_2\sin(\omega_n t+\varphi_2)+\frac{\mu N}{k} \tag{2.14f}$$

将方程式(2.14b) 和方程式(2.14e) 所描述的库仑阻尼系统的两种情况统一起来，可得到方程

$$m\ddot{x}(t)+\mu N\,\mathrm{sign}(\dot{x}(t))+kx(t)=0 \tag{2.14g}$$

式中：sign(•) 表示符号函数，自变量为正数时取 1，为负数时取 －1，为 0 时取 0。方程式(2.14g) 是一个非线性微分方程，一般需要采用数值方法对其进行求解。但针对这一特殊的非线性微分方程，如果采用速度 $\dot{x}=0$ 将时间轴分为两部分，即同一时间段内的运动方向相同、相邻时间段的运动方向相反，就可以写出其解析解。不妨假设系统的初始条件为

$$x(0)=x_0 \tag{2.14h}$$

$$\dot{x}(0)=0 \tag{2.14i}$$

式中：$x_0>0$。初速度为零、初位移大于零说明质量块到达了最右边，将会从右向左运动，应采用方程式(2.14e)，这样，将上述初始条件代入式(2.14f)，可得

$$A_2=x_0-\frac{\mu N}{k} \tag{2.14j}$$

$$\varphi_2=\frac{\pi}{2} \tag{2.14k}$$

即

$$x(t)=\left(x_0-\frac{\mu N}{k}\right)\sin\left(\omega_n t+\frac{\pi}{2}\right)+\frac{\mu N}{k} \tag{2.14l}$$

需要强调的是，式(2.14l) 仅在 $0\leqslant t\leqslant\frac{\pi}{\omega_n}$ 时成立。将 $t=\frac{\pi}{\omega_n}$ 代入式(2.14l)，可得质量块在此阶段终止时刻的位移 x_1 及速度 $\dot{x}_1$ 分别为

$$x_1=x\left(t=\frac{\pi}{\omega_n}\right)=-\left(x_0-\frac{2\mu N}{k}\right) \tag{2.14m}$$

$$\dot{x}_1=\dot{x}\left(t=\frac{\pi}{\omega_n}\right)=0 \tag{2.14n}$$

可以看出，质量块运动到这半个周期终止时刻时，位移幅值减小量为$\frac{2\mu N}{k}$、速度仍为 0，此时质量块的位移 $x_1=-\left(x_0-\frac{2\mu N}{k}\right)$、速度 $\dot{x}_1=0$ 就是质量块下半个周期(从左向右) 运

动所需要满足的“初始”条件(这里初始带引号表示这里的初始条件是从 $t=\frac{\pi}{\omega_n}$ 计算的),将式(2.14m)和式(2.14n)代入从左向右运动的方程式(2.14b)的通解式(2.14c),可得

$$A_1=x_0-\frac{3\mu N}{k} \tag{2.14o}$$

$$\varphi_1=\frac{\pi}{2} \tag{2.14p}$$

即

$$x(t)=\left(x_0-\frac{3\mu N}{k}\right)\sin\left(\omega_n t+\frac{\pi}{2}\right)-\frac{\mu N}{k} \tag{2.14q}$$

需要强调的是,式(2.14q)仅在 $\frac{\pi}{\omega_n}\leqslant t\leqslant\frac{2\pi}{\omega_n}$ 时成立。将 $t=\frac{2\pi}{\omega_n}$ 代入式(2.14q),可得质量块在此阶段终止时刻的位移 x_2 及速度 $\dot{x}_2$ 分别为

$$x_2=x\left(t=\frac{2\pi}{\omega_n}\right)=x_0-\frac{4\mu N}{k} \tag{2.14r}$$

$$\dot{x}_2=\dot{x}\left(t=\frac{2\pi}{\omega_n}\right)=0 \tag{2.14s}$$

式(2.14r)和(2.14s)又是第三个半周期的“初始”条件。重复这样的过程,直到 $x_n\leqslant\frac{\mu N}{k}$ 时,弹簧的弹性恢复力 kx_n 将小于摩擦力 μN,运动就会停止。每个半周期系统振幅衰减量为 $\frac{2\mu N}{k}$,即库仑阻尼下系统自由振动响应的幅值按线性规律衰减,同时可知,运动的半周期个数 N_{hc}(含不完全的半周期)应满足

$$x_0-(N_{hc}-1)\frac{2\mu N}{k}>\frac{\mu N}{k} \tag{2.14t}$$

$$x_0-N_{hc}\frac{2\mu N}{k}\leqslant\frac{\mu N}{k} \tag{2.14u}$$

即

$$\frac{x_0-\frac{\mu N}{k}}{\frac{2\mu N}{k}}\leqslant N_{hc}<\frac{x_0-\frac{\mu N}{k}}{\frac{2\mu N}{k}}+1 \tag{2.14v}$$

库仑阻尼系统典型的自由振动响应如图 2.16 所示,可以看出,系统在一个周期内(即 $\frac{2\pi}{\omega_n}$ 时间段内)幅值改变了 $-\frac{4\mu N}{k}$,则图 2.16 振动响应包络线(虚线)的斜率为

$$\frac{-\frac{4\mu N}{k}}{\frac{2\pi}{\omega_n}}=-\frac{2\mu N\omega_n}{\pi k} \tag{2.14w}$$

同时需要注意:在黏性阻尼假设下,根据其自由振动响应公式,系统的振动在理论上是

永远不停止的；而对于库仑阻尼系统，由上述理论推导可知，运动经过一段时间将必然会停止，但由于摩擦力的作用，最终停止的位置一般与初始平衡位置有一定的位移，如图 2.16 所示。

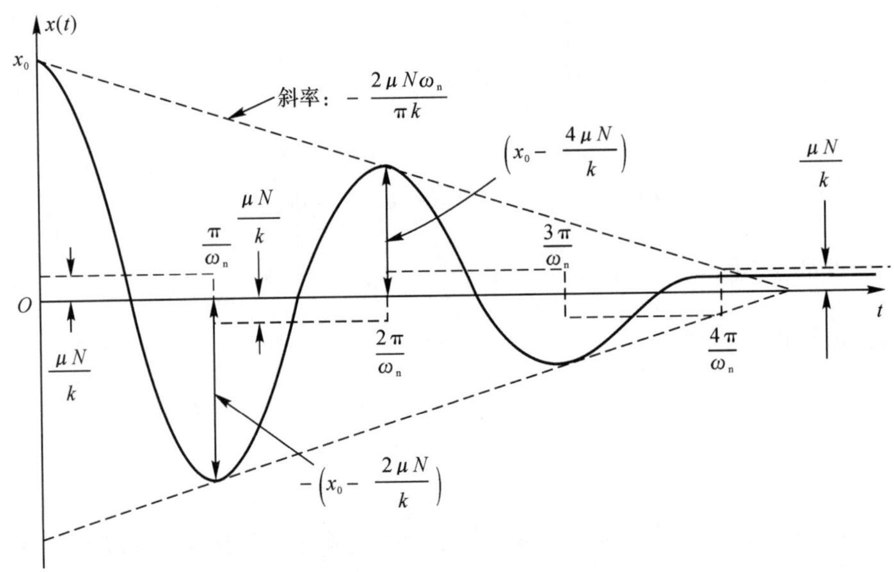

图 2.16 库仑阻尼系统的自由振动响应

2.2.5 结构阻尼下的自由振动

根据 1.5.1.3 节所述，在小应变情况下，具有结构阻尼的系统在一个振动周期所耗散的能量见式(1.6a)，即

$$W_s = -\alpha_s A^2$$

考虑到 W_s 一般比较小，结构阻尼下系统的运动也可以认为是近似简谐的，每个周期中振幅的减小可用能量平衡来表示(即减小的振幅是由能量的耗散引起的)。以图 2.17 为例，图中相差半个周期的 P 点和 Q 点的能量平衡关系为

$$\frac{kA_i^2}{2}-\frac{\alpha_s A_i^2}{4}-\frac{\alpha_s A_{i+0.5}^2}{4}=\frac{kA_{i+0.5}^2}{2} \tag{2.15a}$$

整理可得

$$\frac{A_i}{A_{i+0.5}}=\sqrt{\frac{2k+\alpha_s}{2k-\alpha_s}} \tag{2.15b}$$

同理，利用相差半个周期的 Q 点和 R 点的能量平衡关系可得

$$\frac{A_{i+0.5}}{A_{i+1}}=\sqrt{\frac{2k+\alpha_s}{2k-\alpha_s}} \tag{2.15c}$$

由式(2.15b) 和式(2.15c) 可得，系统在一个周期内振幅变化的比值为

$$\frac{A_i}{A_{i+1}}=\frac{2k+\alpha_s}{2k-\alpha_s} \tag{2.15d}$$

当 $\alpha_s \ll k$ 时(该假设符合一般工程实际),式(2.15d) 可近似为

$$\frac{A_i}{A_{i+1}} = \frac{2k - \alpha_s + 2\alpha_s}{2k - \alpha_s} \approx 1 + \frac{\alpha_s}{k} = 常数 \tag{2.15e}$$

因此,结构阻尼下系统的自由振动响应近似按线性规律衰减。

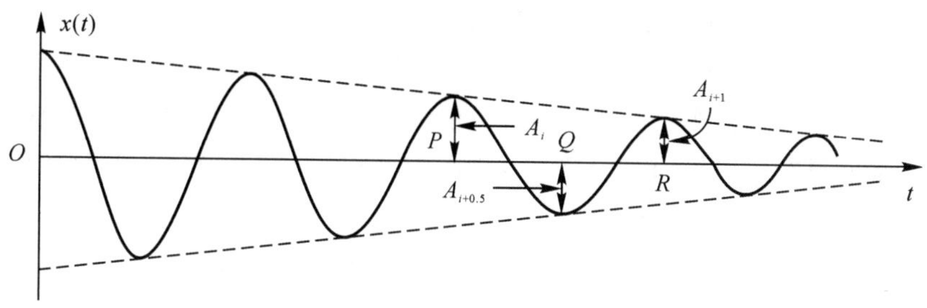

图 2.17 结构阻尼系统的自由振动响应

2.3 强迫振动

当系统受到外界持续的激励时,系统的振动称为强迫振动。强迫振动中,外界的激励包括周期激励和非周期激励。周期激励又可分为简谐激励和一般周期激励。简谐激励通常包含简谐力激励、旋转不平衡质量激励和基础简谐运动激励等三种类型。一般周期激励就是结构受到除简谐激励以外的周期性作用。非周期激励通常可包括持久性作用的任意激励及突发性作用的冲击激励两种类型,如图 2.18 所示。需要强调的是,这里的任意激励指狭义的任意激励,而冲击激励也可归为广义的任意激励,即广义的任意激励就是指非周期激励。

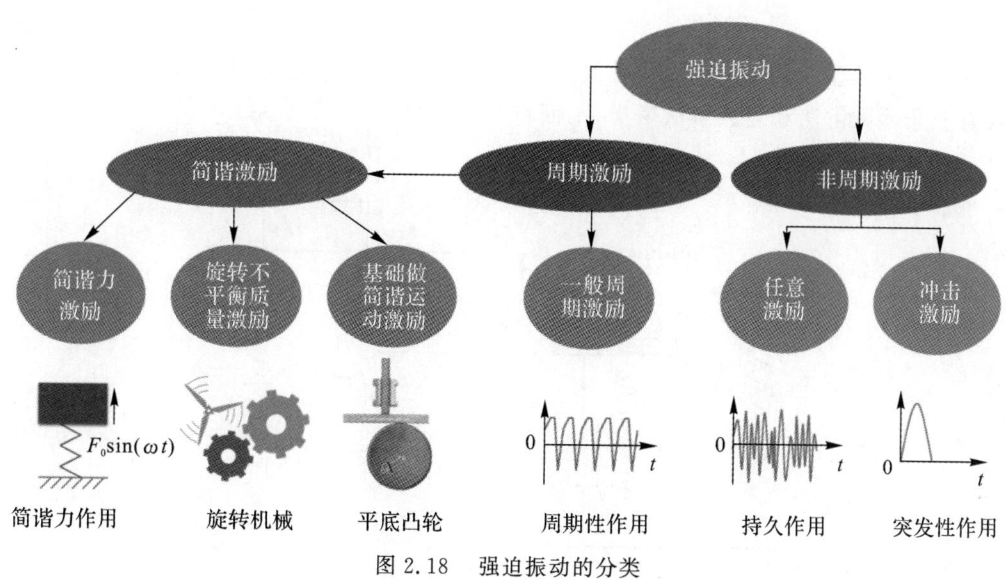

图 2.18 强迫振动的分类

这些强迫振动在工程实践中普遍存在。以飞机结构振动为例:若单独分析航空发动机,

因其不可避免地存在旋转不平衡质量，就会受到旋转不平衡质量引起的振动；若单独分析机翼的振动，因发动机安装在机翼上，发动机的简谐振动将会对机翼施加一个简谐力，机翼振动就属于简谐力引起的振动；若单独分析安装在机翼里的各种设备，机翼就相当于基础，则这些设备就受到基础做简谐运动引起的振动；飞机在连续跑道上的滑跑、空中受到连续突风的作用以及抖振载荷的作用都属于任意激励；飞机的着陆撞击、在离散跑道上的滑跑、空中受到离散突风的作用都属于冲击激励。若以汽车结构振动为例：汽车发动机也会受到旋转不平衡质量引起的振动，而车架会受到简谐力引起的振动，车内设备则会受到基础做简谐运动引起的振动，正常行驶时路面对汽车的基础激励应属于任意激励，通过减速带时路面对汽车的基础激励则应属于冲击激励。

2.3.1 简谐激励

简谐激励是强迫振动中最简单的激励类型，包含简谐力激励、旋转不平衡质量激励和基础做简谐运动激励等三种类型，而简谐力激励又是简谐激励的最简单形式。本节将逐一详细介绍这三种简谐激励下单自由度系统的振动响应分析。

2.3.1.1 简谐力激励

以铅垂方向上的黏性阻尼单自由度系统振动为例，其竖直方向上受到简谐力 $F_0\sin\omega t$ 的作用，如图 2.19 所示，δ_{st} 表示重力作用下弹簧的初始变形，即 $k\delta_{st}=mg$。此时，若以质量块的静平衡位置为坐标原点、向上运动为正，假设质量块有正向的位移 $x(t)$，可不考虑重力及重力引起的弹性力，则利用牛顿第二运动定律可得

$$m\ddot{x}(t)=F_0\sin\omega t-kx(t)-c\dot{x}(t) \tag{2.16a}$$

整理可得

$$m\ddot{x}(t)+c\dot{x}(t)+kx(t)=F_0\sin\omega t \tag{2.16b}$$

这是一个典型的二阶非齐次线性微分方程。根据微分方程理论，针对这一方程的解法，主要有三角函数解法和复数解法两类，下面将分别介绍。

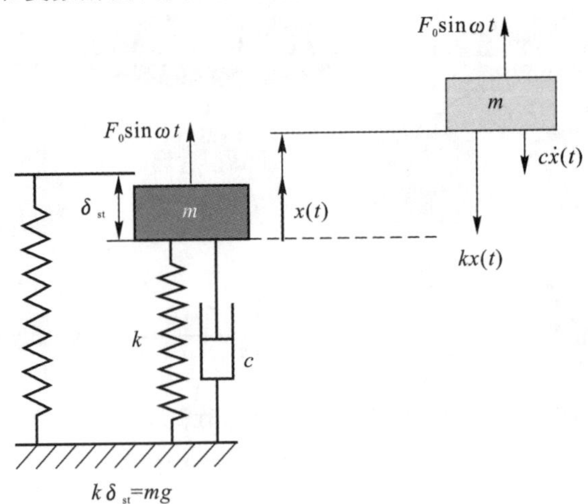

图 2.19　受简谐激励的有阻尼单自由度系统

1. 三角函数解法

由微分方程理论可知，系统的响应可表示为

$$x(t)=\hat{x}_{t}(t)+x_{s}(t) \tag{2.17a}$$

式中：$\hat{x}_{t}(t)$ 为齐次方程 $m\ddot{x}(t)+c\dot{x}(t)+kx(t)=0$ 的通解；$x_{s}(t)$ 非齐次方程 $m\ddot{x}(t)+c\dot{x}(t)+kx(t)=F_{0}\sin\omega t$ 的特解。

针对于欠阻尼系统，通解即欠阻尼单自由度系统的自由振动响应，即

$$\hat{x}_{t}(t)=\hat{A}e^{-\zeta\omega_{n}t}\sin(\omega_{d}t+\hat{\varphi}) \tag{2.17b}$$

式中：$\hat{A}$ 和 $\hat{\varphi}$ 为由系统初始条件决定的未知常数。

对于任意阻尼系统，特解可表示为

$$x_{s}(t)=X\sin(\omega t-\phi) \tag{2.17c}$$

式中：X 表示响应的幅值；ϕ 表示响应滞后激励的相位角，可称为相位滞后角或相位差。需要注意的是，$-\phi$ 则表示响应的初相位，这种将初相位用负数表示的方法就是为了直观地表明响应总会滞后激励一个相位角。

首先，将特解表达式(2.17c) 代入方程式(2.16b)，利用相关三角函数关系式，可得

$$X=\frac{F_{0}}{\sqrt{(k-\omega^{2}m)^{2}+\omega^{2}c^{2}}} \tag{2.17d}$$

$$\phi=\arctan\frac{\omega c}{k-\omega^{2}m} \tag{2.17e}$$

考虑到系统质量 m、阻尼系数 c 以及刚度系数 k 均为正值，可知相位滞后角 $\phi\in[0,\pi]$。

然后，将式(2.17b) 及式(2.17c) 一起代入式(2.17a)，并考虑初始条件为 $x(0)=x_{0}$、$\dot{x}(0)=\dot{x}_{0}$，可得

$$x(t)=x_{t}(t)+x_{ts}(t)+x_{s}(t) \tag{2.17f}$$

其中

$$x_{t}(t)=Ae^{-\zeta\omega_{n}t}\sin(\omega_{d}t+\varphi) \tag{2.17g}$$

$$A=\sqrt{x_{0}^{2}+\left(\frac{\dot{x}_{0}+\zeta\omega_{n}x_{0}}{\omega_{d}}\right)^{2}} \tag{2.17h}$$

$$\varphi=\arctan\frac{\omega_{d}x_{0}}{\dot{x}_{0}+\zeta\omega_{n}x_{0}} \tag{2.17i}$$

$$x_{ts}(t)=A_{ts}e^{-\zeta\omega_{n}t}\sin(\omega_{d}t+\varphi_{ts}) \tag{2.17j}$$

$$A_{ts}=X\sqrt{(\sin\phi)^{2}+\left(\frac{\zeta\omega_{n}\sin\phi-\omega\cos\phi}{\omega_{d}}\right)^{2}} \tag{2.17k}$$

$$\varphi_{ts}=\arctan\frac{\omega_{d}\sin\phi}{\zeta\omega_{n}\sin\phi-\omega\cos\phi} \tag{2.17l}$$

系统响应表达式(2.17f) 的第一项 $x_{t}(t)$ 就是欠阻尼系统自由振动的响应表达式，与式(2.9g) 完全相同，为一个衰减振动，称为系统的自由振动响应，其幅值 A 及初相角 φ 仅与系

统参数及初始条件有关，即为初始条件引起的瞬态响应。

系统响应表达式(2.17f)的第三项 $x_s(t)$ 就是方程式(2.16b)的特解，是一个简谐振动，称为系统的稳态振动响应 $x_s(t)$，简称稳态响应，其幅值 X 和相位滞后角 ϕ 的表达式见式(2.17d)和式(2.17e)，仅与系统参数及外激励参数有关。

系统响应表达式(2.17f)的第二项 $x_{ts}(t)$ 也是一个衰减振动，但其幅值 A_{ts} 和初相角 φ_{ts} 与系统参数及外激励有关，称为系统的自由伴随振动响应，即由外激励引起的瞬态响应。同时，根据系统参数及 ϕ 的取值范围，可知 $\varphi_{ts}\in[0,\pi]$。

图2.20给出了欠阻尼单自由度系统在简谐力作用下的振动响应 $x(t)$ 及其分量自由振动响应 $x_t(t)$、自由伴随振动响应 $x_{ts}(t)$ 以及稳态响应 $x_s(t)$ 的曲线图，结合该曲线图及振动响应 $x(t)$ 的公式，定性分析可知：

(1) 系统的振动响应是频率为 ω_d 的衰减振动 $x_t(t)$、$x_{ts}(t)$ 及频率为 ω 的简谐振动 $x_s(t)$ 的组合运动。

(2) 由外激励引起的振动响应 $x_s(t)$ 始终保持持续等幅振动状态，这也就是将其称为稳态响应的原因。

(3) 无论在什么初始条件下，由于阻尼的作用，经过一段时间，$x_t(t)$ 及 $x_{ts}(t)$ 都将趋于消失，系统最终的响应即为稳态响应。

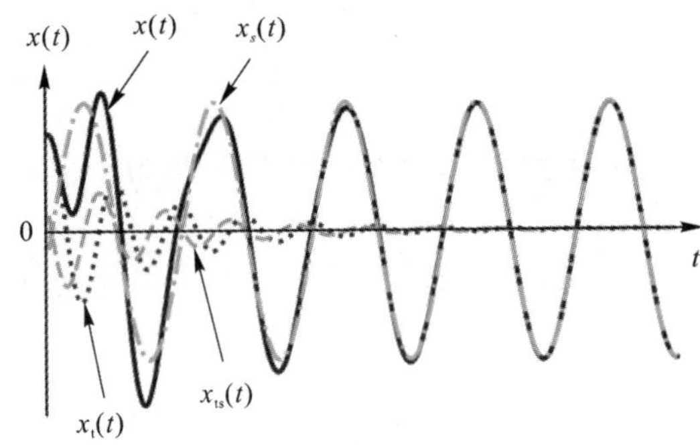

图2.20　欠阻尼系统在简谐力作用下的振动响应时间历程

需要强调的是，上述推导过程中，系统的瞬态响应 $x_t(t)$ 是针对欠阻尼情形开展的，当系统阻尼特性为临界阻尼或过阻尼时，若需获得系统的整个响应，需要分别用式(2.10b)或式(2.9b)替换式(2.17b)，并代入式(2.17a)，采用与上述相同的步骤，完成响应的求解。

云实验3：单自由度系统 → 强迫振动 → 简谐激励 → 简谐力激励(振动响应)

可以利用云实验来研究系统参数(刚度系数、固有频率、阻尼比)、外激励参数(幅值、频率)以及初始条件(初始速度、初始位移)对有阻尼单自由度系统的在简谐力激励下的强迫振动响应(含总响应、自由振动响应、自由伴随振动响应、稳态响应)的影响，以及响应与激励之间的相位关系，同时可以探索后续要学习的无阻尼共振的形成过程、有阻尼共振的形成过程以及典型的拍振等多种振动现象。

2. 复数解法

上述求解式(2.17d) 及式(2.17e) 的过程中使用了相关三角函数关系式，求解过程一般较为复杂，本节将结合 1.5.2.3 节中简谐运动的复数表示方法，给出稳态响应的复数解法，也称复指数解法。

不失一般性，假设图 2.19 的单自由度系统分别受到 $F_0\sin(\omega t+\theta)$ 以及 $F_0\cos(\omega t+\theta)$ 两个激励，其中，F_0 为激励幅值，ω 为激励频率，θ 为激励初相角。当初相位 $\theta=0$ 时，激励 $F_0\sin(\omega t+\theta)$ 即为上述三角函数解法中假设的激励。利用欧拉公式，可将这两个激励写为复数形式

$$F_0 e^{j(\omega t+\theta)}=F_0\cos(\omega t+\theta)+jF_0\sin(\omega t+\theta) \tag{2.18a}$$

根据复数运算的基本原理，结构在复激励 $F_0 e^{j(\omega t+\theta)}$ 下，其响应的实部即为激励 $F_0\cos(\omega t+\theta)$ 下的响应、虚部即为激励 $F_0\sin(\omega t+\theta)$ 下的响应。

为简化推导，用 $\bar{F}_0$ 表示复激励的复幅值，即

$$\bar{F}_0=F_0 e^{j\theta} \tag{2.18b}$$

则复激励 $F_0 e^{j(\omega t+\theta)}$ 可表示为 $\bar{F}_0 e^{j\omega t}$，系统的强迫振动方程可写为

$$m\ddot{x}(t)+c\dot{x}(t)+kx(t)=\bar{F}_0 e^{j\omega t} \tag{2.18c}$$

根据微分方程理论，方程式(2.18c) 的特解(即稳态响应) 可表示为

$$x_s(t)=\bar{X}e^{j\omega t} \tag{2.18d}$$

其中，$\bar{X}$ 为响应的复振幅。将式(2.18d) 代入式(2.18c)，可得复振幅 $\bar{X}$，即

$$\bar{X}=\frac{\bar{F}_0}{(k-\omega^2 m)+j\omega c} \tag{2.18e}$$

将式(2.18b) 代入式(2.18e)，并整理，可得

$$\bar{X}=Xe^{-j\phi}e^{j\theta} \tag{2.18f}$$

式中：X 为响应的幅值；ϕ 为响应滞后于激励的相位角。与式(2.17d) 及式(2.17e) 完全相同，即

$$X=\frac{F_0}{\sqrt{(k-\omega^2 m)^2+\omega^2 c^2}}$$

$$\phi=\arctan\frac{\omega c}{k-\omega^2 m}$$

则系统的复响应 $x_s(t)$ 为

$$x_s(t)=\bar{X}e^{j\omega t}=Xe^{j(\omega t+\theta-\phi)} \tag{2.18g}$$

这样，系统在激励 $F_0\sin(\omega t+\theta)$ 下的响应即为 $x_s(t)$ 的虚部，即

$$\mathrm{Im}\{x_s(t)\}=X\sin(\omega t+\theta-\phi) \tag{2.18h}$$

系统在激励 $F_0\cos(\omega t+\theta)$ 下的响应即为 $x_s(t)$ 的实部，即

$$\mathrm{Re}\{x_s(t)\}=X\cos(\omega t+\theta-\phi) \tag{2.18i}$$

可以看到，当初相位 $\theta=0$ 时，式(2.18h) 表示的稳态响应与上节三角函数解法得到的完全一致。需要注意的是，在上述求解稳态响应的三角函数解法以及复数解法的推导过程中，其稳态响应的假设与系统阻尼大小并无关系，所以上述两种解法求解稳态响应时，黏性阻尼

的阻尼比可以为无阻尼、欠阻尼、临界阻尼以及过阻尼中的任何一种。

3. 稳态响应特征

对于强迫振动问题，由于阻尼的存在，强迫振动响应的两个衰减项会逐渐趋于零，因此我们关心的是系统的稳态响应。在结构振动中，只要不专门说明，讲到强迫振动一般都是指稳态响应。以后，只要不引起混淆，通常略去稳态响应 $x_s(t)$ 的下标 s。下面来考察系统的稳态响应

$$x(t)=X\sin(\omega t-\phi) \tag{2.19a}$$

式(2.19a)表明，在简谐力作用下，系统将产生一个与激励力频率相同的简谐振动，但响应滞后激励力一个相位角 ϕ，同时稳态响应的振幅和相角与初始条件无关，只决定于系统物理参数及外激励力的幅值和频率。

引入等效静位移 $X_0=F_0/k$ 和频率比 $\gamma=\omega/\omega_n$，稳态响应振幅 X 可表示为

$$X=\frac{X_0}{\sqrt{(1-\gamma^2)^2+(2\zeta\gamma)^2}} \tag{2.19b}$$

为了描述振动情况下位移幅值与静态情况下位移幅值的变化，可定义位移放大率，又称位移放大因子或幅值比或振幅放大系数

$$\beta=\frac{X}{X_0}=\frac{1}{\sqrt{(1-\gamma^2)^2+(2\zeta\gamma)^2}} \tag{2.19c}$$

可以看出，位移放大率 β 是阻尼比 ζ 及频率比 γ 的函数，在后续振动理论分析中，还会建立很多类似的函数关系。针对这种带有两个自变量的函数关系，一种简便的分析方法是固定一个自变量，分析函数值与另一个自变量的关系。通常情况下，针对一个确定的系统，其阻尼比是确定的，因此一般可固定阻尼比 ζ，绘制位移放大率 β 与频率比 γ 之间的关系。图 2.21 绘制了不同阻尼比 ζ 下位移放大率 β 随频率比 γ 变化的曲线，这种曲线也称为系统的幅频特性曲线，分析可知：

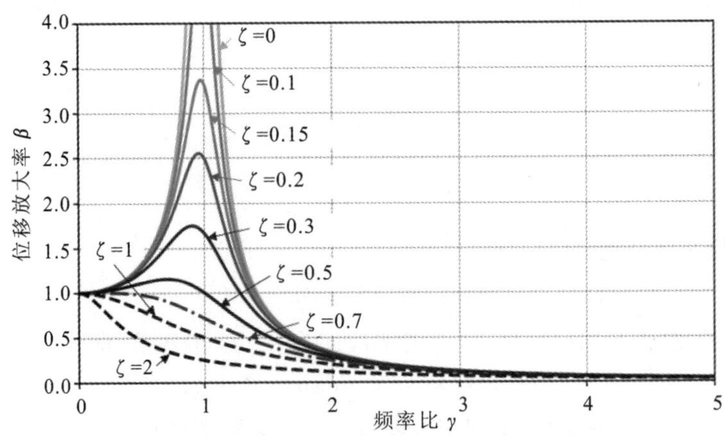

图 2.21 简谐力激励下的位移放大率随频率比变化曲线

(1) 当频率比 γ 趋近于零时，位移放大率 β 趋于 1，且与阻尼无关。其物理意义是，当激励频率接近于零时，外激励相当于是静力，响应的幅值与静力 F_0 作用在系统上产生的静位移接近；

(2) 当频率比 γ 趋近于无穷时，位移放大率 β 趋近于零，也与阻尼无关；

(3) 当阻尼比 ζ 较小时，随着频率比 γ 的增加，位移放大率 β 从 1 开始，先增加，再逐渐趋近于 0；

(4) 当阻尼比 ζ 较大时，随着频率比 γ 的增加，位移放大率 β 从 1 开始逐渐趋近于 0；

(5) 当 $\gamma \approx 1$ 时，随着阻尼比 ζ 的增加，位移放大率 β 显著减小。

同时，结合位移放大率 β 的定义式(2.19c)，进一步分析可知：

(1) 当 $\gamma=1$，即外激励频率 ω 等于系统固有频率 ω_n 时：对于无阻尼系统(即 $\zeta=0$)，位移放大率 β 将趋于无穷大；对有阻尼系统(即 $\zeta>0$)，位移放大率 $\beta=\dfrac{1}{2\zeta}$。

(2) 对有阻尼系统，位移放大率 β 的最大值并没有出现在频率比 $\gamma=1$ 的位置，可利用求导的方法获取位移放大率 β 的最大值，根据式(2.19c)，可得

$$\frac{\mathrm{d}\beta}{\mathrm{d}\gamma}=\frac{2\gamma-2\gamma^3-4\zeta^2\gamma}{\sqrt{[(1-\gamma^2)^2+(2\zeta\gamma)^2]^3}} \tag{2.19d}$$

1) 当 $\zeta>\sqrt{2}/2$ 时，$\dfrac{\mathrm{d}\beta}{\mathrm{d}\gamma}<0$，可知，位移放大率 β 关于频率比 γ 单调递减，其最大值及对应的频率比为

$$\beta_{\max}=1 \quad (\gamma=0) \tag{2.19e}$$

即当 $\zeta>\sqrt{2}/2$ 时，不论 γ 为何值，$\beta\leqslant 1$。

2) 当 $\zeta\leqslant\sqrt{2}/2$ 时，根据 $\dfrac{\mathrm{d}\beta}{\mathrm{d}\gamma}=0$，可知位移放大率 β 的最大值及对应的频率比 γ 为

$$\beta_{\max}=\frac{1}{2\zeta\sqrt{1-\zeta^2}} \quad (\gamma=\sqrt{1-2\zeta^2}) \tag{2.19f}$$

3) 由式(2.19f)可知，当 $\zeta\ll 1$ 时，ζ^2 与 1 相比是二阶无穷小量，则 $\beta_{\max}\approx\dfrac{1}{2\zeta}$。

通常，将位移振幅取极大值时的现象称为位移共振，对应的外激励频率称为位移共振频率。可以看出，对于无阻尼系统，其位移共振频率就是系统固有频率，而对于有阻尼系统，其位移共振频率略小于系统固有频率。类似地，利用速度响应及加速度响应可分别定义速度放大率 β_v 和加速度放大率 β_a：

$$\beta_v=\frac{\omega X}{\omega_n X_0}=\gamma\beta \tag{2.19g}$$

$$\beta_a=\frac{\omega^2 X}{\omega_n^2 X_0}=\gamma^2\beta \tag{2.19h}$$

同样，分别利用求导的方法，可以获得速度共振频率(此时 $\gamma=1$)及加速度共振频率(此时 $\gamma=1/\sqrt{1-2\zeta^2}$，$\zeta\leqslant\sqrt{2}/2$)。可以看出，对于有阻尼系统，速度共振频率恰好就是系统固有频率(即系统速度共振将准确地发生在外激励频率与系统固有频率相等的情形)，而加速度共振频率略高于系统固有频率。对于阻尼比通常较小(即 $\zeta\ll 1$)的工程结构，上述几种共振频率与系统固有频率的差异很小，在工程上可将外激励频率等于系统固有频率时的现象称为共振现象，即共振频率就是系统的固有频率。进一步观察图 2.21 可以看出，对于阻

尼比通常较小的工程结构,在固有频率及其附近,增大阻尼对振幅有明显的抑制作用。这样,可以获得工程结构减振设计的两个基本要求,即:外激励频率应远离结构固有频率;如两者比较接近,则应适当增加阻尼。

利用频率比 γ 及阻尼比 ζ,相位滞后角 ϕ 也可简化为

$$\phi = \arctan \frac{2\zeta\gamma}{1-\gamma^2} \tag{2.19i}$$

同样,相位滞后角 ϕ 也是阻尼比 ζ 及频率比 γ 的函数,图 2.22 绘制了不同阻尼比 ζ 下相位滞后角 ϕ 随频率比 γ 变化的曲线,这种曲线也称为系统的相频特性曲线。可以看到,当频率比 γ 很小,即激励频率很低时,振动位移与激励力近似同相位,即 $\phi \approx 0$;当频率比 γ 很大,即激励频率很高时,振动位移与激励力近似反相,即 $\phi \approx \pi$;当 $\gamma = 1$,即共振时,不管阻尼比 ζ 为何值,相位滞后角 ϕ 恒为 $\pi/2$,称为相位共振。可以看出,相位共振的频率就是系统的固有频率,同时因位移相位也滞后速度相位 $\pi/2$,则共振时系统振动速度与激励力同相位。

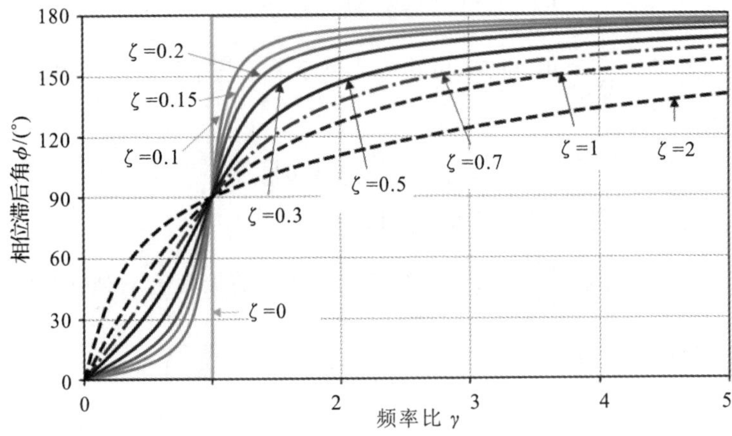

图 2.22　简谐力激励下的相位滞后角随频率比变化曲线

系统在 $\gamma = 1$ 时的位移放大率 β,称为系统的品质数 Q,如图 2.23 所示,有

$$Q = \frac{1}{2\zeta} \tag{2.19j}$$

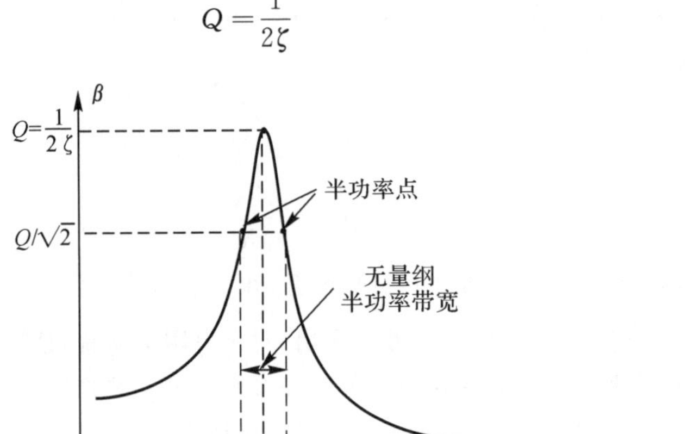

图 2.23　品质数与无量纲半功率带宽

品质数可用来表征系统共振峰的锐度，品质数 Q 越大，系统的阻尼比 ζ 越小，共振峰越尖。将位移放大率 β 值等于 $Q/\sqrt{2}$ 的两个点称为半功率点（由这两个点对应的振动响应的功率是峰值点的一半而得名），两个半功率点之间频率比范围定义为无量纲半功率带宽 $\Delta\gamma$，有

$$\Delta\gamma = \gamma_2 - \gamma_1 \tag{2.19k}$$

常用无量纲半功率带宽来表征共振峰的宽度，代表共振区的大小。根据 β 的表达式和上述无量纲半功率带宽 $\Delta\gamma$ 定义，当阻尼比 $\zeta \ll 1$ 时

$$\Delta\gamma \approx 2\zeta \tag{2.19l}$$

若系统幅频曲线的横坐标采用频率而不是频率比，则两个半功率点 ω_1、ω_2 之间的频率范围称为半功率带宽 $\Delta\omega$，根据频率比的定义，有

$$\Delta\omega = \omega_2 - \omega_1 = \gamma_2\omega_n - \gamma_1\omega_n = \Delta\gamma\omega_n \tag{2.19m}$$

工程上也常用损耗因子来表示系统阻尼的大小，损耗因子 η 定义为系统幅频曲线的半功率带宽 $\Delta\omega$ 与固有频率 ω_n 之比，即

$$\eta = \frac{\Delta\omega}{\omega_n} = \Delta\gamma \tag{2.19n}$$

可以看出，损耗因子 η 就是无量纲半功率带宽 $\Delta\gamma$。由式(2.19l) 可知，当阻尼比 $\zeta \ll 1$ 时，损耗因子 η 约等于阻尼比 ζ 的 2 倍。损耗因子及阻尼比通常均用于商用有限元软件，因此在设置阻尼时一定要弄清采用的是哪一个参数。

云实验 4：单自由度系统 → 强迫振动 → 简谐激励 → 简谐力激励(稳态响应)

可以利用云实验来研究系统参数（刚度系数、固有频率、阻尼比）及外激励参数（幅值、频率范围）对有阻尼单自由度系统在简谐力激励下的强迫振动稳态响应、位移放大率及相角的影响，通过勾选参数设置中的阻尼比的影响，可以直观对比其他参数不变时阻尼比对响应特征的影响。

4. 共振的建立

从系统的稳态振动响应分析可知，在共振时，无阻尼系统的响应为无穷大，有阻尼系统在小阻尼情形下的响应也比较大。共振状态下系统的响应是直接增长到无穷大（对应于无阻尼系统）或稳定的值（对应于小阻尼系统），还是有一个形成的过程，下面将分别说明无阻尼及有阻尼共振的建立过程。

(1) 无阻尼共振的建立。系统自由振动响应 $x_t(t)$ 与外激励频率无关，针对共振的建立仅需分析自由伴随振动响应 $x_{ts}(t)$ 及稳态响应 $x_s(t)$，因 γ 与 1 的关系决定了 $x_s(t)$ 与 $x_{ts}(t)$ 中的幅值与相位差或初相位的取值，需分别讨论。

当 $\gamma < 1$ 时，由 $x_s(t)$ 及 $x_{ts}(t)$ 的表达式可知

$$\phi = 0 \tag{2.20a}$$

$$X = \frac{X_0}{1-\gamma^2} \tag{2.20b}$$

$$\varphi_{ts} = \pi \tag{2.20c}$$

$$A_{ts} = X\frac{\omega}{\omega_n} = \frac{X_0}{1-\gamma^2}\frac{\omega}{\omega_n} \tag{2.20d}$$

则

$$x_s(t) + x_{ts}(t) = \frac{X_0}{1-\gamma^2}\sin\omega t - \frac{X_0\gamma}{1-\gamma^2}\sin\omega_n t \tag{2.20e}$$

当 $\gamma > 1$ 时，由 $x_s(t)$ 及 $x_{ts}(t)$ 的表达式可知

$$\phi = \pi \tag{2.20f}$$

$$X = \frac{X_0}{\gamma^2 - 1} \tag{2.20g}$$

$$\varphi_{ts} = 0 \tag{2.20h}$$

$$A_{ts} = X\frac{\omega}{\omega_n} = \frac{X_0}{\gamma^2-1}\frac{\omega}{\omega_n} \tag{2.20i}$$

则

$$x_s(t) + x_{ts}(t) = \frac{X_0}{1-\gamma^2}\sin\omega t - \frac{X_0\gamma}{1-\gamma^2}\sin\omega_n t \tag{2.20j}$$

可以看出，两种情况下 $x_s(t) + x_{ts}(t)$ 的表达式完全相同，整理可得

$$x_s(t) + x_{ts}(t) = X_0\frac{\sin\omega t - \frac{\omega}{\omega_n}\sin\omega_n t}{1-\left(\frac{\omega}{\omega_n}\right)^2} \tag{2.20k}$$

这样，当 $\omega \to \omega_n$ 时

$$x_s(t) + x_{ts}(t) = X_0\lim_{\omega\to\omega_n}\left[\frac{\sin\omega t - \frac{\omega}{\omega_n}\sin\omega_n t}{1-\left(\frac{\omega}{\omega_n}\right)^2}\right] = X_0\lim_{\omega\to\omega_n}\left[\frac{\sin\omega t - \sin\omega_n t}{1-\left(\frac{\omega}{\omega_n}\right)^2}\right] =$$

$$X_0\lim_{\omega\to\omega_n}\left[\frac{\frac{\mathrm{d}}{\mathrm{d}\omega}(\sin\omega t - \sin\omega_n t)}{\frac{\mathrm{d}}{\mathrm{d}\omega}\left(1-\left(\frac{\omega}{\omega_n}\right)^2\right)}\right] = X_0\lim_{\omega\to\omega_n}\left[\frac{t\cos\omega t}{-\frac{2\omega}{\omega_n^2}}\right] = \frac{X_0\omega_n t}{2}\sin\left(\omega_n t - \frac{\pi}{2}\right) \tag{2.20l}$$

则考虑自由振动响应 $x_t(t)$ 时，系统的总响应为

$$x(t) = A\sin(\omega_n t + \varphi) + \frac{X_0\omega_n t}{2}\sin\left(\omega_n t - \frac{\pi}{2}\right) \tag{2.20m}$$

其中，A 和 φ 的表达式分别见式(2.7l) 和式(2.7m)，即

$$A = \sqrt{x_0^2 + \left(\frac{\dot{x}_0}{\omega_n}\right)^2}$$

$$\varphi = \arctan\frac{\omega_n x_0}{\dot{x}_0}$$

图 2.24 给出了零初始条件下无阻尼共振的响应曲线。可以看出，无阻尼系统在共振

时，其振幅并不是直接变为无穷大，而是以线性方式逐步趋于无穷大。

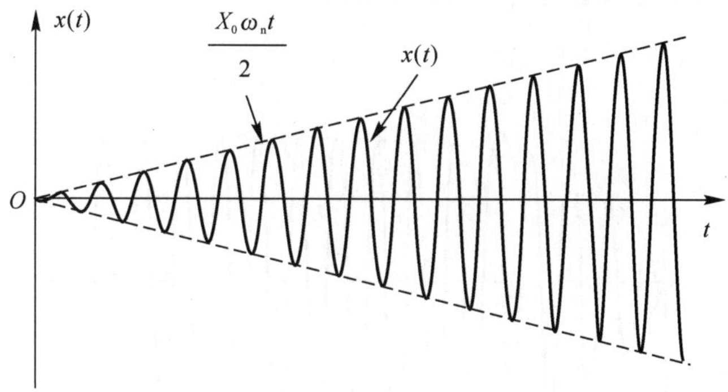

图 2.24　零初始条件下无阻尼系统共振的建立过程

(2) 有阻尼共振的建立。同样，系统自由振动响应 $x_t(t)$ 与外激励频率无关，针对共振的建立仅需分析自由伴随振动响应 $x_{ts}(t)$ 及稳态响应 $x_s(t)$。

当 $\gamma=1$ 时，由 $x_s(t)$ 表达式可知

$$\phi=\frac{\pi}{2} \tag{2.21a}$$

$$X=\frac{X_0}{2\zeta} \tag{2.21b}$$

若 $\zeta\ll 1$，由 $x_{ts}(t)$ 表达式可知

$$\varphi_{ts}=\arctan\frac{\sqrt{1-\zeta^2}}{\zeta}\approx\arctan\frac{1}{\zeta}\approx\frac{\pi}{2} \tag{2.21c}$$

$$A_{ts}=X\sqrt{1+\left(\frac{\zeta}{\sqrt{1-\zeta^2}}\right)^2}\approx X\sqrt{1+\left(\frac{\zeta}{1}\right)^2}\approx X \tag{2.21d}$$

则

$$x_s(t)+x_{ts}(t)\approx\frac{X_0}{2\zeta}\sin(\omega t-\frac{\pi}{2})+\frac{X_0}{2\zeta}e^{-\zeta\omega_n t}\sin\left(\omega_d t+\frac{\pi}{2}\right) \tag{2.21e}$$

将 $\omega=\omega_n$ 及 $\omega_d\approx\omega_n$ 代入式(2.21e)，化简可得

$$x_s(t)+x_{ts}(t)\approx\frac{X_0}{2\zeta}(e^{-\zeta\omega_n t}-1)\cos\omega_n t \tag{2.21f}$$

则考虑自由振动响应 $x_t(t)$ 时，系统的总响应为

$$x(t)\approx Ae^{-\zeta\omega_n t}\sin(\omega_d t+\varphi)+\frac{X_0}{2\zeta}(e^{-\zeta\omega_n t}-1)\cos\omega_n t \tag{2.21g}$$

其中，A 和 φ 的表达式分别见式(2.9h)和式(2.9i)，即

$$A=\sqrt{x_0^2+\left(\frac{\dot{x}_0+\zeta\omega_n x_0}{\omega_d}\right)^2}$$

$$\varphi=\arctan\frac{\omega_d x_0}{\dot{x}_0+\zeta\omega_n x_0}$$

图 2.25 给出了零初始条件下有阻尼共振的响应曲线。可以看出,有阻尼系统在共振时,其振幅逐渐增加,最终稳定到其稳态响应振幅。

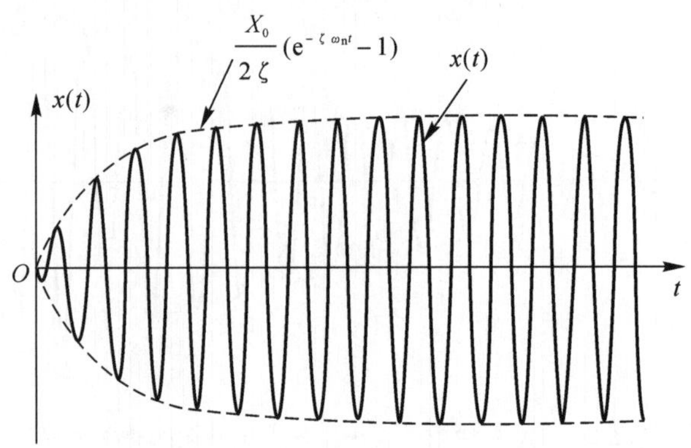

图 2.25　零初始条件下有阻尼系统共振的建立过程

5. 典型的拍振

1.5.2 节简谐运动部分学习了拍振的定义,即两个频率相近的简谐振动合成的振动。分析简谐力作用下的系统响应公式(2.17f)可知,当阻尼比 $\zeta=0$ 时,公式中的两项衰减运动都简化为以固有频率 ω_n 为振动频率的简谐运动,而稳态响应永远是频率为 ω 的简谐运动,这种情况下,若 ω 与 ω_n 接近,就满足了拍振的形成条件。为简化推导,假设系统为零初始条件,则根据无阻尼共振形成过程中的相关推导,可知系统响应的为

$$x(t)=x_s(t)+x_{ts}(t)=\frac{X_0}{1-\gamma^2}(\sin\omega t-\gamma\sin\omega_n t) \tag{2.22a}$$

根据 ω 与 ω_n 接近,可令 $\gamma=1+2\varepsilon$,代入式(2.22a),忽略高阶无穷小量,可得

$$x(t)\approx-\frac{X_0}{4\varepsilon}(\sin\omega t-\sin\omega_n t) \tag{2.22b}$$

式(2.22b)就是两个频率相近的简谐振动的合成振动。进一步,利用三角函数公式,式(2.22b)可改写为

$$x(t)\approx-\frac{X_0}{2\varepsilon}\left[\sin\left(\frac{\omega-\omega_n}{2}t\right)\cos\left(\frac{\omega+\omega_n}{2}t\right)\right] \tag{2.22c}$$

根据 $\gamma=1+2\varepsilon$,可知,$\omega-\omega_n=2\varepsilon\omega_n$,$\omega+\omega_n\approx2\omega_n$,代入式(2.22c),可得

$$x(t)\approx-\frac{X_0}{2\varepsilon}\sin\varepsilon\omega_n t\cos\omega_n t \tag{2.22d}$$

这表明对于无阻尼系统,当 ω 与 ω_n 接近时,系统响应可看作频率 ω_n 但振幅按照 $\frac{X_0}{2\varepsilon}\sin\varepsilon\omega_n t$ 规律缓慢变化的拍振。典型的拍振运动形式如图 1.13 所示。

2.3.1.2　旋转不平衡质量激励

在许多旋转机械中,其转动部分通常都存在质量(旋转)不平衡问题,即旋转质量存在偏心。如图 2.26 所示的某旋转机械,总质量为 m,弹簧刚度系数为 k,阻尼系数为 c,机器旋

转中心为 O，角速度为 ω，不平衡质量为 m_0，偏心距离为 e，假设只考虑机械铅锤方向的运动。

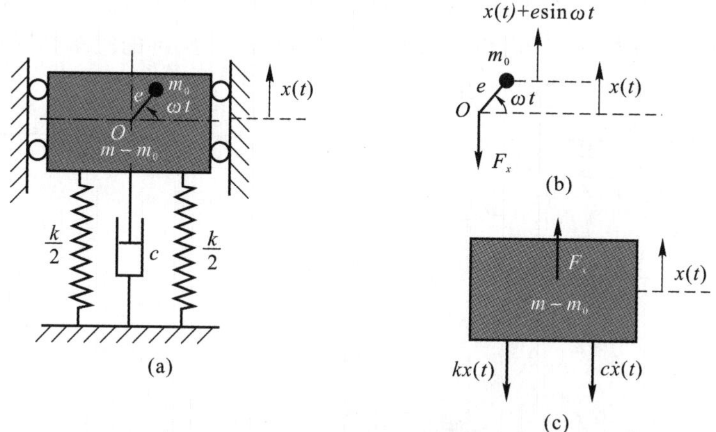

图 2.26　带不平衡质量的旋转机械及其受力分析

以静平衡时的旋转中心 O 为铅锤运动的坐标原点，将系统分为旋转不平衡质量部分以及其余部分，假设任意时刻 t，质量 $m-m_0$ 部分的位移为 $x(t)$，则不平衡质量 m_0 的位移为 $x(t)+e\sin\omega t$。两部分的受力图分别见图 2.26(b)(c)，F_x 为转轴处两部分之间铅锤方向的作用力与反作用力。注意到，以静平衡位置为坐标原点建立铅锤方向振动方程时，可不考虑重力及重力引起的弹性力。

根据牛顿第二运动定律，对于旋转不平衡质量 m_0

$$m_0\frac{\mathrm{d}^2}{\mathrm{d}t^2}[x(t)+e\sin(\omega t)]=-F_x \tag{2.23a}$$

对于系统 $m-m_0$

$$(m-m_0)\ddot{x}(t)=F_x-c\dot{x}(t)-kx(t) \tag{2.23b}$$

联立式(2.23a)、式(2.23b) 得

$$m\ddot{x}(t)+c\dot{x}(t)+kx(t)=m_0e\omega^2\sin\omega t \tag{2.23c}$$

可以看出，当机械以某一恒定的角速度转动时，不平衡质量就会产生一个简谐变化的激励力，即上述方程与方程式(2.16b) 相似，只是由 $m_0e\omega^2$ 代替了力幅 F_0。因而，可直接写出上述方程的稳态响应

$$x(t)=X\sin(\omega t-\phi) \tag{2.23d}$$

式中

$$X=\frac{m_0e\omega^2}{\sqrt{(k-\omega^2m)^2+\omega^2c^2}}=\frac{\dfrac{m_0e}{m}\gamma^2}{\sqrt{(1-\gamma^2)^2+(2\zeta\gamma)^2}} \tag{2.23e}$$

$$\phi=\arctan\frac{\omega c}{k-\omega^2m}=\arctan\frac{2\zeta\gamma}{1-\gamma^2} \tag{2.23f}$$

系统的放大因子 β 可表示为

$$\beta=\frac{mX}{m_0 e}=\frac{\gamma^2}{\sqrt{(1-\gamma^2)^2+(2\zeta\gamma)^2}} \tag{2.23g}$$

与简谐力激励下的稳态响应分析类似，图 2.27 绘制了不同阻尼比 ζ 下放大因子 β 随频率比 γ 变化的曲线，因其相位滞后角 ϕ 的表达式与简谐力激励下的完全相同，其相位滞后角 ϕ 与随频率比 γ 变化的曲线如图 2.22 所示。

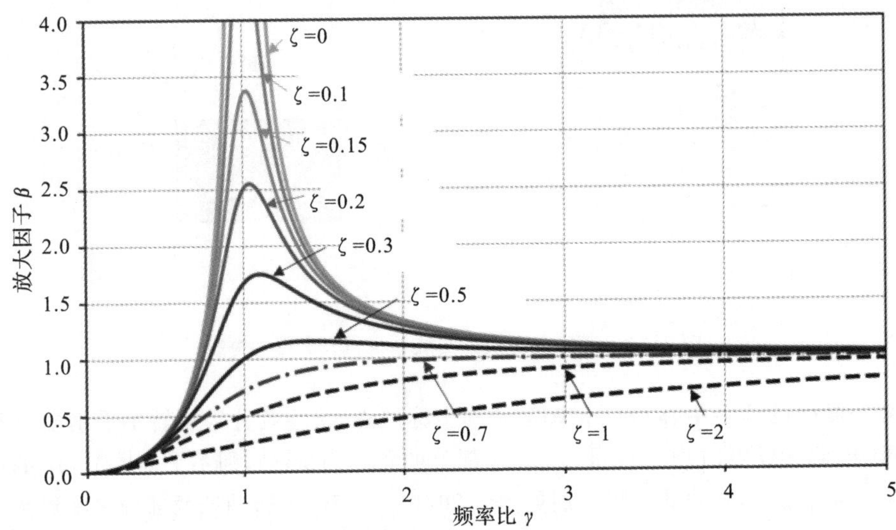

图 2.27　旋转不平衡质量激励的放大因子随频率比变化的曲线

由式(2.23d) 可以看到，由于机器存在不平衡质量，在运转时系统将发生强迫振动，振动的频率就是转动的角速度，稳态振动的振幅取决于不平衡质量、偏心距、转动角速度以及系统的质量、阻尼和刚度，稳态响应滞后于激励力的相位角也只与频率比和阻尼比有关。根据图 2.27 中的曲线，分析可知：

(1) 当频率比 γ 趋近于零时，放大因子 β 趋于 0，且与阻尼无关，其物理意义是，当旋转角速度接近于零时，激励幅值接近于零，系统接近于不振动；

(2) 当频率比 γ 趋近于无穷时，放大因子 β 趋近于 1，也与阻尼无关；

(3) 当阻尼比 ζ 较小时，随着频率比 γ 的增加，放大因子 β 从 0 开始，先增加，再逐渐减小并趋近于 1；

(4) 当阻尼比 ζ 较大时，随着频率比 γ 的增加，放大因子 β 从 0 开始逐渐趋近于 1；

(5) 当 $\gamma \approx 1$ 时，随着阻尼比 ζ 的增加，放大因子 β 显著减小。

同时，结合放大因子 β 的定义式(2.23g)，进一步分析可知：

(1) 当 $\gamma=1$ 时，即旋转不平衡质量的转动角速度 ω 等于系统固有频率 ω_n 时，

1) 对于无阻尼系统(即 $\zeta=0$)，放大因子 β 将趋于无穷大；

2) 对有阻尼系统(即 $\zeta>0$)，放大因子 $\beta=\dfrac{1}{2\zeta}$。

(2) 对有阻尼系统，放大因子 β 的最大值并没有出现在频率比 $\gamma=1$ 的位置，可利用求导的方法获取放大因子 β 的最大值，根据式(2.23g)，可得

$$\frac{\mathrm{d}\beta}{\mathrm{d}\gamma}=\frac{2\gamma(1-\gamma^2+2\zeta^2\gamma^2)}{\sqrt{[(1-\gamma^2)^2+(2\zeta\gamma)^2]^3}} \tag{2.23h}$$

1) 当 $\zeta>\sqrt{2}/2$ 时，$\frac{\mathrm{d}\beta}{\mathrm{d}\gamma}>0$，则放大因子 β 关于频率比 γ 单调递增，其最大值及对应的频率比为

$$\beta_{\max}=1\ (\gamma\rightarrow\infty) \tag{2.23i}$$

即 $\zeta>\sqrt{2}/2$ 时，不论 γ 为何值，$\beta\leqslant 1$。

2) 当 $\zeta\leqslant\sqrt{2}/2$ 时，根据 $\frac{\mathrm{d}\beta}{\mathrm{d}\gamma}=0$，可知放大因子 β 的最大值及对应的频率比 γ 为

$$\beta_{\max}=\frac{1}{2\zeta\sqrt{1-\zeta^2}}\quad\left(\gamma=\frac{1}{\sqrt{1-2\zeta^2}}\right) \tag{2.23j}$$

3) 由式(2.23j) 可知，当 $\zeta\ll 1$ 时，$\beta_{\max}\approx\frac{1}{2\zeta}$。

与简谐力激励类似，当位移幅值取极大值时，系统会发生位移共振，此时对应的频率称为位移共振频率。可以看出，对于无阻尼系统，旋转不平衡质量激励下的位移共振频率就是系统固有频率，而对于有阻尼系统，其位移共振频率略大于系统固有频率。对于阻尼比通常较小(即 $\zeta\ll 1$) 的工程结构，位移共振频率与系统固有频率的差异很小，在工程上可认为该位移共振频率就是系统的固有频率。进一步观察图 2.27 可以看出，对于阻尼比通常较小的工程结构，在固有频率及其附近，增大阻尼对振幅有明显的抑制作用。这样，可以获得旋转不平衡质量激励下工程结构减振设计的两个基本要求，即：旋转角速度(即外激励频率) 应远离结构固有频率；如两者比较接近，则应适当增加阻尼。可以看出，这两个减振设计基本要求与简谐力激励下的完全相同。

云实验 5：单自由度系统 → 强迫振动 → 简谐激励 → 旋转不平衡质量激励(稳态响应)

可以利用云实验来研究系统参数(刚度系数、固有频率、阻尼比) 及外激励参数(不平衡质量、偏心距、频率范围) 对有阻尼单自由度系统在旋转不平衡质量激励下的强迫振动稳态响应、放大因子及相角的影响，通过勾选参数设置中的阻尼比的影响，可以直观对比其他参数不变时阻尼比对响应特征的影响。

2.3.1.3　基础做简谐运动激励

前面的研究都是建立在基础或支承固定不动的假设上的。其实，在许多场合下，机械系统的安装基础或支承是运动的。例如，机器安装在楼房的地板上，仪器固定在飞机的地板上等，当楼房受到扰动或飞机在不平的路面上滑跑时，地板就会发生振动，并引起机器或仪器的振动。在这种情况下，并没有外激励力直接作用在机器或仪器上。为了研究这类问题，将安装在地板上的机器或仪器简化为一个单自由度系统，建立其力学模型，如图 2.28 所示，系

统质量为 m，弹簧刚度系数为 k，阻尼系数为 c。假定基础运动为简谐运动，即

$$y(t)=Y\sin\omega t \tag{2.24a}$$

式中：Y 为基础运动的幅值。由牛顿第二运动定律，可写出系统的振动方程为

$$m\ddot{x}(t)=-k[x(t)-y(t)]-c[\dot{x}(t)-\dot{y}(t)] \tag{2.24b}$$

整理可得

$$m\ddot{x}(t)+c\dot{x}(t)+kx(t)=c\dot{y}(t)+ky(t) \tag{2.24c}$$

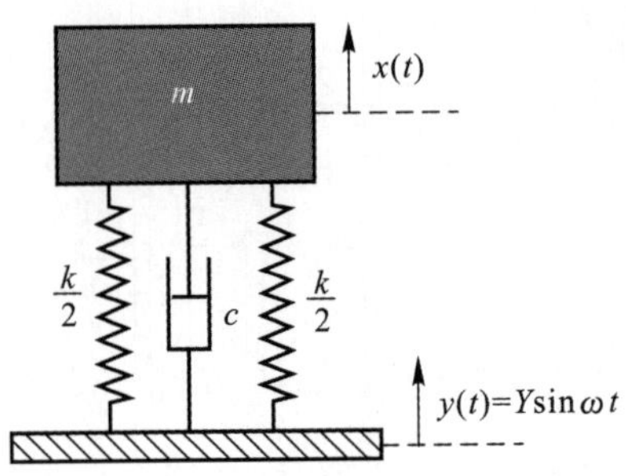

图 2.28　受基础激励的单自由度系统

基础运动使系统受到了两个作用力，一个是与 $y(t)$ 同相位的、经弹簧传给质量的力 $ky(t)$，另一个是与速度同相位的、经阻尼器传给质量的力 $c\dot{y}(t)$。采用复数解法，即用 $y=Ye^{j\omega t}$ 代替 $y=Y\sin\omega t$，则系统的稳态响应可表示为

$$x(t)=\overline{X}e^{j\omega t} \tag{2.24d}$$

式中：$\overline{X}$ 为复振幅。将式(2.24d) 代入方程式(2.24c)，可得

$$\overline{X}=\frac{k+j\omega c}{k-\omega^2 m+j\omega c}Y=Xe^{-j\phi} \tag{2.24e}$$

式中：X 为响应的振幅；ϕ 为响应与基础运动之间的相位差，显然有

$$X=Y\sqrt{\frac{1+(2\zeta\gamma)^2}{(1-\gamma^2)^2+(2\zeta\gamma)^2}} \tag{2.24f}$$

$$\phi=\arctan\frac{2\zeta\gamma^3}{1-\gamma^2+4\zeta^2\gamma^2} \tag{2.24g}$$

根据实际激励为 $Y\sin\omega t$，从而系统的稳态响应为式(2.24d) 的虚部，即

$$x(t)=X\sin(\omega t-\phi) \tag{2.24h}$$

为了描述振动系统对基础运动幅值的放大程度，可利用系统响应的幅值 X 与基础运动的幅值 Y 的比值来定义位移传递率 T_d，有

$$T_d=\frac{X}{Y}=\sqrt{\frac{1+(2\zeta\gamma)^2}{(1-\gamma^2)^2+(2\zeta\gamma)^2}} \tag{2.24i}$$

图 2.29 绘制了不同阻尼比 ζ 下位移传递率 T_d 随频率比 γ 变化的曲线，分析可知：

(1) 当频率比 γ 趋近于零时，位移传递率 T_d 趋于 1，且与阻尼无关，其物理意义是，当基础运动频率接近于零时，系统接近静止状态，基础作用给系统的力仅为弹簧力，基础与系统的位移几乎相等；

(2) 当频率比 γ 趋近于无穷时，位移传递率 T_d 趋近于 0，也与阻尼无关；

(3) 随着频率比 γ 的增加，位移传递率 T_d 从 1 开始，先增加，再逐渐趋近于 0；

(4) 在频率比 $\gamma=0$ 或 $\sqrt{2}$ 时，位移传递率 $T_d=1$；

(5) 当频率比 $\gamma<\sqrt{2}$ 时，随着阻尼比 ζ 的增加，位移传递率 T_d 减小；

(6) 当频率比 $\gamma>\sqrt{2}$ 时，随着阻尼比 ζ 的增加，位移传递率 T_d 增加；

(7) 当 $\gamma\approx 1$ 时，随着阻尼比 ζ 的增加，位移传递率 T_d 显著减小。

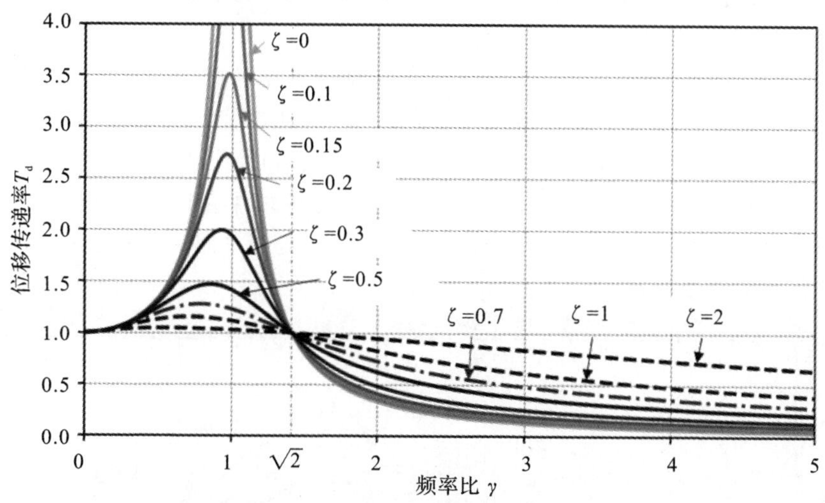

图 2.29　基础做简谐运动的位移传递率随频率比变化的曲线

同时，结合位移传递率 T_d 的定义式(2.24i)，进一步分析可知：

(1) 当 $\gamma=1$，即基础运动频率 ω 等于系统固有频率 ω_n 时，

1) 对于无阻尼系统(即 $\zeta=0$)，位移传递率 T_d 将趋于无穷大；

2) 对有阻尼系统(即 $\zeta>0$)，位移传递率 $T_d=\dfrac{\sqrt{1+4\zeta^2}}{2\zeta}$。

(2) 对有阻尼系统，位移传递率 T_d 的最大值并没有出现在频率比 $\gamma=1$ 的位置，可利用求导的方法获取位移传递率 T_d 的最大值，即

1) 根据 $\dfrac{dT_d}{d\gamma}=0$，可知位移传递率 T_d 的最大值及对应的频率比 γ 为

$$T_{d,\max}=\frac{4\zeta^2}{\sqrt{16\zeta^4-(\sqrt{1+8\zeta^2}-1)^2}}\quad\left(\gamma=\sqrt{\frac{\sqrt{1+8\zeta^2}-1}{4\zeta^2}}\right)\tag{2.24j}$$

2) 考虑到最大传递率出现在 $\gamma=1$ 附近，可从另一个角度出发来推导最大传递率的近似公式：当 $2\zeta\ll 1$ 时，$(2\zeta\gamma)^2$ 与 1 相比为小量，可忽略传递率公式(2.24i) 根号内分子项的 $(2\zeta\gamma)^2$，则 $T_d\approx 1/\sqrt{(1-\gamma^2)^2+(2\zeta\gamma)^2}$，进而按照上述求极值的方法，可获得最大传递率的近似表达式，即 $T_{d,\max}\approx\dfrac{1}{2\zeta}$。

与简谐力激励类似，当位移幅值取极大值时，系统会发生位移共振，此时对应的频率称为位移共振频率。可以看出，对于无阻尼系统，基础做简谐运动激励下的位移共振频率就是

系统固有频率，而对于有阻尼系统，其位移共振频率略小于系统固有频率。对于阻尼比通常较小(即 $\zeta \ll 1$) 的工程结构，位移共振频率与系统固有频率的差异很小，在工程上可认为该位移共振频率就是系统的固有频率。进一步观察图 2.29 可以看出，对于阻尼比通常较小的工程结构，在固有频率及其附近，增大阻尼对振幅有明显的抑制作用。这样，可以获得基础做简谐运动激励下工程结构减振设计的两个基本要求，即：外激励频率应远离结构固有频率；如两者比较接近，则应适当增加阻尼。可以看出，这两个减振设计基本要求仍与简谐力激励下的完全相同。

图 2.30 绘制了不同阻尼比 ζ 下相位滞后角 ϕ 随频率比 γ 变化的曲线。可以看到：在当频率比 γ 很小，与简谐力激励下的相位滞后角相似，振动位移与基础激励近似同相位，即 $\phi \approx 0$；当频率比很大时，与简谐力激励下的相位滞后角有所不同，是否有阻尼对其有显著的影响，无阻尼时，相位滞后角 $\phi = \pi$，有阻尼时，相位滞后角 ϕ 趋近于 $\pi/2$；另外，小阻尼时，相位滞后角 ϕ 随着频率比的增大先增大再减小，最终趋近于 $\pi/2$，大阻尼时，相位滞后角 ϕ 随着频率比的增大逐步趋近于 $\pi/2$。

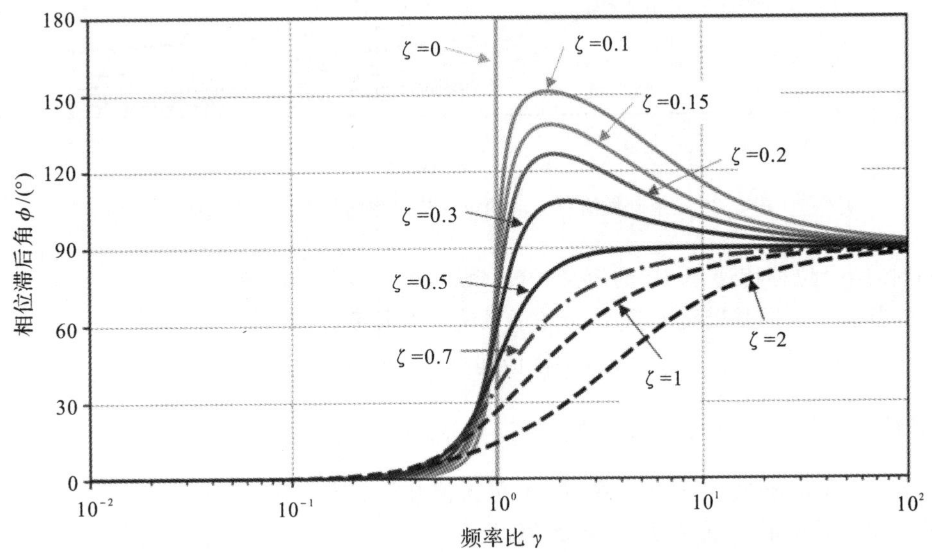

图 2.30 基础做简谐运动的相位滞后角随频率比变化的曲线

在基础运动激励时，从结构强度方面考虑，也会分析基础传递给系统的力，根据受力关系可知，振动时基础传递给系统的力 $f_{kc}(t)$ 为

$$f_{kc}(t) = k[x(t) - y(t)] + c[\dot{x}(t) - \dot{y}(t)] = -m\ddot{x}(t) \tag{2.24k}$$

将系统响应表达式(2.24h) 代入式(2.24k)，可得

$$f_{kc}(t) = F_A \sin(\omega t - \phi) \tag{2.24l}$$

其中，$F_A = m\omega^2 X$。同时，假设系统不动，当基础有静位移Y时，系统上受到基础的力仅为弹簧力 F_0，即

$$F_0 = kY \tag{2.24m}$$

与位移传递率类似，可以用振动时基础传递给系统的力幅值 F_A 与弹簧力 F_0 的比值定

义基础力传递率 T_f，即

$$T_f=\frac{F_A}{F_0}=\gamma^2\sqrt{\frac{1+(2\zeta\gamma)^2}{(1-\gamma^2)^2+(2\zeta\gamma)^2}} \tag{2.24n}$$

图 2.31 绘制了不同阻尼比 ζ 下力传递率 T_f 随频率比 γ 变化的曲线。可以看到：频率比 $\gamma=0$ 时，力传递率 $T_f=0$；频率比 $\gamma=\sqrt{2}$ 时，力传递率 $T_f=2$；随着频率比 γ 的增大，对于小阻尼系统，力传递率 T_f 先增大，后减小，再增大，对于大阻尼系统，力传递率 T_f 逐步增大。需要注意的是，在频率比 γ 很大的时候，力传递率 T_f 会剧烈增大，且阻尼比 ζ 越大，力传递率 T_f 越大。

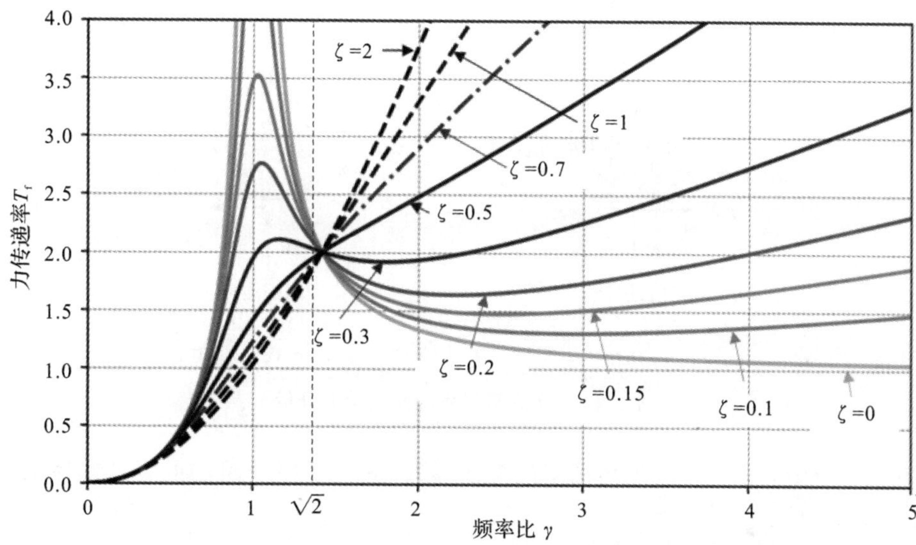

图 2.31　基础做简谐运动的力传递率随频率比变化的曲线

云实验 6：单自由度系统 → 强迫振动 → 简谐激励 → 基础做简谐运动激励(稳态响应)

可以利用云实验来研究系统参数(刚度系数、固有频率、阻尼比)及外激励参数(基础运动幅值、频率范围)对有阻尼单自由度系统在基础运动激励下的强迫振动稳态响应、传递率及相角的影响，通过勾选参数设置中的阻尼比的影响，可以直观对比其他参数不变时阻尼比对响应特征的影响。

2.3.1.4　库仑阻尼下的简谐力激励

当具有库仑阻尼的单自由度系统受到简谐力 $F_0\sin\omega t$ 时，其向右或向左运动时摩擦力具有不同的方向，如图 2.32 所示，其中：μ 为摩擦因数；W 为铅锤方向上作用在质量块上的力；N 为接触面给质量块的支反力。仿照 2.2.4 节库仑阻尼下的自由振动方程的推导过程，可得简谐力激励下具有库仑阻尼的单自由度系统的受迫振动方程为

$$m\ddot{x}(t)+\mu N\,\mathrm{sign}(\dot{x}(t))+kx(t)=F_0\sin\omega t \tag{2.25a}$$

其中，sign(·) 表示符号函数，自变量为正数时取 1，为负数时取 −1，为 0 时取 0。

方程式(2.25a) 是一类典型的非线性微分方程，其精确解求解过程相当复杂。然而，定性分析可知：① 当摩擦力非常大时，质量块将不会运动；② 当摩擦力较大时，质量块的运动将是不连续的；③ 当摩擦力小于外激励幅值时，其稳态响应可近似为简谐振动，可利用等效黏性阻尼系数求得方程式(2.25a) 的近似解。

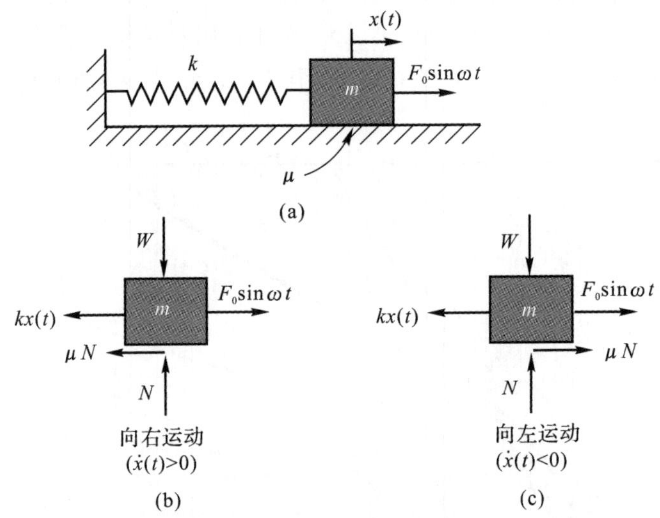

图 2.32　库仑阻尼系统及其受力分析

1.5.1.3 节中利用一个周期内的阻尼耗能等效，获得了库仑阻尼的等效黏性阻尼系数表达式(1.4c)，即

$$c_{\mathrm{f}}=\frac{4\mu N}{\pi\omega X}$$

利用临界阻尼系数 $c_0=2\sqrt{mk}$，可得库仑阻尼的等效黏性阻尼比

$$\zeta_{\mathrm{f}}=\frac{c_{\mathrm{f}}}{c_0}=\frac{2\mu N}{\pi m\omega\omega_{\mathrm{n}}X}\tag{2.25b}$$

阻尼等效后，库仑阻尼系统在简谐力作用下的稳态响应与 2.3.1.1 节中黏性阻尼系统在简谐力作用下的稳态响应具有相同的形式，即式(2.19a)

$$x(t)=X\sin(\omega t-\phi)$$

其中，响应幅值 X 为

$$X=\frac{X_0}{\sqrt{(1-\gamma^2)^2+(2\zeta_{\mathrm{f}}\gamma)^2}}=\frac{F_0/k}{\sqrt{\left(1-\frac{\omega^2}{\omega_{\mathrm{n}}^2}\right)^2+\left(\frac{4\mu N}{\pi kX}\right)^2}}\tag{2.25c}$$

求解式(2.25c) 关于 X 的方程，可得

$$X=\frac{F_0}{k}\sqrt{\frac{1-\left(\frac{4\mu N}{\pi F_0}\right)^2}{\left(1-\frac{\omega^2}{\omega_{\mathrm{n}}^2}\right)^2}}\tag{2.25d}$$

上述推导过程假设了摩擦力 μN 小于外激励力幅值 F_0，实质上，根据响应幅值 X 必须为正实数的要求，式(2.25d) 中根号内的数必须大于零，即

$$1-\left(\frac{4\mu N}{\pi F_0}\right)^2>0 \text{ 或 } \mu N<\frac{\pi}{4}F_0 \tag{2.25e}$$

当上述关系不满足时，不能利用等效黏性阻尼的方法获取系统的稳态响应，则需借助其他非线性方程求解方法。

这样，式(2.19a) 中的相位滞后角 ϕ 为

$$\phi=\arctan\frac{2\zeta_f\gamma}{1-\gamma^2}=\arctan\frac{\dfrac{4\mu N}{\pi kX}}{1-\dfrac{\omega^2}{\omega_n^2}} \tag{2.25f}$$

将式(2.25d) 表示的响应幅值 X 代入式(2.25f)，可得

$$\phi=\arctan\frac{\pm\dfrac{4\mu N}{\pi F_0}}{\sqrt{1-\left(\dfrac{4\mu N}{\pi F_0}\right)^2}}(\gamma<1 \text{ 时取正}, \gamma>1 \text{ 时取负}) \tag{2.25g}$$

从式(2.25g) 可以看出，对于给定的$\dfrac{\mu N}{F_0}$，$\tan\phi$ 值是确定的，结合式(2.25f) 并根据相位滞后角 ϕ 的取值范围(即 $\phi\in[0,\pi]$)，在库仑摩擦力存在的情况下(即 $\zeta_f>0$)，可知：当 $\gamma<1$，$\phi\in\left(0,\dfrac{\pi}{2}\right)$；当 $\gamma>1$，$\phi\in\left(\dfrac{\pi}{2},\pi\right)$；当 $\gamma=1$，$\phi=\dfrac{\pi}{2}$；同时可以看出，随着频率比 γ 的增大，相位滞后角 ϕ 在 $\gamma=1$ 时是不连续的。

根据响应幅值表达式(2.25d) 可知：非共振(即 $\gamma\neq1$) 时，摩擦起到限制强迫振动幅值的作用，系统振幅为稳定值；共振(即 $\gamma=1$) 时，系统振幅为无穷大。出现这种现象的原因可以用阻尼耗能的方式进行解释。

系统振动一周，外激励输入给系统的能量为

$$W_{\text{input}}=\int_0^{T=2\pi/\omega}F_0\sin\omega t\,\mathrm{d}x=\int_0^{T=2\pi/\omega}\omega F_0X\sin\omega t\cos(\omega t-\phi)\,\mathrm{d}t \tag{2.25h}$$

共振时，$\phi=\dfrac{\pi}{2}$，则

$$W_{\text{input}}=\omega F_0X\int_0^{T=2\pi/\omega}F_0\sin^2\omega t\,\mathrm{d}x=\pi F_0X \tag{2.25i}$$

整个系统仅库仑阻尼损耗了能量，1.5.1.3 节给出了其振动一周损耗的能量为

$$W_f=4\mu NX$$

因 X 为实数，根据式(2.25e) 可知，$\pi F_0X>4\mu NX$，即 $W_{\text{input}}>W_f$。于是，每一个振动周期，系统获得的能量都大于其消耗的能量，使得系统的振幅不断增加。

非共振时，

$$W_{\text{input}}=\omega F_0X\int_0^{T=2\pi/\omega}\sin\omega t\cos(\omega t-\phi)\,\mathrm{d}t=\pi F_0X\sin\phi=4\mu NX \tag{2.25j}$$

可以看出，此时 $W_{\text{input}}=W_f$，即每一个振动周期，外激励输入给系统的所有能量都被库

仑阻尼消耗掉了,因此系统保持稳定幅值振动。

2.3.1.5 结构阻尼下的简谐力激励

1.5.1.3 节中利用一个周期内的阻尼耗能等效,获得了结构阻尼的等效黏性阻尼系数表达式(1.6b),即

$$c_s = \frac{\alpha_s}{\pi\omega}$$

则简谐力激励下具有结构阻尼的单自由度系统的受迫振动方程为

$$m\ddot{x}(t) + \frac{\alpha_s}{\pi\omega}\dot{x}(t) + kx(t) = F_0 \sin\omega t \tag{2.26a}$$

利用临界阻尼系数 $c_0 = 2\sqrt{mk}$,可得结构阻尼的等效黏性阻尼比

$$\zeta_s = \frac{c_s}{c_0} = \frac{\alpha_s \omega_n}{2k\pi\omega} \tag{2.26b}$$

阻尼等效后,结构阻尼系统在简谐力作用下的稳态响应与 2.3.1.1 节中黏性阻尼系统在简谐力作用下的稳态响应具有相同的形式,即式(2.19a)

$$x(t) = X\sin(\omega t - \phi)$$

其中,响应幅值 X 为

$$X = \frac{X_0}{\sqrt{(1-\gamma^2)^2 + (2\zeta_s\gamma)^2}} = \frac{X_0}{\sqrt{(1-\gamma^2)^2 + \left(\dfrac{\alpha_s}{k\pi}\right)^2}} \tag{2.26c}$$

令 $h = \dfrac{\alpha_s}{k\pi}$,根据量纲分析可知,$h$ 为无量纲参数,也表示了系统的阻尼特性,因系统刚度 $k > 0$,$\alpha_s \geqslant 0$(其中 $\alpha_s = 0$ 对应于零结构阻尼),故 $h \geqslant 0$。仿照简谐力激励,可以获得系统的位移放大因子为

$$\beta_s = \frac{X}{X_0} = \frac{1}{\sqrt{(1-\gamma^2)^2 + h^2}} \tag{2.26d}$$

同理,系统的相位滞后角

$$\phi = \arctan\frac{2\zeta_s\gamma}{1-\gamma^2} = \arctan\frac{h}{1-\gamma^2} \tag{2.26e}$$

图 2.33 及图 2.34 分别绘制了不同 h 下位移放大率 β_s、相位滞后角 ϕ 随频率比 γ 变化的曲线,可以看出,结构阻尼下的曲线走势与黏性阻尼非常相似,但有如下差异:

1) 对于结构阻尼,不论 h 为何值,在共振(即 $\gamma = 0$) 时,位移放大率有最大值,$\beta_{s,\max} = 1/h$;而对于黏性阻尼,仅无阻尼情况,在共振时,位移放大率有最大值(其值为无穷大),在有阻尼情况下,位移放大率最大值出现在频率略小于固有频率处;

2) 对于结构阻尼,在外激励频率 $\omega = 0$ 时,相位滞后角 $\phi = \arctan h$;而对于黏性阻尼,在外激励频率 $\omega = 0$ 时,相位滞后角 $\phi = 0$。

若采用复激励 $F_0 e^{j\omega t}$ 代替 $F_0 \sin(\omega t)$,方程式(2.26a) 可写为

$$m\ddot{x}(t) + \frac{\alpha_s}{\pi\omega}\dot{x}(t) + kx(t) = F_0 e^{j\omega t} \tag{2.26f}$$

代入 $h=\frac{\alpha_s}{k\pi}$ 以及 $\dot{x}(t)=\mathrm{j}\omega x(t)$，式(2.26f) 可改写为

$$m\ddot{x}(t)+(1+h\mathrm{j})kx(t)=F_0\mathrm{e}^{\mathrm{j}\omega t} \tag{2.26g}$$

其中，$(1+h\mathrm{j})$ 称为复刚度。利用复数解法求解式(2.26g)，也可获得系统的稳态响应，其结果与式(2.19a)、式(2.26c) 及式(2.26e) 完全相同。

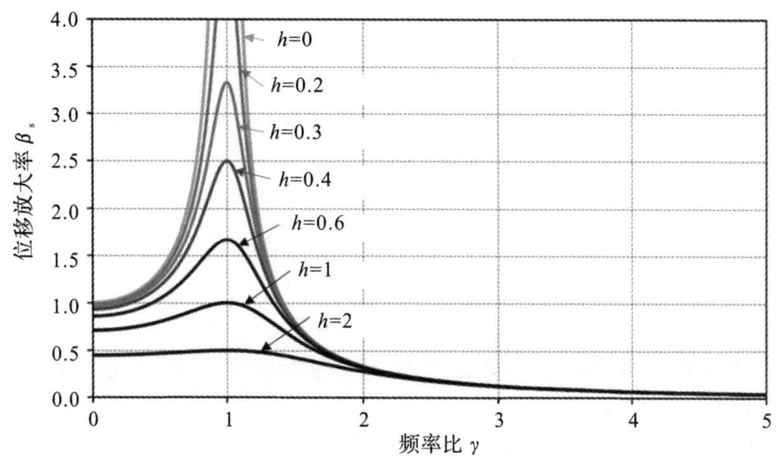

图 2.33　简谐力激励下结构阻尼系统的位移放大率随频率比变化曲线

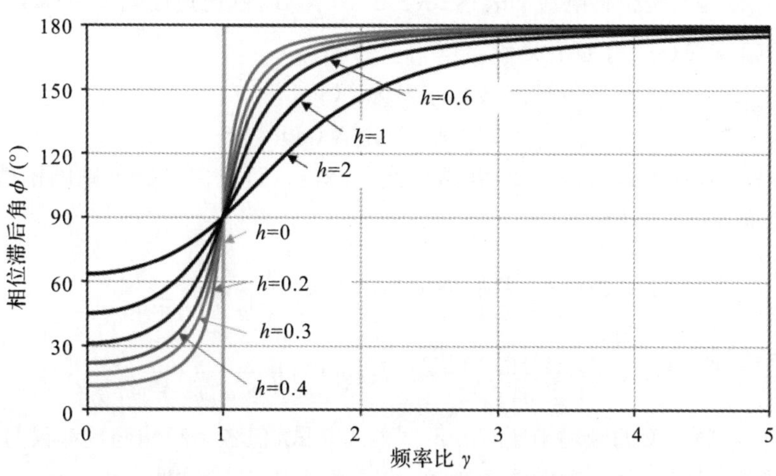

图 2.34　简谐力激励下结构阻尼系统的相位滞后角随频率比变化曲线

可以看出，针对库仑阻尼及结构阻尼，在一定情况下，都可采用等效黏性阻尼的方法获得其在简谐力作用下的稳态响应。其实，其他类型的阻尼，如流体阻尼也可采用同样的方法计算其稳态响应。

2.3.1.6　频响函数

在 2.3.1.1 节中的复数解法讲述中，式(2.18c) 给出了具有黏性阻尼的单自由度系统在复激励 $\bar{F}_0\mathrm{e}^{\mathrm{j}\omega t}$ 下的振动方程，即

$$m\ddot{x}(t)+c\dot{x}(t)+kx(t)=\bar{F}_0\mathrm{e}^{\mathrm{j}\omega t}$$

其中,$\bar{F}_0=F_0\mathrm{e}^{\mathrm{j}\theta}$ 为复激励的复幅值。系统的稳态响应可表示为 $x(t)=\bar{X}\mathrm{e}^{\mathrm{j}\omega t}$,其中,$\bar{X}$ 为响应的复振幅。若外激励频率 ω 不同,复激励的复幅值也不同,用 $\bar{F}(\omega)$ 表示,则方程式(2.18c)可改写为

$$m\ddot{x}(t)+c\dot{x}(t)+kx(t)=\bar{F}(\omega)\mathrm{e}^{\mathrm{j}\omega t} \tag{2.27a}$$

相应地,系统响应可表示为

$$x(t)=\bar{X}(\omega)\mathrm{e}^{\mathrm{j}\omega t} \tag{2.27b}$$

其中,$\bar{X}(\omega)$ 为响应的复振幅。将式(2.27b)代入方程式(2.27a),可得

$$(k-\omega^2m+\mathrm{j}c\omega)\bar{X}(\omega)=\bar{F}(\omega) \tag{2.27c}$$

单自由度系统的频率响应函数(Frequency Response Function,FRF,简称频响函数)定义为,系统稳态响应的复振幅 $\bar{X}(\omega)$ 与激励力的复力幅 $\bar{F}(\omega)$ 之比,即

$$H(\omega)=\frac{\bar{X}(\omega)}{\bar{F}(\omega)}=\frac{1}{k-\omega^2m+\mathrm{j}\omega c} \tag{2.27d}$$

可以看出,系统的频响函数仅与系统参数及外激励频率有关,根据式(2.27d)可知,系统响应的复幅值 $\bar{X}(\omega)$ 可表示为

$$\bar{X}(\omega)=H(\omega)\bar{F}(\omega) \tag{2.27e}$$

实际上,式(2.27d)表示的频响函数称为位移频响函数,也称位移导纳,一般也用 $H_{\mathrm{d}}(\omega)$ 表示。根据系统位移响应的表达式(2.27b)可知,系统速度幅值 $\bar{V}(\omega)$、加速度幅值 $\bar{A}(\omega)$ 与位移幅值 $\bar{X}(\omega)$ 有如下关系:

$$\bar{V}(\omega)=\mathrm{j}\omega\bar{X}(\omega) \tag{2.27f}$$

$$\bar{A}(\omega)=-\omega^2\bar{X}(\omega) \tag{2.27g}$$

这样,根据位移频响函数的定义,并结合式(2.27e),可以定义速度频响函数 $H_{\mathrm{v}}(\omega)$ 及加速度频响函数 $H_{\mathrm{a}}(\omega)$,即

$$H_{\mathrm{v}}(\omega)=\frac{\bar{V}(\omega)}{\bar{F}(\omega)}=\mathrm{j}\omega H_{\mathrm{d}}(\omega)=\frac{\mathrm{j}\omega}{k-\omega^2m+\mathrm{j}\omega c} \tag{2.27h}$$

$$H_{\mathrm{a}}(\omega)=\frac{\bar{A}(\omega)}{\bar{F}(\omega)}=-\omega^2H_{\mathrm{d}}(\omega)=\frac{-\omega^2}{k-\omega^2m+\mathrm{j}\omega c} \tag{2.27i}$$

可以看出,不同类型的频响函数有着不同的表达式,但各个频响函数都仅与系统参数及外激励频率有关,且已知任一种频响函数时,均可通过乘以或除以 $\mathrm{j}\omega$ 或 $-\omega^2$ 来获得其他频响函数。当系统具有其他阻尼模型时,可利用等效黏性阻尼系数,按照上述的方式获取其频响函数。

若定义位移阻抗

$$Z_{\mathrm{d}}(\omega)=k-\omega^2m+\mathrm{j}c\omega \tag{2.27j}$$

则由式(2.27c)可知

$$\bar{F}(\omega)=Z_{\mathrm{d}}(\omega)\bar{X}(\omega) \tag{2.27k}$$

可以看到,$Z_{\mathrm{d}}(\omega)$ 具有刚度的量纲,但该刚度与外激励频率 ω 有关,所以在振动上,将 $Z_{\mathrm{d}}(\omega)$ 称为动刚度。对比位移频响函数与位移阻抗的定义,可知

$$Z_{\mathrm{d}}(\omega)=H_{\mathrm{d}}^{-1}(\omega) \tag{2.27l}$$

与动刚度相似，利用速度频响函数、加速度频响函数，可以定义与速度响应、加速度响应相关的阻抗，即

$$Z_{\mathrm{v}}(\omega)=H_{\mathrm{v}}^{-1}(\omega)=\frac{k-\omega^{2}m+\mathrm{j}\omega}{\mathrm{j}\omega} \tag{2.27m}$$

$$Z_{\mathrm{a}}(\omega)=H_{\mathrm{a}}^{-1}(\omega)=\frac{k-\omega^{2}m+\mathrm{j}\omega c}{-\omega^{2}} \tag{2.27n}$$

同样，不同类型的阻抗有着不同的表达式，但各个阻抗都仅与系统参数及外激励频率有关，且已知任一种阻抗时，可通过乘以或除以 $\mathrm{j}\omega$ 或 $-\omega^2$ 来获得其他阻抗。频响函数及阻抗是振动理论中非常重要的概念，在振动理论分析以及试验测试中都有着广泛的应用，后续会一一介绍，表 2.1 给出了各类频响函数和阻抗的定义及其相互转换方式，供读者参考。

表 2.1　频响函数、阻抗的定义及其相互转换方式

响应类型 R	频响函数:R/F		阻抗:F/R	
位移 (displacement)	位移频响函数、位移导纳、动柔度 (receptance)		位移阻抗、动刚度 (dynamic stiffness)	
↓ ↑	$\times$ jω ↓	↑ $\div$ jω	$\div$ jω ↓	↑ $\times$ jω
速度 (velocity)	速度频响函数、速度导纳、导纳 (mobility)		速度阻抗、阻抗 (impedance)	
↓ ↑	$\times$ jω ↓	↑ $\div$ jω	$\div$ jω ↓	↑ $\times$ jω
加速度 (acceleration)	加速度频响函数、加速度导纳、加速性 (accelerance)		加速度阻抗、表观质量 (apparent mass)	

云实验 9：单自由度系统 → 频响函数

可以利用云实验来研究单自由度系统频响函数（包括位移频响函数、速度频响函数、加速度频响函数）的多种频响曲线（包括幅频曲线、相频曲线、实部-频率曲线、虚部-频率曲线、实部-虚部曲线）的特性，可调整系统参数（质量、刚度系数、阻尼比）及频率范围以分析相关影响。

2.3.2　周期激励

除简谐激励外，周期激励也是一种较为普遍的激励形式，本节以周期力激励为例，介绍周期激励下单自由度系统振动响应的求解方法。假设一个随时间变化的力 $f(t)$，对某一正

常数 T，满足关系式

$$f(t)=f(t\pm nT),\quad n=1,2,\cdots \tag{2.28a}$$

则称 $f(t)$ 是周期的，其中 T 为周期。显然，上述章节学习的简谐力激励是一种最简单的周期激励。图 2.35 给出了两种典型的周期激励，即周期方波激励和周期后峰锯齿波激励。

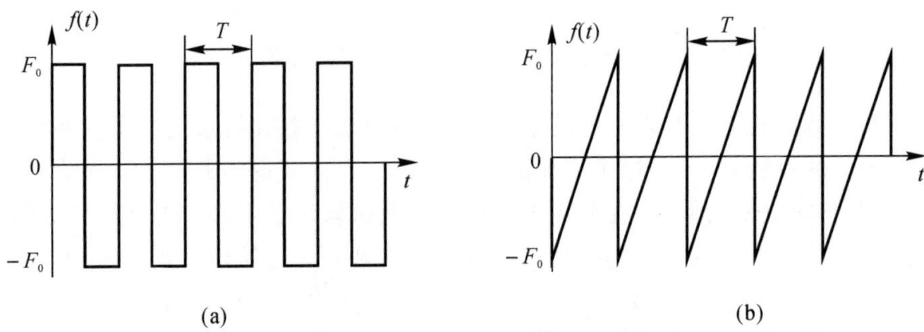

图 2.35　典型周期激励力

(a) 周期方波；(b) 周期后峰锯齿波

利用 1.5.3.1 节中讲述的傅里叶级数，周期力 $f(t)$ 可以开展成一个常数项和无穷项简谐项之和，即

$$f(t)=\frac{a_0}{2}+\sum_{n=1}^{\infty}(a_n\cos n\omega_0 t+b_n\sin n\omega_0 t) \tag{2.28b}$$

其中，$\omega_0=2\pi/T$ 称为周期激励力的基频，对应于基频整数倍的谐和分量简称为谐波，a_0、a_n、b_n 为常数，即

$$a_0=\frac{2}{T}\int_0^T f(t)\mathrm{d}t \tag{2.28c}$$

$$a_n=\frac{2}{T}\int_0^T f(t)\cos n\omega_0 t\,\mathrm{d}t \tag{2.28d}$$

$$b_n=\frac{2}{T}\int_0^T f(t)\sin n\omega_0 t\,\mathrm{d}t \tag{2.28e}$$

利用式(2.28b)，具有黏性阻尼的单自由度系统在周期激励力 $f(t)$ 作用下的振动方程可写为

$$m\ddot{x}(t)+c\dot{x}(t)+kx(t)=\frac{a_0}{2}+\sum_{n=1}^{\infty}(a_n\cos n\omega_0 t+b_n\sin n\omega_0 t) \tag{2.28f}$$

根据线性振动系统的叠加原理，即若干个激励力共同作用下系统产生的振动响应，等于各个激励力单独作用下产生的振动响应的迭加。这样，将式(2.28b) 中的每一项看成一个激励，求出其对应的振动响应，再将所有振动响应迭加起来，就是周期激励力作用下所产生的振动响应，下面仅考虑这些力作用下的稳态响应。

首先，可以求得式(2.28b) 右端常数项 $a_0/2$ 对应的静位移，即

$$x_0(t)=\frac{a_0}{2k} \tag{2.28g}$$

然后，根据前述简谐激励力稳态响应的求解方法，可以求出式(2.28b) 右端求和号内每

一项 $a_n \cos n\omega_0 t$ 与 $b_n \sin n\omega_0 t$ 应的稳态响应分别为

$$x_{\cos}(t)=\frac{a_n}{k}\beta_n\cos(n\omega_0 t-\phi_n) \tag{2.28h}$$

$$x_{\sin}(t)=\frac{b_n}{k}\beta_n\sin(n\omega_0 t-\phi_n) \tag{2.28i}$$

式中

$$\beta_n=\frac{1}{\sqrt{(1-\gamma_n^2)^2+(2\zeta\gamma_n)^2}} \tag{2.28j}$$

$$\phi_n=\arctan\frac{2\zeta\gamma_n}{1-\gamma_n^2} \tag{2.28k}$$

$$\gamma_n=\frac{n\omega_0}{\omega_{\mathrm{n}}} \tag{2.28l}$$

可以看出，β_n 的公式与简谐力激励下位移放大率 β 的形式完全相同，即用 γ_n 替换简谐力激励下位移放大率 β 公式中的 γ，即可获得上述公式(2.28j)，可将 β_n 称为第 n 阶谐波的位移放大率。定性分析可知，当谐波频率远大于系统固有频率时，该阶谐波对应的位移放大率 β_n 将非常小。根据线性振动系统的叠加原理，系统的总稳态响应为

$$x(t)=\frac{a_0}{2k}+\sum_{n=1}^{\infty}\frac{a_n}{k}\beta_n\cos(n\omega_0 t-\phi_n)+\sum_{n=1}^{\infty}\frac{b_n}{k}\beta_n\sin(n\omega_0 t-\phi_n) \tag{2.28m}$$

可见系统的稳态响应也是一个无穷级数。如前所述，当谐波频率远大于系统固有频率时，该阶谐波对应的位移放大率 β_n 将非常小、振动幅值也非常小。同时在一般情况下，高阶谐波分量的系数 a_n 及 b_n 也较小。因此，当系统固有频率不是非常高时，略去高阶谐波所对应的响应，仅截取其前面有限项简谐响应，计算得到的响应结果的精度一般都满足工程要求。当然，截止谐波频率(即上限谐波频率)要根据实际系统的固有频率以及所需获得的计算精度来确定。注意到，当某阶谐波频率与系统固有频率相等时，系统就会发生共振，对应的位移放大率 β_n 就会很大，在谐波系数 a_n 及 b_n 不是非常小的情况下，该阶谐波就必须考虑在系统响应之中。这同时表明，周期激励力作用下，系统发生共振的可能性要更大些。

云实验 7：单自由度系统 → 强迫振动 → 周期激励(稳态响应)

可以利用云实验来研究单自由度系统在周期方波激励、周期后峰锯齿波激励下的响应特征，可调整系统参数(刚度系数、固有频率、阻尼比)及外激励参数(幅值、频率、谐波分量个数)，通过勾选参数设置中的傅里叶级数展开谐波分量个数，可以直观对比其他参数不变时谐波分量个数对激励及响应特征的影响。

2.3.3　任意激励

在许多工程实际问题中，如飞机的着陆、滑跑、突风响应问题，系统所受到的激励不是周

期的，而是任意的时间函数，或者是极短时间内的冲击作用。对这种任意力作用下的振动响应求解，不能像受周期力激励的情形那样套用简谐力激励振动响应求解方法，而一般有三种方法求解，即时域的卷积积分法、频域的傅里叶变换法以及复频域的拉普拉斯变换法。需要强调的是，之前学习的简谐激励、周期激励也可理解为特殊的任意激励，因此，后续学习的这三种方法将适用于任何强迫振动下的响应求解，这三种方法其实就是强迫振动响应的一般解法。

2.3.3.1　时域法

时域法一般也称为卷积积分法，或杜哈梅积分法(Duhamel integration)，它利用了线性系统的叠加原理，并以单位脉冲响应函数和卷积积分为理论基础。

根据前述周期激励及简谐激励下强迫振动分析可知，系统的振动响应应是力幅与其持续时间的综合效应。动力学理论中，我们将力幅与其作用时间的乘积称为冲量，并用冲量来描述力在时间上的累积效应，也是系统动量改变的度量，即冲量定理可表示为

$$I=F\Delta t=m\dot{x}_2-m\dot{x}_1 \tag{2.29a}$$

式中：I 为冲量；F 为力幅；Δt 为力的作用时间；$\dot{x}_1$、$\dot{x}_2$ 分别为力作用前后系统的速度；m 表示系统的质量。

将在极短时间内力非常大而冲量有限的作用称为脉冲，将具有单位冲量的脉冲称为单位脉冲，用 δ 函数来表示，即

$$\left.\begin{aligned}&\delta(t-\tau)=0,t\neq\tau\\&\int_0^{\infty}\delta(t-\tau)\mathrm{d}t=1\end{aligned}\right\} \tag{2.29b}$$

式(2.29b)表示单位脉冲作用在 $t=\tau$ 时刻，通常用图 2.36 的方式来表示。根据定义，单位脉冲的冲量为 1，是一个无量纲的数值，则单位脉冲 δ 函数的量纲为[$1/T$]，即其单位为 1/s。任意确定函数与单位脉冲的卷积等于该函数在单位脉冲作用时刻的值，即

$$\int_0^{\infty}f(\tau)\delta(t-\tau)\mathrm{d}t=f(\tau) \tag{2.29c}$$

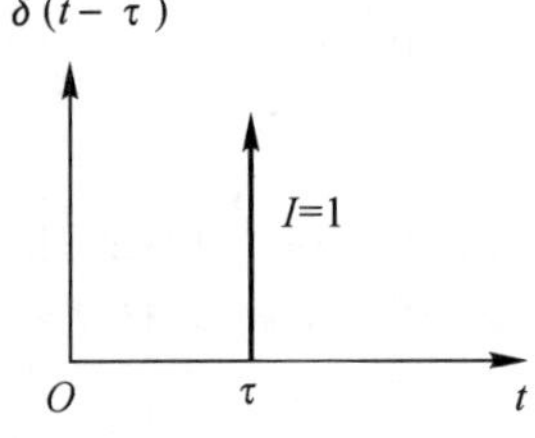

图 2.36　单位脉冲 δ 函数

假设单自由度系统仅在 $t=0$ 时刻受到一个单位脉冲 $\delta(t)$ 的作用，即系统的振动方程可写为

$$m\ddot{x}(t)+c\dot{x}(t)+kx(t)=\delta(t) \tag{2.29d}$$

根据单位脉冲的定义，其作用时间极短，并以 0_- 和 0_+ 分别表示脉冲作用前和作用后的瞬时，系统在 0_- 时刻的零初始条件为 $x(0_-)=0$，$\dot{x}(0_-)=0$。同时，由于系统位移的产生需

要一定的时间，则系统在单位脉冲作用后尚来不及产生位移，即系统在 0_+ 时刻的位移 $x(0_+)=0$。分析可知，系统最终的响应实质上就是系统以 0_+ 时刻的位移 $x(0_+)$ 和速度 $\dot{x}(0_+)$ 为初始条件的自由振动响应。那么，首先需要求解速度 $\dot{x}(0_+)$。

对上方程两端乘以 dt，并从 0_- 到 0_+ 进行积分，可得

$$m[\dot{x}(0_+)-\dot{x}(0_-)]+c[x(0_+)-x(0_-)]+\int_{0_-}^{0_+} kx\,\mathrm{d}t=1 \tag{2.29e}$$

代入上述已知条件，有

$$\dot{x}(0_+)=1/m \tag{2.29f}$$

可以看出，系统在 $t=0$ 时受到一个单位脉冲的作用，等价于系统在初始条件 $x(0_+)=0$ 及 $\dot{x}(0_+)=1/m$ 下的自由振动响应，并将这一响应称为单位脉冲响应或单位脉冲响应函数，用 $h(t)$ 表示。这样，根据 2.2.2 节有阻尼单自由度系统的自由振动响应分析可知，针对工程中常见的欠阻尼情况，单位脉冲响应函数 $h(t)$ 为

$$h(t)=\begin{cases}\dfrac{1}{m\omega_{\mathrm{d}}}\mathrm{e}^{-\zeta\omega_{\mathrm{n}}t}\sin\omega_{\mathrm{d}}t & t\geqslant 0\\ 0 & t<0\end{cases} \tag{2.29g}$$

根据单位脉冲 δ 函数的量纲 $[1/T]$，可知单位脉冲响应函数的量纲为 $[T/M]$，即其单位为 s/kg。显然，当单位脉冲作用在时刻 τ 时，即系统受到图 2.36 所示的单位脉冲 $\delta(t-\tau)$ 作用时，系统响应为 $h(t-\tau)$，即

$$h(t-\tau)=\begin{cases}\dfrac{1}{m\omega_{\mathrm{d}}}\mathrm{e}^{-\zeta\omega_{\mathrm{n}}(t-\tau)}\sin\omega_{\mathrm{d}}(t-\tau) & t\geqslant \tau\\ 0 & t<\tau\end{cases} \tag{2.29h}$$

这时，典型的单位脉冲响应函数如图 2.37 所示。

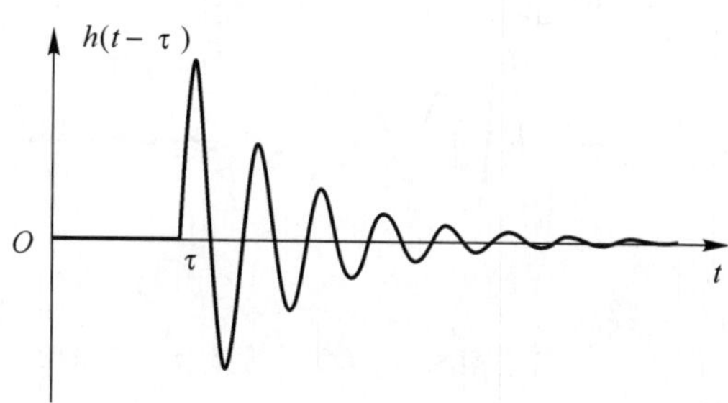

图 2.37　典型的单位脉冲响应函数

将单自由度系统所受到的任意激励力 $f(t)$ 对系统的作用视为一系列幅值不等的冲量微元，用这一系列冲量微元去代替激励力 $f(t)$，如图 2.38 所示，$t=\tau$ 时刻冲量微元可由 $f(\tau)\mathrm{d}\tau$ 表示，则系统在此冲量微元作用下的响应为该冲量微元 $f(\tau)\mathrm{d}\tau$ 与 $t=\tau$ 时刻的单位脉冲响应函数 $h(t-\tau)$ 的乘积，即

$$\mathrm{d}x(t)=h(t-\tau)f(\tau)\mathrm{d}\tau \tag{2.29i}$$

然后，将这一系列幅值不等的冲量微元作用下的响应 $\mathrm{d}x(t)$ 进行叠加，即可获得系统的总响应，即

$$x(t)=\int_0^t \mathrm{d}x(t)=\int_0^t f(\tau)h(t-\tau)\mathrm{d}\tau \tag{2.29j}$$

式(2.29j)就称为 $f(t)$ 与 $h(t)$ 的卷积积分或者杜哈梅积分，通常也可以表示为 $f(t)*h(t)$。卷积积分有多种等价形式，如下将逐一推导。根据 $f(t)$ 的定义可知，当 $t<0$ 时，$f(t)=0$，则 $\int_{-\infty}^0 f(\tau)h(t-\tau)\mathrm{d}\tau=0$，再与式(2.29j)综合，可得

$$x(t)=\int_{-\infty}^t f(\tau)h(t-\tau)\mathrm{d}\tau \tag{2.29k}$$

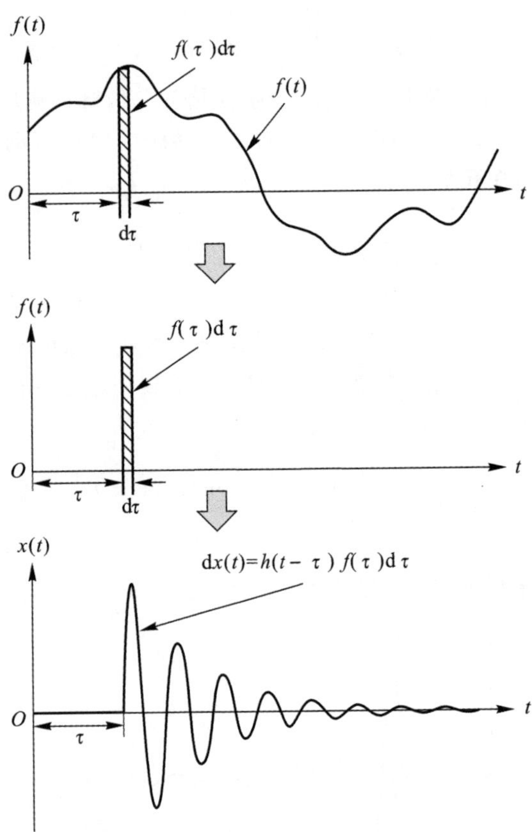

图 2.38　任意激励力 $f(t)$ 的等效及响应求解

根据 $h(t-\tau)$ 的表达式(2.29h)可知，当 $\tau>t$ 时，$h(t-\tau)=0$，则 $\int_t^{\infty} f(\tau)h(t-\tau)\mathrm{d}\tau=0$，再与式(2.29k)综合，可得

$$x(t)=\int_{-\infty}^{\infty} f(\tau)h(t-\tau)\mathrm{d}\tau \tag{2.29l}$$

对式(2.29k)进行变量代换，令 $\theta=t-\tau$，可得

$$x(t)=\int_0^{\infty} f(t-\theta)h(\theta)\mathrm{d}\theta \tag{2.29m}$$

根据 $h(\theta)$ 的定义可知，当 $\theta<0$ 时，$h(\theta)=0$，则 $\int_{-\infty}^0 f(t-\theta)h(\theta)\mathrm{d}\theta=0$，再与式

(2.29m) 综合,可得

$$x(t)=\int_{-\infty}^{\infty} f(t-\theta)h(\theta)\mathrm{d}\theta \tag{2.29n}$$

综上所述,根据 $f(t)$ 及 $h(t-\tau)$ 的定义,卷积积分具有上述式(2.29j) ~ 式(2.29n) 的五种表达形式。

将式(2.29h) 表示的单位脉冲响应函数 $h(t-\tau)$ 代入卷积积分式(2.29j),可得

$$x(t)=\frac{1}{m\omega_{\mathrm{d}}}\int_{0}^{t} f(\tau)\mathrm{e}^{-\zeta\omega_{\mathrm{n}}(t-\tau)}\sin\omega_{\mathrm{d}}(t-\tau)\mathrm{d}\tau \tag{2.29o}$$

可以看出,上述卷积积分的推导过程中仅考虑了系统所受的外力 $f(t)$,并未考虑系统的初始条件,若系统同时具有初始条件 $x(0)=x_0$,$\dot{x}(0)=\dot{x}_0$,根据线性系统的叠加原理,系统的总响应为

$$x(t)=A\mathrm{e}^{-\zeta\omega_{\mathrm{n}}t}\sin(\omega_{\mathrm{d}}t+\varphi)+\frac{1}{m\omega_{\mathrm{d}}}\int_{0}^{t} f(\tau)\mathrm{e}^{-\zeta\omega_{\mathrm{n}}(t-\tau)}\sin\omega_{\mathrm{d}}(t-\tau)\mathrm{d}\tau \tag{2.29p}$$

其中,A 和 φ 的表达式分别见式(2.9h) 和式(2.9i),即

$$A=\sqrt{x_0^2+\left(\frac{\dot{x}_0+\zeta\omega_{\mathrm{n}}x_0}{\omega_{\mathrm{d}}}\right)^2}$$

$$\varphi=\arctan\frac{\omega_{\mathrm{d}}x_0}{\dot{x}_0+\zeta\omega_{\mathrm{n}}x_0}$$

云实验 8: 单自由度系统 → 强迫振动 → 任意激励(欠阻尼系统 / 零初始条件)

可以利用云实验来研究单自由度系统在矩形脉冲激励、后峰锯齿波激励、半正弦激励、阶跃激励、斜坡阶跃激励下的响应特征,可调整系统参数(刚度系数、固有频率、阻尼比)及外激励参数以分析相关影响。

我们来看一个卷积积分求解振动响应的例子,假设无阻尼单自由度系统初始静止,在 $t=0$ 时刻开始受到一简谐激励 $f(t)=F_0\sin\omega t$,即

$$f(t)=\begin{cases}F_0\sin\omega t, & t\geqslant 0\\ 0, & t<0\end{cases} \tag{2.30a}$$

对于无阻尼系统,可令式(2.29o) 中的 $\zeta=0$,则有

$$x(t)=\frac{1}{m\omega_{\mathrm{n}}}\int_{0}^{t} f(\tau)\sin\omega_{\mathrm{n}}(t-\tau)\mathrm{d}\tau \tag{2.30b}$$

再将外激励力 $f(t)=F_0\sin\omega t$ 代入式(2.30b),有

$$x(t)=\frac{F_0}{m\omega_{\mathrm{n}}}\int_{0}^{t} \sin(\omega\tau)\sin\omega_{\mathrm{n}}(t-\tau)\mathrm{d}\tau \tag{2.30c}$$

利用三角函数关系,并引入参数 $X_0=F_0/k$,$\gamma=\omega/\omega_{\mathrm{n}}$,容易获得上述积分结果为

$$x(t)=\frac{X_0}{1-\gamma^2}\sin\omega t-\frac{X_0\gamma}{1-\gamma^2}\sin\omega_{\mathrm{n}}t \tag{2.30d}$$

可以看到，上述利用卷积积分法获得的响应结果与之前计算结果式(2.20j)完全相同。式(2.30d)等号右端第一项代表稳态响应，它是以激励频率 ω 为振动频率的简谐振动；而第二项代表外激励力引起的瞬态响应，它以固有频率 ω_{n} 为振动频率，因为是无阻尼系统，也为简谐振动。也就是说，针对强迫振动，利用卷积积分可以同时获得稳态响应和外激励力引起的瞬态响应。

再来看另一个例子，假设有阻尼单自由度系统具有零初始条件，在 $t=0$ 时刻受到一单位阶跃激励 $u(t)$，即

$$u(t)=\begin{cases}1, & t\geqslant 0\\ 0, & t<0\end{cases} \tag{2.31a}$$

将外激励 $f(t)=u(t)$ 代入式(2.29o)，并用 $g(t)$ 表示单位阶跃响应，则有

$$g(t)=\frac{1}{m\omega_{\mathrm{d}}}\int_0^t \mathrm{e}^{-\zeta\omega_{\mathrm{n}}(t-\tau)}\sin\omega_{\mathrm{d}}(t-\tau)\mathrm{d}\tau \tag{2.31b}$$

考虑到

$$\sin\omega_{\mathrm{d}}(t-\tau)=\frac{1}{2\mathrm{j}}\left[\mathrm{e}^{\mathrm{j}\omega_{\mathrm{d}}(t-\tau)}-\mathrm{e}^{-\mathrm{j}\omega_{\mathrm{d}}(t-\tau)}\right] \tag{2.31c}$$

代入式(2.31b)并进行积分，可得

$$g(t)=\frac{1}{k}\left[1-\mathrm{e}^{-\zeta\omega_{\mathrm{n}}t}\left(\cos\omega_{\mathrm{d}}t+\frac{\zeta\omega_{\mathrm{n}}}{\omega_{\mathrm{d}}}\sin\omega_{\mathrm{d}}t\right)\right] \tag{2.31d}$$

进一步整理可得

$$g(t)=\frac{1}{k}\left[1-\frac{1}{\sqrt{1-\zeta^2}}\mathrm{e}^{-\zeta\omega_{\mathrm{n}}t}\cos(\omega_{\mathrm{d}}t-\phi)\right] \tag{2.31e}$$

其中

$$\phi=\arctan\frac{\zeta}{\sqrt{1-\zeta^2}} \tag{2.31f}$$

为了让单位阶跃响应表达式 $g(t)$ 也适用于 $t<0$ 的情况，式(2.31e)可改写为

$$g(t)=\frac{1}{k}\left[1-\frac{1}{\sqrt{1-\zeta^2}}\mathrm{e}^{-\zeta\omega_{\mathrm{n}}t}\cos(\omega_{\mathrm{d}}t-\phi)\right]u(t) \tag{2.31g}$$

矩形脉冲是一种常见的脉冲激励，利用上述单位阶跃响应函数，容易获得矩形脉冲作用下的单自由度系统振动响应。假设有阻尼单自由度系统具有零初始条件，在0到 T 时刻受到了一幅值为 F_0 的矩形脉冲力激励，即

$$f(t)=\begin{cases}F_0, & 0\leqslant t\leqslant T\\ 0, & t>T\end{cases} \tag{2.32a}$$

根据单位阶跃函数的定义，上述矩形脉冲力可表示为

$$f(t)=F_0[u(t)-u(t-T)] \tag{2.32b}$$

则根据线性系统的叠加原理，矩形脉冲力激励下的响应 $x(t)$ 可表示为

$$x(t)=F_0[g(t)-g(t-T)] \tag{2.32c}$$

代入上述 $g(t)$ 表达式(2.31g),可得

$$x(t)=\frac{F_0}{k}\left[1-\frac{1}{\sqrt{1-\zeta^2}}\mathrm{e}^{-\zeta\omega_n t}\cos(\omega_d t-\phi)\right]u(t)$$
$$-\frac{F_0}{k}\left\{1-\frac{1}{\sqrt{1-\zeta^2}}\mathrm{e}^{-\zeta\omega_n(t-T)}\cos[\omega_d(t-T)-\phi]\right\}u(t-T) \tag{2.32d}$$

若系统无阻尼,即 $\zeta=0$,则

$$x(t)=\frac{F_0}{k}(1-\cos\omega_n t)u(t)-\frac{F_0}{k}\{1-\cos[\omega_n(t-T)]\}u(t-T) \tag{2.32e}$$

式(2.32e) 可分段表示为

$$x(t)=\begin{cases}\dfrac{F_0}{k}(1-\cos\omega_n t), & 0\leqslant t\leqslant T\\ \dfrac{F_0}{k}\{\cos[\omega_n(t-T)]-\cos\omega_n t\}, & t>T\end{cases} \tag{2.32f}$$

2.3.3.2　频域法

前述1.5.3.2节式(1.13d) 和式(1.13e) 分别给出了非周期信号的傅里叶变换和傅里叶逆变换,即

$$X(\omega)=\mathscr{F}[x(t)]=\int_{-\infty}^{\infty}x(t)\mathrm{e}^{-\mathrm{j}\omega t}\mathrm{d}t$$

$$x(t)=\mathscr{F}^{-1}[X(\omega)]=\frac{1}{2\pi}\int_{-\infty}^{\infty}X(\omega)\mathrm{e}^{\mathrm{j}\omega t}\mathrm{d}\omega$$

根据卷积积分的定义,可得傅里叶变换的卷积定理,即任意两个时域信号 $x(t)$ 和 $y(t)$ 的卷积的傅里叶变换等于这两个信号傅里叶变换 $X(\omega)$ 与 $Y(\omega)$ 的乘积,用公式表示为

$$\mathscr{F}\left[\int_{-\infty}^{+\infty}x(\tau)y(t-\tau)\mathrm{d}\tau\right]=X(\omega)Y(\omega) \tag{2.33a}$$

由上节卷积积分可知,在激励 $f(t)$ 作用下,系统的响应可表示为式(2.29l),即

$$x(t)=\int_{-\infty}^{\infty}f(\tau)h(t-\tau)\mathrm{d}\tau$$

将上式代入式(2.33a),可得

$$X(\omega)=H(\omega)F(\omega) \tag{2.33b}$$

其中,$X(\omega)$、$F(\omega)$ 以及 $H(\omega)$ 分别为 $x(t)$、$f(t)$ 以及 $h(t)$ 的傅里叶变换,即

$$X(\omega)=\mathscr{F}[x(t)]=\int_{-\infty}^{+\infty}x(t)\mathrm{e}^{-\mathrm{j}\omega t}\mathrm{d}t \tag{2.33c}$$

$$F(\omega)=\mathscr{F}[f(t)]=\int_{-\infty}^{+\infty}f(t)\mathrm{e}^{-\mathrm{j}\omega t}\mathrm{d}t \tag{2.33d}$$

$$H(\omega)=\mathscr{F}[h(t)]=\int_{-\infty}^{+\infty}h(t)\mathrm{e}^{-\mathrm{j}\omega t}\mathrm{d}t \tag{2.33e}$$

任意函数的傅里叶变换可通过傅里叶积分求得,对于典型函数的傅里叶变换可以查表获得,详见附录 B。

现在,重点研究单位脉冲响应函数的傅里叶变换 $H(\omega)$,根据

$$\mathscr{F}[e^{-\alpha t}\sin\omega_0 t]=\frac{\omega_0}{\omega_0^2-(\omega-j\alpha)^2},\alpha>0 \tag{2.33f}$$

结合式(2.33e)$H(\omega)$ 的定义,并代入式(2.29g)$h(t)$ 的表达式,有

$$\begin{aligned}H(\omega)&=\mathscr{F}\left(\frac{1}{m\omega_d}e^{-\zeta\omega_n t}\sin\omega_d t\right)=\frac{1}{m\left[\omega_d^2-(\omega-j\zeta\omega_n)^2\right]}\\&=\frac{1}{m(\omega_n^2-\omega^2+j2\zeta\omega_n\omega)}=\frac{1}{k-\omega^2 m+j\omega c}\end{aligned} \tag{2.33g}$$

可以看到,式(2.33g)右端就是2.3.1.6节中位移频响函数的定义式(2.27d),也就是说,由式(2.33e)定义的 $H(\omega)$ 与2.3.1.6节式(2.27d)定义的位移频响函数完全一致。由此可以得出结论,系统的位移频响函数与单位脉冲响应函数互为傅里叶变换对,即

$$H(\omega)=\mathscr{F}[h(t)]=\int_{-\infty}^{+\infty}h(t)e^{-j\omega t}dt \tag{2.33h}$$

$$h(t)=\mathscr{F}^{-1}[H(\omega)]=\frac{1}{2\pi}\int_{-\infty}^{\infty}H(\omega)e^{j\omega t}d\omega \tag{2.33i}$$

这样,若已知系统的频响函数或单位脉冲响应函数,再将激励进行傅里叶变换,利用式(2.33b)即可获得系统的频域响应 $X(\omega)$,若需获取系统的时域响应,再利用式(1.13e)对 $X(\omega)$ 进行傅里叶逆变换。这种求解系统在任意激励下响应的方法就称为频域法,也称傅里叶变换法。根据前述推导,采用频域法进行求解时,系统的初始条件未被考虑。

我们来看一个例子,利用傅里叶变换法求解无阻尼单自由度系统在矩形脉冲作用下的振动响应。假设无阻尼单自由度系统具有零初始条件,在0到 T 时刻受到了一幅值为 F_0 的矩形脉冲力激励,如式(2.32a)所示。对矩形脉冲进行傅里叶变换,可得

$$F(\omega)=F_0\int_0^T e^{-j\omega t}dt \tag{2.34a}$$

积分可得

$$F(\omega)=\frac{F_0}{j\omega}(1-e^{-j\omega T}) \tag{2.34b}$$

根据2.3.1.6节位移频响函数的表达式(2.27d),容易知道无阻尼单自由度系统的位移频响函数可表示为

$$H(\omega)=\frac{1}{k-\omega^2 m}=\frac{1/k}{1-(\omega/\omega_n)^2} \tag{2.34c}$$

则根据式(2.33b)可得

$$X(\omega)=H(\omega)F(\omega)=\frac{F_0}{k}\frac{1-e^{-j\omega T}}{j\omega\left[1-(\omega/\omega_n)^2\right]} \tag{2.34d}$$

若还需获得结构的时域响应 $x(t)$,则可利用傅里叶逆变换,即

$$x(t)=\frac{F_0}{k}\frac{1}{j2\pi}\int_{-\infty}^{\infty}\frac{1-e^{-j\omega T}}{\omega\left[1-(\omega/\omega_n)^2\right]}e^{j\omega t}d\omega \tag{2.34e}$$

积分可得

$$x(t)=\begin{cases}\dfrac{F_0}{k}(1-\cos\omega_{\mathrm{n}}t), & 0\leqslant t\leqslant T\\ \dfrac{F_0}{k}\{\cos[\omega_{\mathrm{n}}(t-T)]-\cos\omega_{\mathrm{n}}t\}, & t>T\end{cases}\tag{2.34f}$$

可以看到,式(2.34f)与卷积积分法获得的结果(2.32f)完全相同。

2.3.3.3　复频域法

复频域法一般指拉普拉斯变换法,广泛应用于线性系统分析,其核心是将常系数线性微分方程及其初始条件所表示的初值问题,利用拉普拉斯变换,转化为复数域的代数问题。得到复数域的解之后,再通过拉普拉斯逆变换,即可求出响应的时域表达式。

对于定义于 $t>0$ 的时间函数 $x(t)$,其拉普拉斯变换为

$$X(s)=\mathscr{L}[x(t)]=\int_0^{\infty}x(t)\mathrm{e}^{-st}\mathrm{d}t\tag{2.35a}$$

式中:s 为复数,记为 $\gamma+\mathrm{j}\omega$,称为辅助变量;e^{st} 称为变换的核。相应的,拉普拉斯逆变换为

$$x(t)=\mathscr{L}^{-1}[X(s)]=\frac{1}{2\pi\mathrm{j}}\int_{\gamma-\mathrm{j}\infty}^{\gamma+\mathrm{j}\infty}X(s)\mathrm{e}^{st}\mathrm{d}s\tag{2.35b}$$

式中:γ 为实数,它大于 $X(s)$ 所有奇点的实部。具体计算时,可根据 $X(s)$ 的特点选取合适的积分路径,许多情况下,这一积分可用复平面 s 内的围线积分来代替。式(2.35a)及式(2.35b)常称为拉普拉斯变换对,与傅里叶变换对类似,典型函数的拉普拉斯变换对可以查表获得,详见附录 C。

单自由度系统受到任意激励 $f(t)$ 时的振动方程可写为

$$m\ddot{x}(t)+c\dot{x}(t)+kx(t)=f(t)\tag{2.35c}$$

其初始条件为

$$x(0)=x_0,\quad \dot{x}(0)=\dot{x}_0\tag{2.35d}$$

上述振动方程式(2.35c)左边包含位移 $x(t)$、速度 $\dot{x}(t)$ 以及加速度 $\ddot{x}(t)$,因此用拉普拉斯变换求解振动响应时,除获取位移 $x(t)$ 的拉普拉斯变换 $X(s)$ 外,还需获得速度 $\dot{x}(t)$ 及加速度 $\ddot{x}(t)$ 的拉普拉斯变换。

利用分部积分,并考虑初始条件,速度 $\dot{x}(t)$ 的拉普拉斯变换为

$$\begin{aligned}\mathscr{L}[\dot{x}(t)]&=\int_0^{\infty}\dot{x}(t)\mathrm{e}^{-st}\mathrm{d}t=\mathrm{e}^{-st}x(t)\Big|_0^{\infty}+s\int_0^{\infty}\mathrm{e}^{-st}x(t)\mathrm{d}t\\&=sX(s)-x_0\end{aligned}\tag{2.35e}$$

类似的,加速度 $\ddot{x}(t)$ 的拉普拉斯变换为

$$\begin{aligned}\mathscr{L}[\ddot{x}(t)]&=\int_0^{\infty}\ddot{x}(t)\mathrm{e}^{-st}\mathrm{d}t=\mathrm{e}^{-st}\dot{x}(t)\Big|_0^{\infty}+s\int_0^{\infty}\mathrm{e}^{-st}\dot{x}(t)\mathrm{d}t\\&=s^2X(s)-sx_0-\dot{x}_0\end{aligned}\tag{2.35f}$$

假设激励 $f(t)$ 的拉普拉斯变换为

$$F(s)=\mathscr{L}[f(t)]=\int_0^{\infty}f(t)\mathrm{e}^{-st}\mathrm{d}t\tag{2.35g}$$

将式(2.35a)、式(2.35e)、式(2.35f)及式(2.35g)代入振动方程式(2.35c)，可得

$$(ms^2+cs+k)X(s)=F(s)+m\dot{x}_0+(ms+c)x_0 \tag{2.35h}$$

引入多项式

$$D(s)=ms^2+cs+k=m(s^2+2\zeta\omega_n s+\omega_n^2) \tag{2.35i}$$

由式(2.35h)可得，系统位移响应的拉普拉斯变换为

$$X(s)=\frac{F(s)}{D(s)}+\frac{m\dot{x}_0+(ms+c)x_0}{D(s)} \tag{2.35j}$$

这样，获得了系统位移响应的拉普拉斯变换 $X(s)$ 后，再利用式(2.35b)所定义的拉普拉斯逆变换，即可获得系统的时域响应。通过上述推导可以看出，利用拉普拉斯变换法求解系统响应，系统的初始条件将自动被考虑在计算过程之中。

下面再来研究一下零初始条件下的系统响应，首先，令

$$H(s)=\frac{1}{D(s)} \tag{2.35k}$$

则式(2.35j)可写为

$$X(s)=H(s)F(s)+H(s)\left[m\dot{x}_0+(ms+c)x_0\right] \tag{2.35l}$$

针对零初始条件，有

$$X(s)=H(s)F(s) \tag{2.35m}$$

参照控制理论，从式(2.35m)可以看出，$H(s)$ 就是传递函数。可将激励 $f(t)$ 视作系统的输入，零初始条件下系统的位移响应 $x(t)$ 视作系统的输出，传递函数 $H(s)$ 的物理意义就是输出的拉普拉斯变换与输入的拉普拉斯变换的比值。可以看出，令 $s=\mathrm{j}\omega$，$H(\mathrm{j}\omega)$ 就是系统的位移频响函数 $H_d(\omega)$。

我们来看一个例子，假设有阻尼单自由度系统初始静止，在 $t=0$ 时刻受到一单位阶跃激励 $u(t)$。对单位阶跃函数进行拉普拉斯变换，可得

$$F(s)=\int_0^{\infty}u(t)\mathrm{e}^{-st}\mathrm{d}t=\frac{1}{s} \tag{2.36a}$$

根据式(2.35m)，单位阶跃响应的拉普拉斯变换可写为

$$G(s)=H(s)F(s)=\frac{1}{ms(s^2+2\zeta\omega_n s+\omega_n^2)} \tag{2.36b}$$

为了利用典型函数的拉普拉斯变换对，式(2.36b)可改写为

$$G(s)=\frac{1}{k}\left(\frac{1}{s}-\frac{\zeta\omega_n+\mathrm{j}\omega_d}{\mathrm{j}2\omega_d}\frac{1}{s+\zeta\omega_n-\mathrm{j}\omega_d}+\frac{\zeta\omega_n-\mathrm{j}\omega_d}{\mathrm{j}2\omega_d}\frac{1}{s+\zeta\omega_n+\mathrm{j}\omega_d}\right) \tag{2.36c}$$

利用典型函数的拉普拉斯逆变换，可得单位阶跃响应为

$$g(t)=\mathscr{L}^{-1}[G(s)]=\frac{1}{k}\left[1-\frac{1}{\sqrt{1-\zeta^2}}\mathrm{e}^{-\zeta\omega_n t}\cos(\omega_d t-\phi)\right] \tag{2.36d}$$

其中

$$\phi=\arctan\frac{\zeta}{\sqrt{1-\zeta^2}} \tag{2.36e}$$

可以看到，上述用拉普拉斯变换获得的单位阶跃响应与卷积积分获得的式(2.31e)完全相同。

再来看另一个例子，假设无阻尼单自由度系统初始条件为 x_0、$\dot{x}_0$，在 $t=0$ 时刻受到一阶跃力 F_0。对阶跃力进行拉普拉斯变换，可得

$$F(s)=F_0\int_0^{\infty}\mathrm{e}^{-st}\,\mathrm{d}t=\frac{F_0}{s} \tag{2.37a}$$

对于无阻尼情况，传递函数可表示为

$$H(s)=\frac{1}{m(s^2+\omega_{\mathrm{n}}^2)} \tag{2.37b}$$

将式(2.37a)、式(2.37a)代入式(2.35l)，可得结构响应的拉普拉斯变换

$$X(s)=H(s)F(s)+H(s)(m\dot{x}_0+msx_0)=\frac{1}{s^2+\omega_{\mathrm{n}}^2}\left(\frac{F_0}{ms}+\dot{x}_0+sx_0\right) \tag{2.37c}$$

利用典型函数的拉普拉斯逆变换，结构响应可写为

$$x(t)=\mathscr{L}^{-1}[X(s)]=\frac{F_0}{k}(1-\cos\omega_{\mathrm{n}}t)+\frac{\dot{x}_0}{\omega_{\mathrm{n}}}\sin\omega_{\mathrm{n}}t+x_0\cos\omega_{\mathrm{n}}t \tag{2.37d}$$

式(2.37d)第一项即为阶跃力作用下的响应，而第二项、第三项就是初始条件引起的瞬态响应，与之前学习的无阻尼单自由度系统的自由振动响应表达式完全相同。

前面章节我们分别用卷积积分和傅里叶变换求解了矩形脉冲力作用下无阻尼单自由度系统的振动响应，但这两种方法不能考虑系统的初始条件，现在利用拉普拉斯变换来求解矩形脉冲下无阻尼单自由度系统的振动响应。假设无阻尼单自由度系统的初始条件为 x_0、$\dot{x}_0$，在 0 到 T 时刻受到了一幅值为 F_0 的矩形脉冲力激励，如式(2.32a)所示。根据单位阶跃函数的定义，矩形脉冲力可表示为式(2.32b)所示形式，即

$$f(t)=F_0[u(t)-u(t-T)]$$

根据单位阶跃响应的拉普拉斯变换以及拉普拉斯变换的时移性质，容易获得上述激励的拉普拉斯变换，即

$$F(s)=\mathscr{L}[f(t)]=\begin{cases}\dfrac{F_0}{s}, & 0\leqslant t\leqslant T\\[2mm] \dfrac{F_0}{s}(1-\mathrm{e}^{-Ts}), & t>T\end{cases} \tag{2.38a}$$

将式(2.38a)及无阻尼单自由度系统传递函数表达式(2.37b)代入式(2.35l)，可得结构响应的拉普拉斯变换

$$\begin{aligned}X(s)&=H(s)F(s)+H(s)(m\dot{x}_0+msx_0)\\&=\begin{cases}\dfrac{1}{s^2+\omega_{\mathrm{n}}^2}\left(\dfrac{F_0}{ms}+\dot{x}_0+sx_0\right), & 0\leqslant t\leqslant T\\[2mm] \dfrac{1}{s^2+\omega_{\mathrm{n}}^2}\left(\dfrac{F_0(1-\mathrm{e}^{-Ts})}{ms}+\dot{x}_0+sx_0\right), & t>T\end{cases}\end{aligned} \tag{2.38b}$$

再利用典型函数的拉普拉斯逆变换，可得时域振动响应

$$x(t)=\begin{cases}\dfrac{F_0}{k}(1-\cos\omega_n t)+\dfrac{\dot{x}_0}{\omega_n}\sin\omega_n t+x_0\cos\omega_n t, & 0\leqslant t\leqslant T\\ \dfrac{F_0}{k}\{\cos[\omega_n(t-T)]-\cos(\omega_n t)\}+\dfrac{\dot{x}_0}{\omega_n}\sin\omega_n t+x_0\cos\omega_n t, & t>T\end{cases}\tag{2.38c}$$

可以看到,式(2.38c)不计及初始条件的部分与卷积积分法获得的结果式(2.32f)以及傅里叶变换法获得的结果式(2.34f)完全相同。

2.3.4 冲击响应谱

在工程实际中,系统经常会受到作用时间很短的载荷(一般小于系统固有周期或与系统固有周期相当),我们将其称为冲击载荷,图 2.39 给出了工程中常见的几种冲击载荷波型。冲击载荷本质上属于任意激励,可采用 2.3.3 节中的任何一种方法求解其振动响应。系统对冲击载荷的响应可能长达系统固有周期的几倍,在冲击作用前后其响应一般具有不同的规律。冲击响应可分为前响应和后响应两个阶段,前响应是指冲击作用期间的响应,后响应是指冲击作用结束后的响应。系统冲击响应的大小取决于系统本身特性以及冲击载荷特性(包括冲击的峰值 F_0、持续时间 T_0 以及波形)。

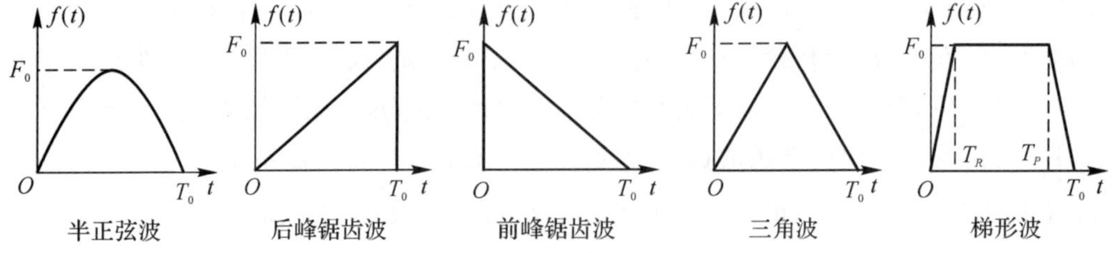

图 2.39 典型的冲击载荷

通常,冲击会使系统的位移、速度、加速度或应力应变发生明显的增大,针对冲击载荷作用下的系统响应问题,人们关注的也是响应的最大值。响应最大值取决于冲击作用持续时间及系统固有频率(或固有周期),可能出现在前响应,也可能出现在后响应。

冲击响应谱就是反映冲击载荷作用下单自由度系统的最大响应(最大位移、速度、加速度或其他关注的量)随系统固有频率(或固有周期)变化的曲线。通常,针对冲击时的位移响应,以冲击作用时间与系统固有周期之比为横坐标、以系统无量纲位移响应(冲击位移响应与静变形之比)最大值为纵坐标来绘制冲击响应谱。一旦获得系统对应某特定激励的冲击响应谱,只需要知道系统的固有频率就能求得其最大响应。下面将通过无阻尼单自由度系统在半正弦波冲击作用下的响应求解来说明如何绘制冲击响应谱。

无阻尼单自由度系统在图 2.39 所示的半正弦波冲击作用下,系统的振动方程为

$$m\ddot{x}(t)+kx(t)=\begin{cases}F_0\sin\omega t, & 0\leqslant t\leqslant T_0\\ 0, & t>T_0\end{cases}\tag{2.39a}$$

其中,$\omega=\pi/T_0$。利用 2.3.1.1 节中的三角函数解法,容易获得零初始条件下,系统在 $0\leqslant$

$t \leqslant T_0$ 时的响应为

$$x(t)=\frac{X_0}{1-\gamma^2}(\sin\omega t-\gamma\sin\omega_n t) \tag{2.39b}$$

其中，$X_0=F_0/k$ 称为静位移。将频率比 $\gamma=\omega/\omega_n$、外激励频率 $\omega=\pi/T_0$ 以及固有频率 $\omega_n=2\pi/T_n$ 代入式(2.39b)，可得

$$\frac{x(t)}{X_0}=\frac{1}{1-\left(\frac{T_n}{2T_0}\right)^2}\left(\sin\frac{\pi t}{T_0}-\frac{T_n}{2T_0}\sin\frac{2\pi t}{T_n}\right) \tag{2.39c}$$

现在，讨论 $t>T_0$ 时系统的响应，此时系统的响应相当于系统以 $t=T_0$ 时的位移及速度为初始条件的自由振动，根据式(2.39c) 可知，系统在 $t=T_0$ 的位移及速度分别为

$$x(T_0)=\frac{X_0}{1-\left(\frac{T_n}{2T_0}\right)^2}\left(-\frac{T_n}{2T_0}\sin\frac{2\pi T_0}{T_n}\right) \tag{2.39d}$$

$$\dot{x}(T_0)=\frac{X_0}{1-\left(\frac{T_n}{2T_0}\right)^2}\left(-\frac{\pi}{T_0}-\frac{\pi}{T_0}\cos\frac{2\pi T_0}{T_n}\right) \tag{2.39e}$$

此时，可假设系统位移响应的通解为

$$x(t)=C\sin\omega_n t+D\cos\omega_n t \tag{2.39f}$$

将上述(初始) 条件式(2.39d) 及式(2.39e) 代入式(2.39f)，可得

$$\frac{x(t)}{X_0}=\frac{\frac{T_n}{2T_0}}{1-\left(\frac{T_n}{2T_0}\right)^2}\left[\sin\left(\frac{2\pi T_0}{T_n}-\frac{2\pi t}{T_n}\right)-\sin\frac{2\pi t}{T_n}\right] \tag{2.39g}$$

注意到式(2.39b) 表示的系统响应，当 $\gamma=1$(即 $T_n=2T_0$) 时，系统发生共振，此时不能直接采用式(2.39b) 计算 $x(t)/X_0$ 的最大值，可参与 2.3.1.1 节中无阻尼共振的建立过程来分析，此时，系统在 $0\leqslant t\leqslant T_0$ 时的响应为

$$x(t)=\frac{X_0\omega_n t}{2}\sin\left(\omega_n t-\frac{\pi}{2}\right) \tag{2.39h}$$

类似地，可改写为

$$\frac{x(t)}{X_0}=\frac{\pi}{T_n}t\sin\left(\frac{2\pi t}{T_n}-\frac{\pi}{2}\right) \tag{2.39i}$$

这种情况下，当 $t=T_0$ 时

$$x(T_0)=\frac{X_0\pi}{2} \tag{2.39j}$$

$$\dot{x}(T_0)=\frac{X_0\pi}{T_n} \tag{2.39k}$$

同理，根据式(2.39f) 表示的 $t>T_0$ 时的通解，可知系统在 $t>T_0$ 时响应的表达式为

$$\frac{x(t)}{X_0}=-\frac{1}{2}\sin\frac{2\pi t}{T_n}-\frac{\pi}{2}\cos\frac{2\pi t}{T_n} \tag{2.39l}$$

这样，利用式(2.39c)、式(2.39g) 以及式(2.39h)、式(2.39l) 就可以计算出以 T_0/T_n 为

横坐标、$x(t)/X_0$ 的最大值为纵坐标的冲击响应谱，如图 2.40 所示。

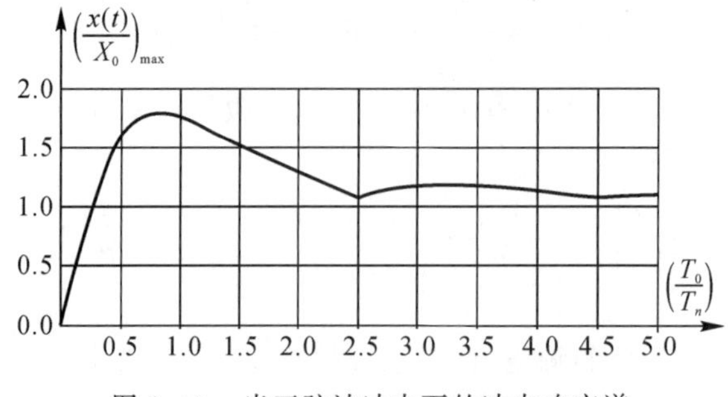

图 2.40　半正弦波冲击下的冲击响应谱

思考与练习题

1. 针对垂直方向振动的单自由度系统，给出测量其固有频率的一种最简便的方法。

2. 在飞行器强度校核中，通过结构振动分析获得的(振)动载荷(轴力、剪力、弯矩、扭矩)，通常需要与静载荷叠加在一起来进行结构强度校核，为什么?

3. 在建立振动方程时，何时可以不考虑重力，何时必须考虑重力?

4. 简述在何种情况下，简谐力激励下的单自由度系统振动响应为拍振，并通过虚拟实验进行验证。

5. 查阅资料，搜集航空工程中或日常生活中避免共振的一些基本原则做法。例如，旋翼设计的基本要求就是旋翼的固有频率要远离旋翼的旋转频率。

6. 推导旋转不平衡质量引起的稳态响应下的力传递率(即振动状态下经弹簧和阻尼器传递到地面的力与静止状态下传递到地面上的力的比值)，并分析频率比及阻尼比对力传递率的影响。

7. 惯性式传感器是基于基础运动激励的一种传感器，可设计为位移计，也可设计为加速度计，尤其是基于惯性式传感器研制的压电式加速度计，更是振动测试最常用的传感器。查阅资料，结合公式推导简述惯性式传感器的工作原理。

8. 通过分析简谐力激励下的位移放大率、旋转不平衡激励下的放大因子以及基础做简谐运动下的位移传递率公式及对应曲线，简述这三者之间的异同点，并给出减缓这三种激励下振动响应的普遍原则。

9. 推导基础做周期性运动下的单自由度系统稳态响应表达式，建立其位移传递率公式并分析其振动特征。

10. 结合单自由度系统的位移频响函数 $H_d(\omega)$ 的定义，编写绘制其幅值 / 相位-频率曲线、实部 / 虚部-频率曲线、实部-虚部曲线的程序，任意给定几组不同的系统参数绘制频响函数曲线，并定性说明利用频响函数如何识别系统的固有频率。

11. 预警机天线罩直径为 5 m、质量为 500 kg(不计天线罩厚度、质量均匀分布)，在其中心位置用 1 根长度为 0.5 m、截面直径 0.2 m 的铝梁支撑在预警机上(见题 11 图)。求天线罩绕着铝梁扭转振动及弯曲振动的固有频率。

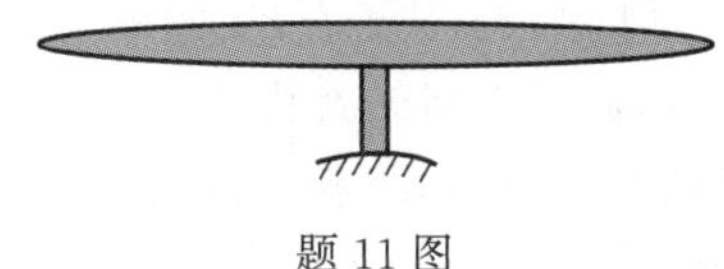

题 11 图

12. 卫星包含了 4 个尺寸为 1.5 m×1 m×0.025 m、密度为 2 690 kg/m^3 的太阳能板，分别通过 4 根长度为 0.3 m、直径为 25 mm 的铝杆连接到卫星主体(见题 12 图)。假设卫星主体刚度很大，求太阳能板绕着铝杆轴线转动的固有频率。

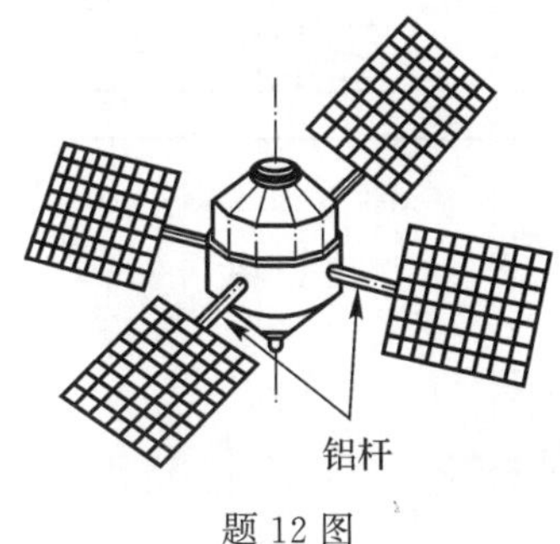

题 12 图

13. 人骑自行车可简化为一个弹簧-质量-阻尼系统，其质量、刚度及阻尼系数分别为 80 kg、50 000 N/m 及 1 000 N·s/m。若路面高度有如题 13 图所示的突然变化，当自行车速度为 18 km/h 时，求自行车从进入 A 点前到离开 C 点过程中的垂向位移时域历程。假设自行车进入 A 点以前已经在平直路面骑行了很长时间。

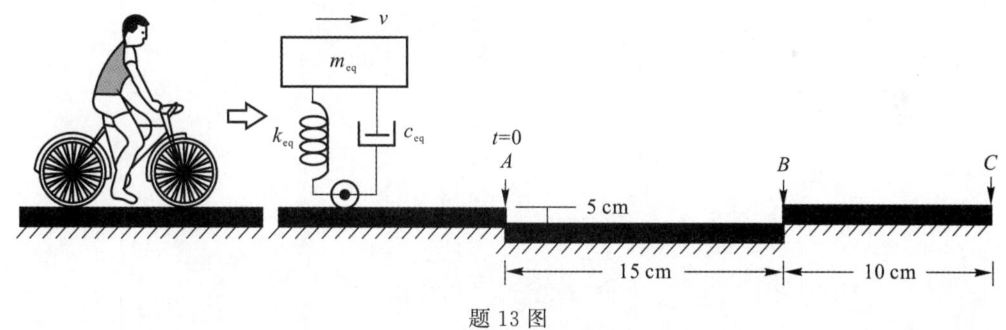

题 13 图

14. 如题 14 图所示，长度为 l 的刚性杆(忽略其质量)一端铰接在基础上，中心安装有一质量为 m 的钢球及与基础连接的刚度为 k 的弹簧，在其自由度安装有阻尼系数为 c 的阻尼器，建立系统的振动方程，并求解其固有频率及有阻尼固有频率。若将弹簧和阻尼的安装位置互换，建立其振动方程并求解其固有频率及有阻尼固有频率。

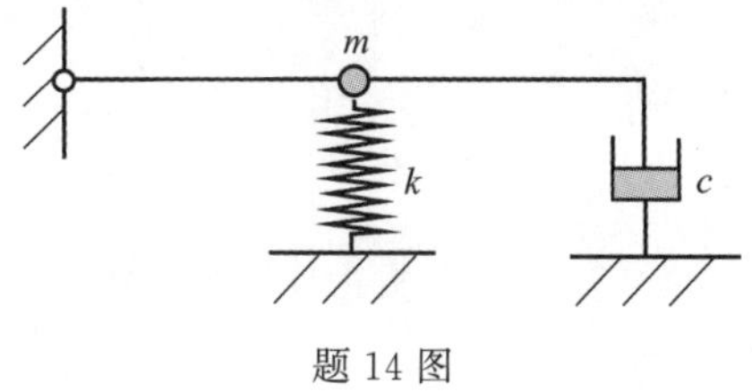

题 14 图

15. 如题15图所示，在长度为L、抗弯刚度为EI的两端固支梁中心，用刚度系数为k的弹簧支撑了一个质量为M的电机，假设电机转速为N r/min、转子偏心质量为m、偏心距为e，忽略梁的质量，建立电机的垂向振动方程，求解其固有频率及稳态响应，并分析梁长度、抗弯刚度对其稳态响应的影响规律。

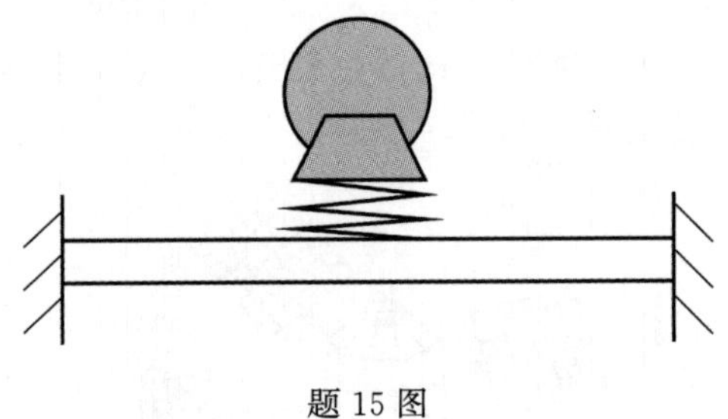

题15图

第 3 章 多自由度系统振动

3.1 概 述

在前面我们已经讲述了，振动系统的自由度数就是描述系统运动所必需的独立坐标数，如果一个振动系统的运动需要两个独立的坐标来描述，这个系统就是两自由度系统。具有两个及两个以上自由度的系统称为多自由度系统。在工程实际中，有许多系统可以简化为两自由系统或多自由度系统来进行振动分析。在研究飞机着陆滑跑时(见图 3.1)：若仅作初步分析，可将飞机简化为刚体并只考虑其垂向运动及俯仰运动的两自由度系统[见图 3.2(a)]；若初步分析需同时考虑起落架下部质量(即机轮)的运动，则可以简化为四自由度系统[见图 3.2(b)]；当然，在飞机着陆滑跑响应的详细分析过程中，应将飞机本身也进行有限元离散，进而获得充分考虑飞机弹性特性的多自由度系统。

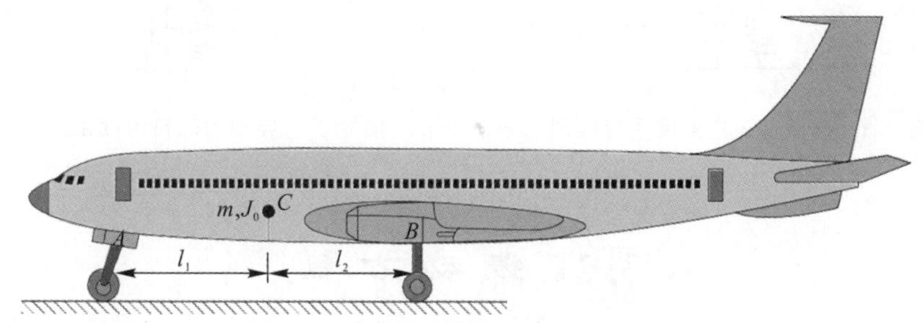

图 3.1 飞机着陆滑跑模型示意图

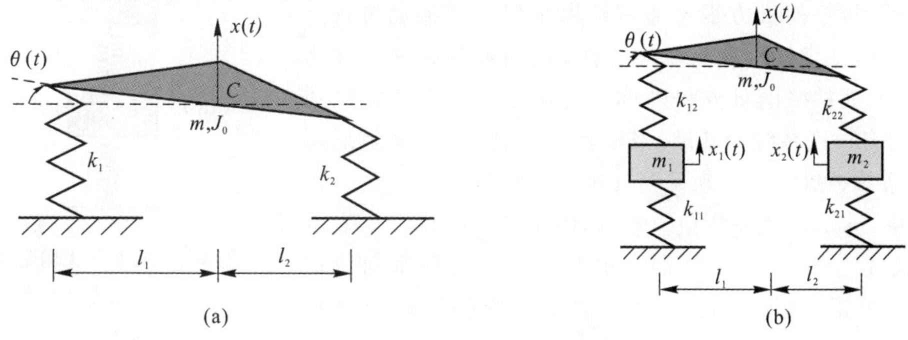

图 3.2 飞机着陆滑跑模型的简化

(a)两自由度模型； (b)四自由度模型

第 2 章介绍的单自由度系统的振动分析理论是多自由度系统振动分析的基础，许多在单自由度系统的振动分析中形成的概念、原理、方法和结论，稍加拓展都可以应用到多自由度系统的振动分析中。在研究多自由度系统时，通常采用图 3.3 所示的弹簧-质量-阻尼系统模型。与单自由度系统相比，多自由度系统振动分析中新出现的一个最重要的概念是固有振型。另外，线性系统的叠加原理仍然适用于多自由度系统。当多自由度系统仅包含两个自由度时，就组成了一种最简单的多自由度系统——两自由度系统，如图 3.4 所示，它具有多自由度系统的基本振动特征和性质，对它的分析几乎涉及多自由度系统振动分析的所有原理、概念和方法。因此，本章后续部分大都采用两自由度系统来介绍多自由度系统振动理论。

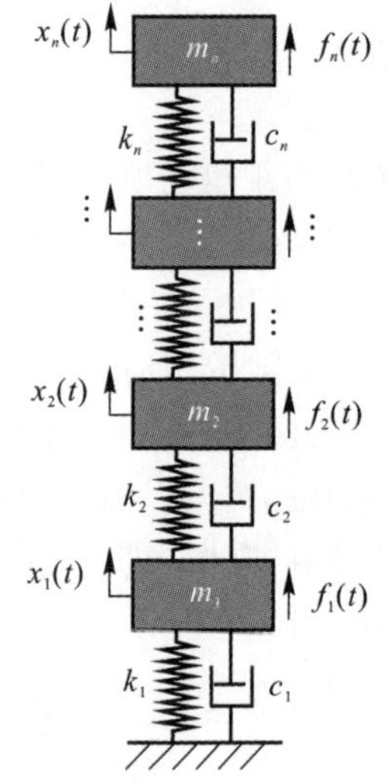

图 3.3 典型的多自由度系统模型

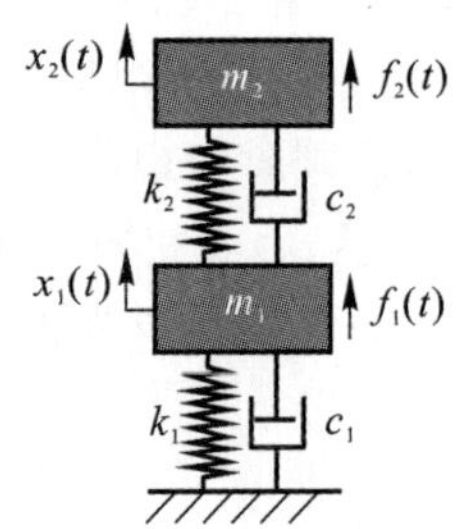

图 3.4 典型的两自由度系统模型

3.2 振动方程

对多自由度系统，除了采用牛顿第二运动定律、达朗贝尔原理外，拉格朗日方程也通常被用来建立其振动方程。牛顿第二运动定律也称为基本方法，达朗贝尔原理也称为工程方法，而拉格朗日方程则称为普遍方法。本节将以图 3.4 的两自由度系统为基础，忽略其阻尼特性，即无阻尼两自由度系统(见图 3.5)来说明其振动方程的建立方法。在图 3.5 中：m_1、m_2 表示集中质量，即两个自由度；k_1、k_2 表示刚度系数；$x_1(t)$、$x_2(t)$ 分别表示两个自由度的垂向位移(取向上为正，其坐标原点为各质量块的静平衡位置)；$f_1(t)$、$f_2(t)$ 表示分别作用在两个自由度上的外力。根据单自由度系统振动方程建立过程中的结论，研究铅锤方向运动时，以各质量块的静平衡位置为其坐标原点，在受力分析中可

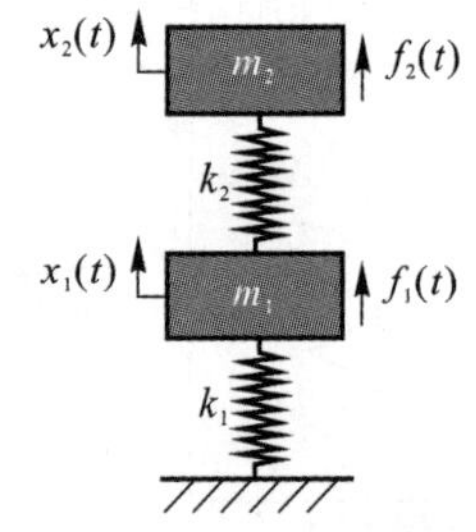

图 3.5 典型的无阻尼两自由度系统模型

不考虑重力及重力引起的弹性力。

3.2.1　基本方法:牛顿第二运动定律

假设质量块 m_1 有正向位移 $x_1(t)$、质量块 m_2 有正向位移 $x_2(t)$,且 $x_2(t) > x_1(t)$,两个质量块的受力分析如图 3.6 所示。

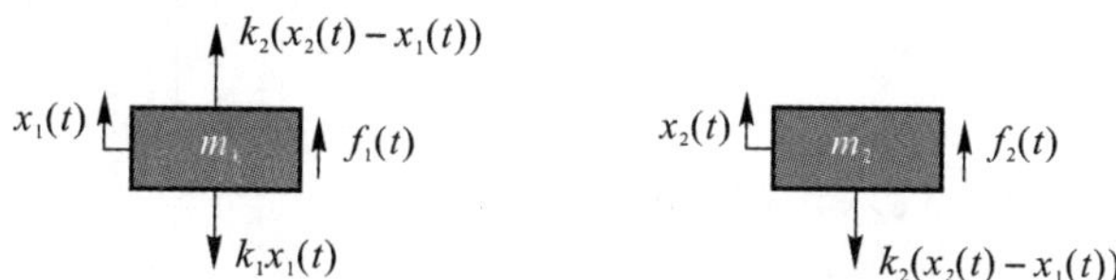

图 3.6　典型无阻尼两自由度系统模型的受力分析

分别利用牛顿第二运动定律,可得

$$m_1\ddot{x}_1(t) = f_1(t) - k_1x_1(t) + k_2[x_2(t) - x_1(t)] \tag{3.1a}$$

$$m_2\ddot{x}_2(t) = f_2(t) - k_2[x_2(t) - x_1(t)] \tag{3.1b}$$

写成矩阵形式,有

$$\boldsymbol{M}\ddot{\boldsymbol{x}}(t) + \boldsymbol{K}\boldsymbol{x}(t) = \boldsymbol{f}(t) \tag{3.1c}$$

式中:$\boldsymbol{M}$ 为质量矩阵;$\boldsymbol{K}$ 为刚度矩阵;$\boldsymbol{x}(t)$ 为位移向量;$\boldsymbol{f}(t)$ 称为激励力向量。其表达式分别为

$$\boldsymbol{M} = \begin{bmatrix} m_1 & 0 \\ 0 & m_2 \end{bmatrix} \tag{3.1d}$$

$$\boldsymbol{K} = \begin{bmatrix} k_1 + k_2 & -k_2 \\ -k_2 & k_2 \end{bmatrix} \tag{3.1e}$$

$$\boldsymbol{x}(t) = \begin{Bmatrix} x_1(t) \\ x_2(t) \end{Bmatrix} \tag{3.1f}$$

$$\boldsymbol{f}(t) = \begin{Bmatrix} f_1(t) \\ f_2(t) \end{Bmatrix} \tag{3.1g}$$

可以看出,两自由度系统的振动方程是一个包含两个微分方程的方程组,质量矩阵、刚度矩阵为 2×2 矩阵,位移、速度、加速度、外激励均为包含两个元素的列向量。以此类推,N 自由度系统的振动方程是一个包含 N 个微分方程的方程组,质量矩阵、刚度矩阵为 $N\times N$ 矩阵,位移、速度、加速度、外激励均为包含 N 个元素的列向量。

3.2.2　工程方法:达朗贝尔原理

根据达朗贝尔原理,可将虚加的惯性力与实际的外力统称为“外载荷”,可表示为

$$\widetilde{\boldsymbol{f}} = \begin{Bmatrix} \widetilde{f}_1 \\ \widetilde{f}_2 \end{Bmatrix} = \begin{Bmatrix} f_1(t) - m_1\ddot{x}_1(t) \\ f_2(t) - m_2\ddot{x}_2(t) \end{Bmatrix} \tag{3.2a}$$

利用虚加的惯性力,就可将动力学问题转化为静力学问题,系统的平衡方程可写为

$$\widetilde{\boldsymbol{f}} = \boldsymbol{K}\boldsymbol{x} \tag{3.2b}$$

式中:$\boldsymbol{x}$ 为系统位移向量,表达式见式(3.2d);$\boldsymbol{K}$ 为刚度矩阵,针对两自由度系统其一般表达

式为

$$\boldsymbol{K}=\begin{bmatrix}k_{11} & k_{12}\\ k_{21} & k_{22}\end{bmatrix} \tag{3.2c}$$

这样，利用达朗贝尔原理建立振动方程的核心问题就转化为刚度矩阵 $\boldsymbol{K}$ 的求解。刚度矩阵可采用结构力学中的相关方法获取，这里简要介绍工程中常用的刚度法和柔度法两种方法。

1. *刚度法*

将式(3.2a)及式(3.2c)代入式(3.2b)，可得

$$\begin{Bmatrix}\tilde{f}_1\\ \tilde{f}_2\end{Bmatrix}=\begin{bmatrix}k_{11} & k_{12}\\ k_{21} & k_{22}\end{bmatrix}\begin{Bmatrix}x_1\\ x_2\end{Bmatrix} \tag{3.3a}$$

刚度法的具体实施步骤为：① 将第1个自由度的位移设为1、其余自由度位移设为0；② 根据式(3.3a)获得刚度系数与外载荷的关系；③ 分析要满足给定位移条件下各个自由度上的外载荷；④ 重复①～③步，分别将后续各个自由度的位移设为1、其余自由度位移设为0，求解其余刚度系数。

针对本例，令 $x_1=1, x_2=0$，对于第1个自由度

$$k_{11}=\tilde{f}_1=k_1+k_2 \tag{3.3b}$$

对于第2个自由度

$$k_{21}=\tilde{f}_2=-k_2 \tag{3.3c}$$

再令 $x_1=0, x_2=1$，对于第1个自由度，可得

$$k_{12}=\tilde{f}_1=-k_2 \tag{3.3d}$$

对于第2个自由度，可得

$$k_{22}=\tilde{f}_2=k_2 \tag{3.3e}$$

则可得到与式(3.1e)完全一致的刚度矩阵。

再将式(3.1e)及式(3.2a)代入式(3.2b)，整理可得与式(3.1c)完全相同的方程组，即

$$\boldsymbol{M}\ddot{\boldsymbol{x}}(t)+\boldsymbol{K}\boldsymbol{x}(t)=\boldsymbol{f}(t)$$

其中，质量矩阵 $\boldsymbol{M}$、刚度矩阵 $\boldsymbol{K}$、位移向量 $\boldsymbol{x}(t)$ 及激励力向量 $\boldsymbol{f}(t)$ 的表达式见式(3.1d)～式(3.1g)。

2. *柔度法*

系统的平衡方程式(3.2b)还可利用柔度矩阵写为

$$\boldsymbol{x}=\boldsymbol{R}\tilde{\boldsymbol{f}} \tag{3.4a}$$

其中，$\boldsymbol{R}$ 为柔度矩阵，针对两自由度系统其一般表达式为

$$\boldsymbol{R}=\begin{bmatrix}r_{11} & r_{12}\\ r_{21} & r_{22}\end{bmatrix} \tag{3.4b}$$

将式(3.2a)及式(3.4b)代入式(3.4a)，可得

$$\begin{Bmatrix}x_1\\ x_2\end{Bmatrix}=\begin{bmatrix}r_{11} & r_{12}\\ r_{21} & r_{22}\end{bmatrix}\begin{Bmatrix}\tilde{f}_1\\ \tilde{f}_2\end{Bmatrix} \tag{3.4c}$$

柔度法的具体实施步骤为:① 给第 1 个自由度施加单位力、其余自由度不施加载荷;② 根据式(3.4c)获得柔度系数与各自由度位移的关系;③ 分析给定载荷条件下各个自由度上的位移;④ 重复 ① ~ ③ 步,分别给后续各个自由度施加单位力、其余自由度不施加载荷,求解其余柔度系数。

针对本例,令$\tilde{f}_1=1$,$\tilde{f}_2=0$,对于第1个自由度,根据受力分析易知仅有弹簧k_1起作用,则

$$r_{11}=x_1=\frac{1}{k_1} \tag{3.4d}$$

对于第 2 个自由度,由于弹簧不会发生变形,两个自由度位移相等,即

$$r_{21}=x_2=x_1=\frac{1}{k_1} \tag{3.4e}$$

令 $\tilde{f}_1=0$,$\tilde{f}_2=1$,对于第 2 个自由度,相当于 k_1 与 k_2 串联

$$r_{22}=x_2=\frac{1}{\dfrac{k_1k_2}{k_1+k_2}}=\frac{k_1+k_2}{k_1k_2} \tag{3.4f}$$

对于第 1 个自由度,根据串联弹簧任一处力相等原则,弹簧 k_1 上的力也为 1,则

$$r_{12}=x_1=\frac{1}{k_1} \tag{3.4g}$$

可得到柔度矩阵为

$$\boldsymbol{R}=\begin{bmatrix}\dfrac{1}{k_1} & \dfrac{1}{k_1}\\ \dfrac{1}{k_1} & \dfrac{k_1+k_2}{k_1k_2}\end{bmatrix}=\frac{1}{k_1k_2}\begin{bmatrix}k_2 & k_2\\ k_2 & k_1+k_2\end{bmatrix} \tag{3.4h}$$

再将式(3.4h) 及式(3.2a) 代入式(3.4a),有

$$\frac{1}{k_1k_2}\begin{bmatrix}k_2 & k_2\\ k_2 & k_1+k_2\end{bmatrix}\begin{Bmatrix}f_1(t)-m_1\ddot{x}_1(t)\\ f_2(t)-m_2\ddot{x}_2(t)\end{Bmatrix}=\begin{Bmatrix}x_1(t)\\ x_2(t)\end{Bmatrix} \tag{3.4i}$$

利用矩阵求逆,整理可得与式(3.1c) 完全相同的方程组,即

$$\boldsymbol{M}\ddot{\boldsymbol{x}}(t)+\boldsymbol{K}\boldsymbol{x}(t)=\boldsymbol{f}(t)$$

式中,质量矩阵 $\boldsymbol{M}$、刚度矩阵 $\boldsymbol{K}$、位移向量 $\boldsymbol{x}(t)$ 及激励力向量 $\boldsymbol{f}(t)$ 的表达式见式(3.1d) ~ 式(3.1g)。

根据柔度法的操作步骤可知,其非常适用于根据实验测试数据的建模之中,此时只需逐一给单个自由度施加单位载荷(实验操作简便),并测试所有自由度的位移(各种位移测试方法均可使用),即可获得系统的柔度矩阵。反之,刚度法就不太适合利用实验测试数据的建模之中,原因是刚度法需要逐一给某一自由度施加单位位移、其他自由度保持不动(实验操作较为困难),且需要测试各个连接弹簧上的载荷(实验操作也较为困难)。

3. 工程中的一般处理方法

对于一个实际工程结构,如飞机结构,如果在做振动分析之前,已经先做了静力分析,则刚度矩阵 $\boldsymbol{K}$ 是现成的,只需准备系统的质量矩阵 $\boldsymbol{M}$,就可建立其振动方程。质量矩阵 $\boldsymbol{M}$ 的建立方法很多,但最常用的就是采用集中质量的方式,将质量特性集中于系统的各个自由度

上，再根据达朗贝尔原理，即可建立系统的振动方程。

3.2.3 普遍方法：拉格朗日方程

采用理论力学中学习过的拉格朗日方程来建立多自由度系统振动方程时，具有不必取分离体进行受力分析、格式统一、步骤分明等优点。广义坐标的选取是利用拉格朗日方程的基础，因此首先需要再阐述一下广义坐标的概念。如前所述，描述系统运动所需的独立参数的个数就是系统的自由度数，而这些用来描述系统运动形态的独立参数也称为广义坐标。必须强调的是：① 广义坐标的选取不是唯一的，可以选取不同的广义坐标来描述同一个系统的运动，并且会建立不同的振动方程；② 广义坐标可以是能够度量的物理坐标，也可以是不具有明显物理意义的广义参数。

拉格朗日方程的一般形式可表示为

$$\frac{\mathrm{d}}{\mathrm{d}t}\left(\frac{\partial T}{\partial \dot{q}_i}\right)-\frac{\partial T}{\partial q_i}+\frac{\partial V}{\partial q_i}=p_i,\qquad i=1,2,\cdots,N \tag{3.5a}$$

式中：q_i 为广义坐标；$\dot{q}_i$ 为广义速度；T 为系统的动能；V 为系统的势能；p_i 为相对于广义坐标 q_i 的非保守广义力，它可能是耗散(阻尼)力或其他非有势力(如外激励力)。在上述求导过程中，应将 $\dot{q}$ 与 q 看成相互独立的变量。系统动能、势能的一般形式分别为

$$T=\frac{1}{2}\sum_{i=1}^{N}\sum_{j=1}^{N}m_{ij}\dot{q}_i\dot{q}_j=\frac{1}{2}\dot{\boldsymbol{q}}^{\mathrm{T}}\boldsymbol{M}\dot{\boldsymbol{q}} \tag{3.5b}$$

$$V=\frac{1}{2}\sum_{i=1}^{N}\sum_{j=1}^{N}k_{ij}q_iq_j=\frac{1}{2}\boldsymbol{q}^{\mathrm{T}}\boldsymbol{K}\boldsymbol{q} \tag{3.5c}$$

式中：$\boldsymbol{q}=\{q_1,q_2,\cdots,q_N\}^{\mathrm{T}}$ 表示广义坐标向量；$\dot{\boldsymbol{q}}$ 表示广义速度向量；$\boldsymbol{M}$、$\boldsymbol{K}$ 分别为质量矩阵、刚度矩阵，其一般形式为

$$\boldsymbol{M}=\begin{bmatrix} m_{11} & m_{12} & \cdots & m_{1N}\\ m_{21} & m_{22} & \cdots & m_{2N}\\ \vdots & \vdots & & \vdots\\ m_{N1} & m_{N2} & \cdots & m_{NN}\end{bmatrix} \tag{3.5d}$$

$$\boldsymbol{K}=\begin{bmatrix} k_{11} & k_{12} & \cdots & k_{1N}\\ k_{21} & k_{22} & \cdots & k_{2N}\\ \vdots & \vdots & & \vdots\\ k_{N1} & k_{N2} & \cdots & k_{NN}\end{bmatrix} \tag{3.5e}$$

针对图 3.5 所示的无阻尼两自由度系统模型，取物理坐标 x_1 及 x_2 为广义坐标，则系统的动能、势能及广义力分别为

$$T=\frac{1}{2}m_1\dot{x}_1^2(t)+\frac{1}{2}m_2\dot{x}_2^2(t) \tag{3.6a}$$

$$V=\frac{1}{2}k_1x_1^2(t)+\frac{1}{2}k_2\left[x_1(t)-x_2(t)\right]^2 \tag{3.6b}$$

$$p_1=f_1(t) \tag{3.6c}$$

$$p_2=f_2(t) \tag{3.6d}$$

将式(3.6a)、式(3.6b)、式(3.6c)代入拉格朗日方程式(3.5a)并针对广义坐标x_1，可得

$$m_1\ddot{x}_1(t)+(k_1+k_2)x_1(t)-k_2x_2(t)=f_1(t) \tag{3.6e}$$

同理，将式(3.6a)、式(3.6b)、式(3.6d)代入拉格朗日方程式(3.5a)并针对广义坐标x_2，可得

$$m_2\ddot{x}_2(t)-k_2x_1(t)+k_2x_2(t)=f_2(t) \tag{3.7f}$$

整理可得与式(3.1c)完全相同的方程组，即

$$\boldsymbol{M}\ddot{\boldsymbol{x}}(t)+\boldsymbol{K}\boldsymbol{x}(t)=\boldsymbol{f}(t)$$

式中，质量矩阵$\boldsymbol{M}$、刚度矩阵$\boldsymbol{K}$、位移向量$\boldsymbol{x}(t)$及激励力向量$\boldsymbol{f}(t)$的表达式见式(3.1d)～式(3.1g)。

对图 3.5 所示的质量-弹簧系统，尚不能显著表现出拉格朗日方程的优势。对于无法取分离体的系统，使用牛顿第二运动定律或达朗贝尔原理来建立振动方程就非常困难，但使用拉格朗日方程就很方便。我们来看下面的例子。

一个二元机翼，只能在其平面内做刚体运动，即上下沉浮运动和绕刚心C的俯仰运动，机翼质量为m，绕质心O的转动惯量为J_0，质心到刚心的距离为e，如图3.7所示。采用拉格朗日方程来建立其自由振动方程。

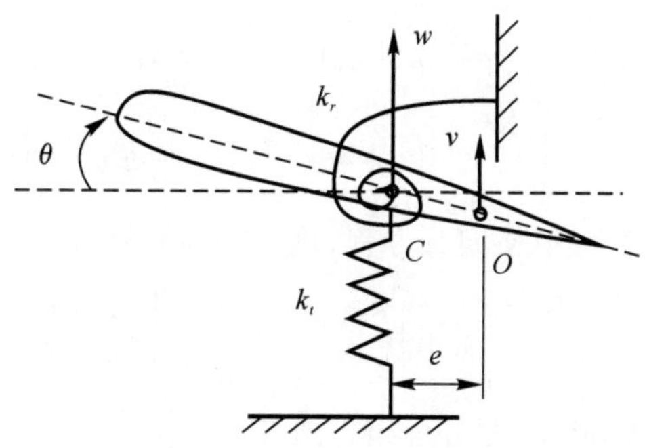

图 3.7　二元机翼振动系统

对这样一个两自由度系统，由一个平动(刚心C的平移位移w或质心O的平移位移v)，一个转动自由度(绕刚心的转角θ)。需要注意的是，不管是对于沉浮平动还是俯仰转动，机翼重力或重力产生的力矩均为常数，若以其静平衡位置为坐标原点，则在方程建立过程中不必考虑重力。

方法 1:取俯仰角$\theta(t)$，刚心平移位移$w(t)$为广义坐标。

易知，$v(t)=w(t)-e\tan[\theta(t)]\approx w(t)-e\theta(t)$，则$\dot{v}(t)\approx\dot{w}(t)-e\dot{\theta}(t)$，机翼的动能和势能分别为

$$T=\frac{1}{2}m\left[\dot{w}(t)-e\dot{\theta}(t)\right]^2+\frac{1}{2}J_0\dot{\theta}^2(t) \tag{3.7a}$$

$$V=\frac{1}{2}k_tw^2(t)+\frac{1}{2}k_r\theta^2(t) \tag{3.7b}$$

系统无阻尼，也不受外激励力作用。将T、V表达式代入拉格朗日方程，可以得到振动微分方程为

$$\begin{bmatrix} m & -me \\ -me & J_0+me^2 \end{bmatrix}\begin{Bmatrix} \ddot{w}(t) \\ \ddot{\theta}(t) \end{Bmatrix}+\begin{bmatrix} k_t & 0 \\ 0 & k_r \end{bmatrix}\begin{Bmatrix} w(t) \\ \theta(t) \end{Bmatrix}=\begin{Bmatrix} 0 \\ 0 \end{Bmatrix} \tag{3.7c}$$

上述方程也可写为矩阵形式，即方程组(3.1c)

$$\boldsymbol{M}\ddot{\boldsymbol{x}}(t)+\boldsymbol{K}\boldsymbol{x}(t)=\boldsymbol{f}(t)$$

式中，质量矩阵 $\boldsymbol{M}$、刚度矩阵 $\boldsymbol{K}$、位移向量 $\boldsymbol{x}(t)$ 及激励力向量 $\boldsymbol{f}(t)$ 分别为

$$\boldsymbol{M}=\begin{bmatrix} m & -me \\ -me & J_0+me^2 \end{bmatrix} \tag{3.7d}$$

$$\boldsymbol{K}=\begin{bmatrix} k_t & 0 \\ 0 & k_r \end{bmatrix} \tag{3.7e}$$

$$\boldsymbol{x}(t)=\begin{Bmatrix} w(t) \\ \theta(t) \end{Bmatrix} \tag{3.7f}$$

$$\boldsymbol{f}(t)=\begin{Bmatrix} 0 \\ 0 \end{Bmatrix} \tag{3.7g}$$

方法 2：取俯仰角 $\theta(t)$，质心平移位移 $v(t)$ 为广义坐标。

同理，$w(t)\approx v(t)+e\theta(t)$，机翼的动能和势能分别为

$$T=\frac{1}{2}m\dot{v}^2(t)+\frac{1}{2}J_0\dot{\theta}^2(t) \tag{3.7h}$$

$$V=\frac{1}{2}k_t\left[v(t)+e\theta(t)\right]^2+\frac{1}{2}k_r\theta^2(t) \tag{3.7i}$$

同样，将 T、V 表达式代入拉格朗日方程，可以得到振动微分方程为

$$\begin{bmatrix} m & 0 \\ 0 & J_0 \end{bmatrix}\begin{Bmatrix} \ddot{v}(t) \\ \ddot{\theta}(t) \end{Bmatrix}+\begin{bmatrix} k_t & k_te \\ k_te & k_r+k_te^2 \end{bmatrix}\begin{Bmatrix} v(t) \\ \theta(t) \end{Bmatrix}=\begin{Bmatrix} 0 \\ 0 \end{Bmatrix} \tag{3.7j}$$

上述方程也可写为矩阵形式，即方程组(3.1c)

$$\boldsymbol{M}\ddot{\boldsymbol{x}}(t)+\boldsymbol{K}\boldsymbol{x}(t)=\boldsymbol{f}(t)$$

式中，质量矩阵 $\boldsymbol{M}$、刚度矩阵 $\boldsymbol{K}$、位移向量 $\boldsymbol{x}(t)$ 及激励力向量 $\boldsymbol{f}(t)$ 分别为

$$\boldsymbol{M}=\begin{bmatrix} m & 0 \\ 0 & J_0 \end{bmatrix} \tag{3.7k}$$

$$\boldsymbol{K}=\begin{bmatrix} k_t & k_te \\ k_te & k_r+k_te^2 \end{bmatrix} \tag{3.7l}$$

$$\boldsymbol{x}(t)=\begin{Bmatrix} v(t) \\ \theta(t) \end{Bmatrix} \tag{3.7m}$$

$$\boldsymbol{f}(t)=\begin{Bmatrix} 0 \\ 0 \end{Bmatrix} \tag{3.7n}$$

可以看到，方法 1 与方法 2 获得的系统振动方程并不一样。对于方法 1，质量阵是非对角阵，刚度阵是对角阵，称该振动方程是惯性耦合(质量耦合)的；对于方法 2，质量阵是对角阵，刚度阵是非对角阵，称该振动方程是弹性耦合(刚度耦合)的。将惯性耦合与弹性耦合统称为坐标耦合。上述推导还可以看出，坐标耦合的形式与广义坐标的选取有关。

可以看到，上述两个例子所获得的振动方程，都可写为式(3.1c)的矩阵微分方程形式，即式(3.1c)就是无阻尼多自由系统振动方程的一般形式

$$\boldsymbol{M}\ddot{\boldsymbol{x}}(t)+\boldsymbol{K}\boldsymbol{x}(t)=\boldsymbol{f}(t)$$

式中：$\boldsymbol{M}$ 为质量矩阵；$\boldsymbol{K}$ 为刚度矩阵；$\boldsymbol{x}(t)$ 为位移向量；$\ddot{\boldsymbol{x}}(t)$ 为加速度向量；$\boldsymbol{f}(t)$ 为激励力向量。这样，建立振动方程，实质就是在建立位移向量 $\boldsymbol{x}(t)$ 后，利用各种方法确定系统的质量矩阵 $\boldsymbol{M}$、刚度矩阵 $\boldsymbol{K}$ 及激励力向量 $\boldsymbol{f}(t)$。

3.2.4　质量矩阵和刚度矩阵的正定性质

振动系统的重要特性，如后续将学习的固有模态，都取决于系统的质量矩阵和刚度矩阵，质量矩阵和刚度矩阵的正定性质可确定振动系统的性质，因此这里简要介绍一下质量矩阵和刚度矩阵的正定性质。

在数学上，假设 $\boldsymbol{A}$ 是 N 阶方阵，如果对任何非零向量 $\boldsymbol{z}$：① 都有 $\boldsymbol{z}^{\mathrm{T}}\boldsymbol{A}\boldsymbol{z}>0$，就称 $\boldsymbol{A}$ 为正定矩阵；② 都有 $\boldsymbol{z}^{\mathrm{T}}\boldsymbol{A}\boldsymbol{z}\geqslant 0$，就称 $\boldsymbol{A}$ 为半正定矩阵。

前述拉格朗日方程中给出了系统动能 T 的表达式，即式(3.5b)

$$T=\frac{1}{2}\dot{\boldsymbol{q}}^{\mathrm{T}}\boldsymbol{M}\dot{\boldsymbol{q}}$$

根据动能的定义容易知道，除非系统的广义速度全为零，即 $\dot{\boldsymbol{q}}=\boldsymbol{0}$，否则系统的动能恒为正，这样根据上式可知，系统的质量矩阵 $\boldsymbol{M}$ 总为正定矩阵。

再来看势能 V 的表达式，即式(3.5c)

$$V=\frac{1}{2}\boldsymbol{q}^{\mathrm{T}}\boldsymbol{K}\boldsymbol{q}$$

对于具有稳定平衡位置的系统(即若将系统的外力全部去掉，系统有唯一的平衡位置)，系统不存在刚体位移，势能在平衡位置上取极小值，若广义位移 $\boldsymbol{q}$ 中的元素不全为零时，势能 V 必将大于零，此时，系统的刚度矩阵 $\boldsymbol{K}$ 是正定矩阵。

对于具有随遇平衡位置的系统(即若将系统的外力全部去掉，系统有不唯一的平衡位置)，系统存在刚体位移，广义位移 $\boldsymbol{q}$ 中的元素不全为零时，势必会存在势能 V 等于零的情况，此时，系统的刚度矩阵 $\boldsymbol{K}$ 是半正定矩阵。

上述分析可以看到，质量矩阵 $\boldsymbol{M}$ 恒为正定矩阵，刚度矩阵 $\boldsymbol{K}$ 的正定性质决定了系统的性质：

1) 当刚度矩阵 $\boldsymbol{K}$ 正定时，系统不存在刚体位移，称为正定系统。此时，系统刚度矩阵不奇异，系统存在柔度矩阵，可采用达朗贝尔原理中的柔度法建立系统的刚度矩阵。

2) 当刚度矩阵 $\boldsymbol{K}$ 半正定时，系统存在刚体位移，称为半正定系统。此时，系统刚度矩阵奇异，系统不存在柔度矩阵，也不能采用达朗贝尔原理中的柔度法建立系统的刚度矩阵。

3.2.5　有阻尼系统的振动方程

上述建立的振动方程式(3.2a)是不包含阻尼项的，针对有阻尼多自由度系统，仍可使用牛顿第二运动定律或拉格朗日方程来建立其振动方程，相比无阻尼多自由度系统的方程推导，只需将阻尼力考虑到整个推导过程之中。结合单自由度系统中学习过的有关阻尼特

性，黏性阻尼是最简单、也是最常用的一种阻尼模型，也常被应用于多自由度系统的振动分析之中。仿照单自由度系统，具有黏性阻尼模型的有阻尼多自由度系统的振动方程一般可以写为

$$\boldsymbol{M}\ddot{\boldsymbol{x}}(t)+\boldsymbol{C}\dot{\boldsymbol{x}}(t)+\boldsymbol{K}\boldsymbol{x}(t)=\boldsymbol{f}(t) \tag{3.8a}$$

式中：$\boldsymbol{M}$ 为质量矩阵；$\boldsymbol{C}$ 为阻尼矩阵；$\boldsymbol{K}$ 为刚度矩阵；$\boldsymbol{x}(t)$ 为位移向量；$\boldsymbol{f}(t)$ 为激励力向量。其一般形式为

$$\boldsymbol{M}=\begin{bmatrix} m_{11} & m_{12} & \cdots & m_{1N} \\ m_{21} & m_{22} & \cdots & m_{2N} \\ \vdots & \vdots & & \vdots \\ m_{N1} & m_{N2} & \cdots & m_{NN} \end{bmatrix} \tag{3.8b}$$

$$\boldsymbol{C}=\begin{bmatrix} c_{11} & c_{12} & \cdots & c_{1N} \\ c_{21} & c_{22} & \cdots & c_{2N} \\ \vdots & \vdots & & \vdots \\ c_{N1} & c_{N2} & \cdots & c_{NN} \end{bmatrix} \tag{3.8c}$$

$$\boldsymbol{K}=\begin{bmatrix} k_{11} & k_{12} & \cdots & k_{1N} \\ k_{21} & k_{22} & \cdots & k_{2N} \\ \vdots & \vdots & & \vdots \\ k_{N1} & k_{N2} & \cdots & k_{NN} \end{bmatrix} \tag{3.8d}$$

$$\boldsymbol{x}(t)=\begin{Bmatrix} x_1(t) \\ x_2(t) \\ \vdots \\ x_N(t) \end{Bmatrix} \tag{3.8e}$$

$$\boldsymbol{f}(t)=\begin{Bmatrix} f_1(t) \\ f_2(t) \\ \vdots \\ f_N(t) \end{Bmatrix} \tag{3.8f}$$

通常，质量矩阵 $\boldsymbol{M}$、阻尼矩阵 $\boldsymbol{C}$ 及刚度矩阵 $\boldsymbol{K}$ 都是对称矩阵，且针对实际工程结构，阻尼矩阵 $\boldsymbol{C}$ 可采用质量矩阵 $\boldsymbol{M}$ 及刚度矩阵 $\boldsymbol{K}$ 的线性组合来简化，也称为比例阻尼，即

$$\boldsymbol{C}=\alpha\boldsymbol{M}+\beta\boldsymbol{K} \tag{3.8g}$$

式中：α 和 β 为实常数，分别表示质量矩阵及刚度矩阵的比例系数，后续 3.6 节学习模态叠加法时会给出一种确定 α 和 β 的方法。

3.3 固有模态

学习单自由度系统时，引入了固有频率的概念，并说明固有频率是系统的重要固有特性。针对多自由度系统，除固有频率之外，还多了固有振型的概念，一般将固有频率与固有振型统称为固有模态。

3.3.1　固有频率与固有振型

我们知道，单自由度系统的固有频率是通过无阻尼系统的自由振动定义的，针对多自由度系统，固有模态也是通过无阻尼系统的自由振动来定义的。去掉方程式(3.8a)中的阻尼项，并令右端激励力向量 $\boldsymbol{f}(t)=\boldsymbol{0}$，可得无阻尼多自由度系统的自由振动方程为

$$\boldsymbol{M}\ddot{\boldsymbol{x}}(t)+\boldsymbol{K}\boldsymbol{x}(t)=\boldsymbol{0} \tag{3.9a}$$

根据矩阵微分方程理论可知，方程式(3.9a)具有如下形式的解

$$\boldsymbol{x}(t)=\boldsymbol{X}\sin(\omega t+\varphi) \tag{3.9b}$$

式中：ω 为圆频率；$\boldsymbol{X}=\{X_1,X_2,\cdots,X_N\}^{\mathrm{T}}$ 为振幅向量；φ 为初相位。可以看出，多自由度系统与单自由度系统一样，会发生自由振动，且各个自由度的响应具有相同的简谐变化规律，但各个自由度响应的振幅可能有所不同。

将式(3.9b)代入方程式(3.9a)，可得

$$(\boldsymbol{K}-\omega^2\boldsymbol{M})\boldsymbol{X}=\boldsymbol{0} \tag{3.9c}$$

可以看出，式(3.9c)是一个关于振幅向量 $\boldsymbol{X}$ 的齐次代数方程，也称为广义特征值问题，因自由振动各自由度的振幅不能全为零，即 $\boldsymbol{X}$ 为非零向量，则式(3.9c)系数矩阵的行列式必然为零，即

$$|\boldsymbol{K}-\omega^2\boldsymbol{M}|=0 \tag{3.9d}$$

式(3.9d)称为多自由度系统的特征方程，是一个以 ω^2 为未知量的一元 N 次方程，可以解出 N 个非负实数的 ω^2 值，将 ω 取非负值，并按由小到大的次序，记为 $\omega_{\mathrm{n}1},\omega_{\mathrm{n}2},\cdots,\omega_{\mathrm{n}N}$，分别称为多自由度系统的第一阶固有频率(也称基础固有频率，简称基频)、第二阶固有频率、……、第 N 阶固有频率，即 $0\leqslant\omega_{\mathrm{n}1}\leqslant\omega_{\mathrm{n}2}\leqslant\cdots\leqslant\omega_{\mathrm{n}N}$。

将获得的各个固有频率 $\omega_{\mathrm{n}r}(r=1,2,\cdots,N)$ 逐一代入方程式(3.9c)，可得如下关于振幅向量 $\boldsymbol{X}$ 的线性方程组

$$(\boldsymbol{K}-\omega_{\mathrm{n}r}^2\boldsymbol{M})\boldsymbol{X}_r=\boldsymbol{0},\quad r=1,2,\cdots,N \tag{3.9e}$$

通过求解上述方程，针对每一阶固有频率 $\omega_{\mathrm{n}r}$，都能获得一个非零的振幅向量 $\boldsymbol{X}_r$，对应第 r 阶固有频率 $\omega_{\mathrm{n}r}$ 的振幅向量 $\boldsymbol{X}_r$ 就称为第 r 阶固有振动型态，简称固有振型(或模态振型或振型)。可以看出，上述求解固有频率及固有振型的过程就是线性代数中矩阵 $\boldsymbol{M}$ 与矩阵 $\boldsymbol{K}$ 的广义特征值问题，固有频率的二次方就是特征值，固有振型就是特征向量。通常，将固有频率和固有振型通称为系统的固有模态，但有时在不引起歧义的情况下，固有模态或模态又特指固有振型。

将第 r 阶固有频率 $\omega_{\mathrm{n}r}$ 及对应的固有振型 $\boldsymbol{X}_{ir}$ 代入式(3.9b)，可得多自由度系统的第 r 阶主振动，即

$$\boldsymbol{x}_r(t)=\boldsymbol{X}_r\sin(\omega_{\mathrm{n}r}t+\varphi_r) \tag{3.9f}$$

可以看出，固有振型就是系统以某个固有频率做无阻尼自由振动时，各自由度之间的相对振幅之比。

上述求解固有频率及固有振型的过程称为计算模态分析(有时也直接用模态分析表示)，还有一类利用试验方法获取结构模态参数的方法称为实验模态分析(也称模态测试或模态识别)，关于模态测试将在第 5 章结构振动测试基础中重点介绍。可以看到，上述模态

分析获得的固有频率及固有振型都为实数，这类模态也称为实模态，相应的模态分析称为实模态分析。实模态分析是振动理论及工程领域广泛采用的模态分析方法，但它实质上是一种忽略系统阻尼影响的模态分析方法，当系统存在阻尼且阻尼矩阵特性不满足一定要求时，实模态分析将不再适用，此时应开展复模态分析，有关复模态分析的相关内容将在 3.7 节中简要介绍。

3.3.2 固有振型的性质

1. 固有振型的加权正交性

根据式(3.9e) 可知，第 r 阶固有频率 ω_{nr} 与第 r 阶固有振型 $\boldsymbol{X}_r$ 满足

$$\boldsymbol{K}\boldsymbol{X}_r=\omega_{nr}^2\boldsymbol{M}\boldsymbol{X}_r \tag{3.10a}$$

同理，第 l 阶固有频率 ω_{nl} 与第 l 阶固有振型 $\boldsymbol{X}_l$ 满足

$$\boldsymbol{K}\boldsymbol{X}_l=\omega_{nl}^2\boldsymbol{M}\boldsymbol{X}_l \tag{3.10b}$$

给式(3.10a) 前乘 $\boldsymbol{X}_l^{\mathrm{T}}$，给式(3.10b) 前乘 $\boldsymbol{X}_r^{\mathrm{T}}$，可得

$$\boldsymbol{X}_l^{\mathrm{T}}\boldsymbol{K}\boldsymbol{X}_r=\omega_{nr}^2X_l^{\mathrm{T}}\boldsymbol{M}\boldsymbol{X}_r \tag{3.10c}$$

$$\boldsymbol{X}_r^{\mathrm{T}}\boldsymbol{K}\boldsymbol{X}_l=\omega_{nl}^2\boldsymbol{X}_r^{\mathrm{T}}\boldsymbol{M}\boldsymbol{X}_l \tag{3.10d}$$

根据质量矩阵 $\boldsymbol{M}$ 与刚度矩阵 $\boldsymbol{K}$ 的对称性，式(3.10c) 左右两边均转置，可得

$$\boldsymbol{X}_r^{\mathrm{T}}\boldsymbol{K}\boldsymbol{X}_l=\omega_{nr}^2\boldsymbol{X}_r^{\mathrm{T}}\boldsymbol{M}\boldsymbol{X}_l \tag{3.10e}$$

用式(3.10e) 减去式(3.10d)，可得

$$(\omega_{nr}^2-\omega_{nl}^2)\boldsymbol{X}_r^{\mathrm{T}}\boldsymbol{M}\boldsymbol{X}_l=0 \tag{3.10f}$$

当 $r\neq l$ 时，且系统不包含重根(也称重频)，即 $\omega_{nr}\neq\omega_{nl}$，则

$$\boldsymbol{X}_r^{\mathrm{T}}\boldsymbol{M}\boldsymbol{X}_l=0,\quad r\neq l \tag{3.10g}$$

将式(3.10g) 代入式(3.10e)，可得

$$\boldsymbol{X}_r^{\mathrm{T}}\boldsymbol{K}\boldsymbol{X}_l=0,\quad r\neq l \tag{3.10h}$$

上述分析表明，当 $r\neq l$ 且系统不包含重频时，系统的第 r 阶固有振型 $\boldsymbol{X}_r$ 与第 l 阶固有振型 $\boldsymbol{X}_l$ 关于质量矩阵 $\boldsymbol{M}$ 及刚度矩阵 $\boldsymbol{K}$ 均正交。

当 $r=l$ 时，可令

$$\boldsymbol{X}_r^{\mathrm{T}}\boldsymbol{M}\boldsymbol{X}_r=M_r \tag{3.10i}$$

$$\boldsymbol{X}_r^{\mathrm{T}}\boldsymbol{K}\boldsymbol{X}_r=K_r \tag{3.10j}$$

这里的 M_r 和 K_r 分别为第 r 阶模态主质量(简称模态质量) 和第 r 阶模态主刚度(简称模态刚度)。

通常，可将 N 阶固有振型按顺序写成如下矩阵的形式，即

$$\boldsymbol{\Phi}=[\boldsymbol{X}_1\quad\boldsymbol{X}_2\quad\cdots\quad\boldsymbol{X}_N]=\begin{bmatrix}X_{11}&X_{12}&\cdots&X_{1N}\\X_{21}&X_{22}&\cdots&X_{2N}\\\vdots&\vdots&&\vdots\\X_{N1}&X_{N2}&\cdots&X_{NN}\end{bmatrix} \tag{3.10k}$$

这样，在系统不存在重频的情况下，上述式(3.10g) ～ 式(3.10j) 描述的固有振型的加权正交性可统一写为

$$\boldsymbol{M}_P=\boldsymbol{\Phi}^{\mathrm{T}}\boldsymbol{M}\boldsymbol{\Phi}=\begin{bmatrix} M_1 & 0 & \cdots & 0 \\ 0 & M_2 & \cdots & 0 \\ \vdots & \vdots & & \vdots \\ 0 & 0 & \cdots & M_N \end{bmatrix}=\mathrm{diag}(M_r) \tag{3.10l}$$

$$\boldsymbol{K}_P=\boldsymbol{\Phi}^{\mathrm{T}}K\boldsymbol{\Phi}=\begin{bmatrix} K_1 & 0 & \cdots & 0 \\ 0 & K_2 & \cdots & 0 \\ \vdots & \vdots & & \vdots \\ 0 & 0 & \cdots & K_N \end{bmatrix}=\mathrm{diag}(K_r) \tag{3.10m}$$

其中，$r=1,2,\cdots,N$，$\boldsymbol{M}_P$ 和 $\boldsymbol{K}_P$ 也分别称为系统的主质量矩阵和主刚度矩阵。

2. 固有振型的归一化方法

根据固有振型的求解方程式(3.9e)容易看出，给第 r 阶固有振型 $\boldsymbol{X}_r$ 乘以或除以一个非零常数，仍是第 r 阶固有振型，即振型是一个相对振动型态，为了方便对比振型或便于公式推导，通常会对振型按照某种原则进行归一化，给出归一化的固有振型 $\hat{\boldsymbol{X}}_r$，常见的归一化方法包括

(1) 特定自由度置 1 法

$$\hat{\boldsymbol{X}}_r=\frac{1}{X_{lr}}\boldsymbol{X}_r \tag{3.10n}$$

(2) 最大绝对值分量置 1 法

$$\hat{\boldsymbol{X}}_r=\frac{1}{\max(|X_{1r}|,\ |X_{2r}|,\ \cdots|X_{Nr}|)}\boldsymbol{X}_r \tag{3.10o}$$

(3) 模态质量置 1 法

$$\hat{\boldsymbol{X}}_r=\frac{1}{\sqrt{M_r}}\boldsymbol{X}_r \tag{3.10p}$$

通常，将按照模态质量置 1 法获得的模态振型 $\hat{\boldsymbol{X}}_r$ 称为正则模态，而将未进行这一处理的模态振型称为主模态。

3.3.3　固有频率的性质

由上述固有频率的求解步骤可以看出，多自由度系统的固有频率仅与其质量矩阵及刚度矩阵有关，实质上就等价于质量矩阵与刚度矩阵的广义特征值。3.2.4 节学习过质量矩阵与刚度矩阵的正定性质，进而引出了正定系统及半正定系统，这里简要讨论下正定系统与半正定系统的固有频率。

将第 r 阶固有频率及固有振型代入式(3.9e)并前乘 $\boldsymbol{X}_r^{\mathrm{T}}$，可得

$$\boldsymbol{X}_r^{\mathrm{T}}\boldsymbol{K}\boldsymbol{X}_r=\omega_{nr}^2\boldsymbol{X}_r^{\mathrm{T}}\boldsymbol{M}\boldsymbol{X}_r \tag{3.11a}$$

整理，可得

$$\omega_{nr}^2=\frac{\boldsymbol{X}_r^{\mathrm{T}}\boldsymbol{K}\boldsymbol{X}_r}{\boldsymbol{X}_r^{\mathrm{T}}\boldsymbol{M}\boldsymbol{X}_r} \tag{3.11b}$$

对于正定系统，因质量矩阵 $\boldsymbol{M}$ 与刚度矩阵 $\boldsymbol{K}$ 均为正定矩阵，即对于任意非零向量 $\boldsymbol{z}$ 都有 $\boldsymbol{z}^{\mathrm{T}}\boldsymbol{M}\boldsymbol{z}>0$、$\boldsymbol{z}^{\mathrm{T}}\boldsymbol{K}\boldsymbol{z}>0$，因固有振型 $\boldsymbol{X}_r$ 也为一非零向量，即

$$\boldsymbol{X}_r^{\mathrm{T}}\boldsymbol{M}\boldsymbol{X}_r > 0 \tag{3.11c}$$

$$\boldsymbol{X}_r^{\mathrm{T}}\boldsymbol{K}\boldsymbol{X}_r > 0 \tag{3.11d}$$

这样，根据式(3.11b) 可知

$$\omega_{\mathrm{n}r}^2 > 0 \tag{3.11e}$$

可以看到，对于正定系统，其各阶固有频率均大于零，表明系统运动时必然会发生振动，即系统运动时各个自由度必然会出现相对运动，也就是说系统不存在刚体运动。

同理，对于半正定系统，质量矩阵 $\boldsymbol{M}$ 为正定矩阵，而刚度矩阵 $\boldsymbol{K}$ 为半正定矩阵，即质量矩阵 $\boldsymbol{M}$ 满足式(3.11c)，而刚度矩阵 $\boldsymbol{K}$ 满足

$$\boldsymbol{X}_r^{\mathrm{T}}\boldsymbol{K}\boldsymbol{X}_r \geqslant 0 \tag{3.11f}$$

这样，根据式(3.11b) 可知

$$\omega_{\mathrm{n}r}^2 \geqslant 0 \tag{3.11g}$$

可以看到，对于半正定系统，存在刚体位移，其各阶固有频率大于等于零，系统必然具有零固有频率。零固有频率表明系统没有振动，即系统各个自由度没有任何相对运动。因此，将零固有频率对应的模态称为系统的刚体模态，相应的，固有频率大于零的模态称为弹性模态。系统存在刚体模态时，刚体模态(在其对应的刚体运动方向上) 的各个自由度所对应的振型元素都相等，通常都用 1 表示。

进一步，将第 r 阶模态质量及模态刚度的定义式(3.10i) 和式(3.10j) 代入式(3.11b) 可得

$$\omega_{\mathrm{n}r} = \sqrt{K_r/M_r} \tag{3.11h}$$

可以看出，利用第 r 阶模态质量及模态刚度，多自由度系统的第 r 阶固有频率与单自由度系统的固有频率具有相同的表达式。根据前述“模态质量置 1 法”的振型归一化方法，若采用正则模态(即任一阶模态质量均为 1)，系统的第 r 阶模态刚度为 $\omega_{\mathrm{n}r}^2$。

现在以图 3.5 所示的两自由度系统为例，来说明多自由度系统固有模态的求解流程及振型的表示方法。假设 $m_1 = m_2 = m, k_1 = 3k, k_2 = 2k$。

根据前述分析，利用牛顿第二运动定律或达朗贝尔原理或拉格朗日方程，可以建立如式(3.9a) 所示的系统振动方程，即

$$\boldsymbol{M}\ddot{\boldsymbol{x}}(t) + \boldsymbol{K}\boldsymbol{x}(t) = \boldsymbol{0}$$

其中，质量矩阵 $\boldsymbol{M}$ 及刚度矩阵 $\boldsymbol{K}$ 分别为

$$\boldsymbol{M} = \begin{bmatrix} m & 0 \\ 0 & m \end{bmatrix} \tag{3.12a}$$

$$\boldsymbol{K} = \begin{bmatrix} 5k & -2k \\ -2k & 2k \end{bmatrix} \tag{3.12b}$$

将上述系统矩阵代入特征方程式(3.9d)，展开得到如下关于 ω 的方程

$$m^2\omega^4 - 7mk\omega^2 + 6k^2 = 0 \tag{3.12c}$$

从而解得系统的两个固有频率为

$$\omega_{\mathrm{n1}} = \sqrt{k/m} \tag{3.12d}$$

$$\omega_{\mathrm{n2}} = \sqrt{6k/m} \tag{3.12e}$$

分别将两个固有频率代入式(3.9e)，可得

$$\frac{X_{21}}{X_{11}}=\frac{5k-k}{2k}=2 \tag{3.12f}$$

$$\frac{X_{22}}{X_{12}}=\frac{5k-6k}{2k}=-0.5 \tag{3.12g}$$

式中：$\{X_{11},X_{21}\}^{\mathrm{T}}=\boldsymbol{X}_1$ 表示第一阶振型；$\{X_{12},X_{22}\}^{\mathrm{T}}=\boldsymbol{X}_2$ 表示第二阶振型。若按第一个自由度置1进行振型归一化，即，$\boldsymbol{\phi}_1=\{1,r_1\}^{\mathrm{T}}$、$\boldsymbol{\phi}_2=\{1,r_2\}^{\mathrm{T}}$，可得系统的两阶固有振型分别为

$$\boldsymbol{\phi}_1=\begin{Bmatrix}1\\2\end{Bmatrix} \tag{3.12h}$$

$$\boldsymbol{\phi}_2=\begin{Bmatrix}1\\-0.5\end{Bmatrix} \tag{3.12i}$$

为了更直观理解固有振型的物理意义，图3.8(a)采用了与图3.5所示的两自由度系统模型完全相同的坐标方向，绘制了相应的振型图，图中虚线表示未发生振动的模型示意图，实线表示相应的振型。然而这种表示方式，由于各自由度的运动方向与结构模型完全重合，导致振型显示不够直观。

考虑到振型是描述了各个自由度在其振动方向上幅值的比值，绘制振型图只要能保证各个自由度的相对振动方向与幅值不变即可，图3.8(b)给出了图3.5所示的两自由度系统模型振型的另一种表示方式，即以横坐标为自由度，以纵坐标为振型元素值。可以看出，这种表示方式可以非常直观地给出各阶振型下各个自由度振动幅值的比例关系，同时，对于具有节点(即以某阶振型做固有振动时，系统中有一个始终不动的点，这个点叫作振型节点，简称节点)的振型，如这里的 $\boldsymbol{\phi}_2$，这种表示方式也能清楚给出节点的位置。

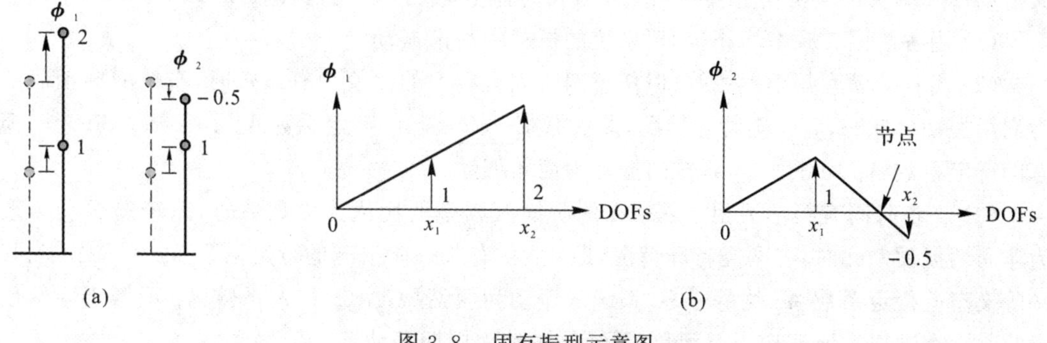

图3.8　固有振型示意图

(a) 表示方法1；(b) 表示方法2

云实验10：多自由度系统 → 固有模态

可以利用云实验来研究两自由度系统的模态参数(包括固有频率、固有振型)，可调整系统参数(质量、刚度系数)以分析系统参数对模态参数的影响。

3.4 自由振动

与单自由度系统类似，下面将分别讨论无阻尼多自由度系统及有阻尼多自由度系统的自由振动。

3.4.1 无阻尼系统

记归一化的第 r 阶固有振型为 $\boldsymbol{\phi}_r$，则式(3.9f)表示的系统主振动可写为

$$\boldsymbol{x}_r(t)=A_r\boldsymbol{\phi}_r\sin(\omega_{nr}t+\varphi_r) \tag{3.13a}$$

这样，根据微分方程组理论，无阻尼多自由度系统的自由振动方程(3.9a)的通解可表示为系统 N 阶主振动的叠加，即

$$\boldsymbol{x}(t)=\sum_{r=1}^{N}A_r\boldsymbol{\phi}_r\sin(\omega_{nr}t+\varphi_r) \tag{3.13b}$$

可以看到，式(3.13b)中的 ω_{nr} 及 $\boldsymbol{\phi}_r$ 分别为第 r 阶固有频率和归一化振型，可根据系统的质量矩阵、刚度矩阵并通过固有模态分析获取，A_r 及 φ_r 为待定系数，由系统的初始位移 $\boldsymbol{x}(0)$ 及初始速度 $\dot{\boldsymbol{x}}(0)$ 确定。分析可知，对于 N 自由度系统来说，式(3.13b)包含 $2N$ 个未知量，利用 N 个自由度的初始位移及初始速度可以获得 $2N$ 个方程，即可求解这 $2N$ 个未知量。

从式(3.13b)可以看出，多自由度系统的自由振动响应不一定是简谐振动或周期振动，其振动形式取决于各阶固有频率的关系及待定系数 A_r 的取值，具体情况如下：

(1) 当各阶固有频率均相等时，系统的振动为简谐振动。

(2) 当各阶固有频率不相等、但任意两阶固有频率的比值为有理数时，系统的振动一般为周期振动。此时，有一类特殊情况，即仅有某一阶模态的待定系数 A_r 不等于零、其余阶模态的待定系数 A_r 均等于零，系统的振动为简谐振动。

(3) 当各阶固有频率不相等且存在两阶固有频率的比值为无理数时，系统的振动一般为非周期振动。此时，有两类特殊情况，即：① 仅有某一阶模态的待定系数 A_r 不等于零、其余阶模态的待定系数 A_r 均等于零，系统的振动为简谐振动；② 待定系数 A_r 不等于零的任意两阶固有频率的比值均为有理数，系统的振动为周期振动。

这里以两自由度系统为例，假设其两阶固有频率分别为 ω_{n1}、ω_{n2}，对应的固有振型按第一个自由度为1进行了归一化，分别为 $\boldsymbol{\phi}_1=\{1,r_1\}^{\mathrm{T}}$、$\boldsymbol{\phi}_2=\{1,r_2\}^{\mathrm{T}}$，则系统响应的通解为

$$\boldsymbol{x}(t)=A_1\begin{Bmatrix}1\\r_1\end{Bmatrix}\sin(\omega_{n1}t+\varphi_1)+A_2\begin{Bmatrix}1\\r_2\end{Bmatrix}\sin(\omega_{n2}t+\varphi_2) \tag{3.13c}$$

将初始条件 $\boldsymbol{x}(0)=\begin{Bmatrix}x_{10}\\x_{20}\end{Bmatrix}$、$\dot{\boldsymbol{x}}(0)=\begin{Bmatrix}\dot{x}_{10}\\\dot{x}_{20}\end{Bmatrix}$ 代入式(3.13c)，可得

$$A_1=\frac{1}{|r_1-r_2|}\sqrt{(x_{20}-r_2x_{10})^2+\frac{(\dot{x}_{20}-r_2\dot{x}_{10})^2}{\omega_{n1}^2}} \tag{3.13d}$$

$$A_2=\frac{1}{|r_1-r_2|}\sqrt{(r_1x_{10}-x_{20})^2+\frac{(r_1\dot{x}_{10}-\dot{x}_{20})^2}{\omega_{n2}^2}} \tag{3.13e}$$

$$\varphi_1=\arctan\frac{\omega_{n1}(x_{20}-r_2x_{10})}{\dot{x}_{20}-r_2\dot{x}_{10}} \tag{3.13f}$$

$$\varphi_2=\arctan\frac{\omega_{n2}(r_1x_{10}-x_{20})}{r_1\dot{x}_{10}-\dot{x}_{20}} \tag{3.13g}$$

根据两自由度系统固有模态的性质，易知 $r_1>0$、$r_2<0$，即上述公式中的 $|r_1-r_2|$ 也可写为 r_1-r_2。

这里仍以图 3.5 所示的两自由度系统为例来说明无阻尼多自由度系统自由振动响应的求解过程。同样，假设 $m_1=m_2=m$，$k_1=3k$，$k_2=2k$，而系统的初始条件为，$x_{10}=1$，$x_{20}=2$，$\dot{x}_{10}=0$，$\dot{x}_{20}=0$。

无阻尼多自由度系统自由振动响应分析的基础是获取系统的模态参数，针对该示例，3.3 节最后部分已经获得了其固有频率及模态振型，即式(3.12d)、式(3.12e)、式(3.12h) 及式(3.12i)

$$\omega_{n1}=\sqrt{k/m}$$

$$\omega_{n2}=\sqrt{6k/m}$$

$$\boldsymbol{\phi}_1=\begin{Bmatrix}1\\r_1\end{Bmatrix}=\begin{Bmatrix}1\\2\end{Bmatrix}$$

$$\boldsymbol{\phi}_2=\begin{Bmatrix}1\\r_2\end{Bmatrix}=\begin{Bmatrix}1\\-0.5\end{Bmatrix}$$

将系统初始条件，$x_{10}=1$，$x_{20}=2$，$\dot{x}_{10}=0$，$\dot{x}_{20}=0$，代入式(3.13d) ~ 式(3.13g)，可得，$A_1=1$，$A_2=0$，$\varphi_1=\pi/2$。则根据式(3.13c)，系统的自由振动响应为

$$\boldsymbol{x}(t)=\begin{Bmatrix}1\\2\end{Bmatrix}\sin\left(\sqrt{k/m}\,t+\frac{\pi}{2}\right)=\begin{Bmatrix}1\\2\end{Bmatrix}\cos(\sqrt{k/m}\,t) \tag{3.13h}$$

注意到这里给出的初始条件刚好为系统的第一阶振型，系统的响应就只包含系统的第一阶主振动。这个结果也说明了自由振动的一个特性，即如果初始位移就是第一阶固有振型的形式、初始速度为零，则系统将只产生对应于第一阶主振动的自由振动。同样，当初始位移为第二阶固有振型、初始速度为零时，系统也将只产生对应于第二阶主振动的自由振动。

云实验 11：多自由度系统 → 自由振动 → 无阻尼系统(主振动叠加法)

可以利用云实验来研究系统参数(固有频率、固有振型) 以及初始条件(初始速度、初始位移) 对无阻尼两自由度系统的自由振动位移响应的影响，并可探索各自由度上位移响应的构成，也可探索各阶模态的主振动。

3.4.2 有阻尼系统

将有阻尼多自由度系统振动方程式(3.8a)的右端激励力向量置零,即可获得有阻尼多自由度系统的自由振动方程,即

$$\boldsymbol{M}\ddot{\boldsymbol{x}}(t)+\boldsymbol{C}\dot{\boldsymbol{x}}(t)+\boldsymbol{K}\boldsymbol{x}(t)=\boldsymbol{0} \tag{3.14a}$$

这里仍以两自由度系统为例,来说明其自由振动响应的求解方法,即假设系统的质量矩阵、阻尼矩阵、刚度矩阵分别为

$$\boldsymbol{M}=\begin{bmatrix} m_{11} & m_{12} \\ m_{21} & m_{22} \end{bmatrix} \tag{3.14b}$$

$$\boldsymbol{C}=\begin{bmatrix} c_{11} & c_{12} \\ c_{21} & c_{22} \end{bmatrix} \tag{3.14c}$$

$$\boldsymbol{K}=\begin{bmatrix} k_{11} & k_{12} \\ k_{21} & k_{22} \end{bmatrix} \tag{3.14d}$$

根据微分方程组理论,假设方程式(3.14a)的解为

$$\boldsymbol{x}(t)=\boldsymbol{B}\mathrm{e}^{\lambda t}=\begin{Bmatrix} B_1 \\ B_2 \end{Bmatrix}\mathrm{e}^{\lambda t} \tag{3.14e}$$

将式(3.14e)代入方程式(3.14a),可得

$$(\lambda^2\boldsymbol{M}+\lambda\boldsymbol{C}+\boldsymbol{K})\boldsymbol{B}\mathrm{e}^{\lambda t}=\boldsymbol{0} \tag{3.14f}$$

因 $\mathrm{e}^{\lambda t}\neq 0$,故有

$$\left(\lambda^2\begin{bmatrix} m_{11} & m_{12} \\ m_{21} & m_{22} \end{bmatrix}+\lambda\begin{bmatrix} c_{11} & c_{12} \\ c_{21} & c_{22} \end{bmatrix}+\begin{bmatrix} k_{11} & k_{12} \\ k_{21} & k_{22} \end{bmatrix}\right)\begin{Bmatrix} B_1 \\ B_2 \end{Bmatrix}=\begin{Bmatrix} 0 \\ 0 \end{Bmatrix} \tag{3.14g}$$

这是一个关于 $\boldsymbol{B}$ 的齐次代数方程组,由其有非零解的条件(系数矩阵行列式等于零),可得到系统的特征方程,也称频率方程,即

$$\begin{vmatrix} m_{11}\lambda^2+c_{11}\lambda+k_{11} & m_{12}\lambda^2+c_{12}\lambda+k_{12} \\ m_{21}\lambda^2+c_{21}\lambda+k_{21} & m_{22}\lambda^2+c_{22}\lambda+k_{22} \end{vmatrix}=0 \tag{3.14h}$$

由于阻尼 $\boldsymbol{C}$ 的存在,求解方程式(3.14h)可得到系统的四个特征值 $\lambda_i(i=1,2,3,4)$,再将特征值分别代入式(3.14g),可得到各个特征值所对应的特征向量,即两个自由度振动幅值的比值

$$\frac{B_{2i}}{B_{1i}}=-\frac{m_{11}\lambda_i^2+c_{11}\lambda_i+k_{11}}{m_{12}\lambda_i^2+c_{12}\lambda_i+k_{12}}=p_i \tag{3.14i}$$

从而方程式(3.14a)的通解为

$$\boldsymbol{x}(t)=\begin{Bmatrix} x_1(t) \\ x_2(t) \end{Bmatrix}=\sum_{i=1}^{4}\begin{Bmatrix} B_{1i} \\ B_{2i} \end{Bmatrix}\mathrm{e}^{\lambda_i t}=\sum_{i=1}^{4}B_{1i}\begin{Bmatrix} 1 \\ p_i \end{Bmatrix}\mathrm{e}^{\lambda_i t} \tag{3.14j}$$

理论分析可知,对于欠阻尼情况,系统具有振动特性,其四个特征值为两对具有负实部的共轭复根,假设为

$$\lambda_1=-\sigma_{\mathrm{n1}}+\mathrm{j}\omega_{\mathrm{d1}} \tag{3.14k}$$

$$\lambda_2=-\sigma_{\mathrm{n1}}-\mathrm{j}\omega_{\mathrm{d1}} \tag{3.14l}$$

$$\lambda_3 = -\sigma_{n2} + j\omega_{d2} \tag{3.14m}$$

$$\lambda_4 = -\sigma_{n2} - j\omega_{d2} \tag{3.14n}$$

此时，p_1 和 p_2、p_3 和 p_4 也分别为共轭复数对。将上述特征值代入式(3.14j)，可得系统的响应通解为

$$\begin{aligned} x(t) = & e^{-\sigma_{n1}t}\left[\left(B_{11}\begin{Bmatrix}1\\p_1\end{Bmatrix}+B_{12}\begin{Bmatrix}1\\p_2\end{Bmatrix}\right)\cos\omega_{d1}t + j\left(B_{11}\begin{Bmatrix}1\\p_1\end{Bmatrix}-B_{12}\begin{Bmatrix}1\\p_2\end{Bmatrix}\right)\sin\omega_{d1}t\right] \\ & + e^{-\sigma_{n2}t}\left[\left(B_{13}\begin{Bmatrix}1\\p_3\end{Bmatrix}+B_{14}\begin{Bmatrix}1\\p_4\end{Bmatrix}\right)\cos\omega_{d2}t + j\left(B_{13}\begin{Bmatrix}1\\p_3\end{Bmatrix}-B_{14}\begin{Bmatrix}1\\p_4\end{Bmatrix}\right)\sin\omega_{d2}t\right] \end{aligned} \tag{3.14o}$$

需要注意的是，为保证式(3.14o)的正弦和余弦项前的系数为实数，待定系数 B_{11} 和 B_{12}、B_{13} 和 B_{14} 分别为共轭复数对，可通过系统的初始条件 $\boldsymbol{x}(0)=\begin{Bmatrix}x_{10}\\x_{20}\end{Bmatrix}$、$\dot{\boldsymbol{x}}(0)=\begin{Bmatrix}\dot{x}_{10}\\\dot{x}_{20}\end{Bmatrix}$ 来确定。

从上述推导中可以看出，若阻尼系数全为零(即无阻尼系统)，并与 3.3 节中的固有模态求解过程对比，上述特征值 $\lambda_{1,2}=\pm j\omega_{n1}$、$\lambda_{3,4}=\pm j\omega_{n2}$，特征向量比值 $p_{1,2}=r_1$、$p_{3,4}=r_2$，通解式(3.14o)也将退化为式(3.13c)表示的形式。

通过上述针对两自由度自由振动响应的求解过程可以看出，对于具有黏性阻尼模型(阻尼系数任意取值)的 N 自由度系统，其包含 $2N$ 个复特征值以及与之对应的 $2N$ 个复特征向量，这其实就是复模态理论，将在 3.7 节中进行详细介绍。

3.5　简谐力激励下的强迫振动

3.5.1　稳态响应

3.2.5 节式(3.8a)给出了具有黏性阻尼模型的有阻尼多自由度系统振动方程的一般形式，即

$$\boldsymbol{M}\ddot{\boldsymbol{x}}(t)+\boldsymbol{C}\dot{\boldsymbol{x}}(t)+\boldsymbol{K}\boldsymbol{x}(t)=\boldsymbol{f}(t)$$

N 自由度系统与两自由度系统相比，仅仅是自由度变多了，其振动响应求解方式完全相同，这里仍以两自由度系统为例来说明简谐力激励下多自由度系统振动响应的求解方法。我们从单自由度系统的强迫振动理论中知道，由于阻尼的存在，系统的瞬态响应总会衰减掉，因此这里讲述多自由度系统强迫振动时，仅给出其稳态响应的求解方法。

采用复数解法，假设外激励为 $\boldsymbol{f}(t)=\bar{\boldsymbol{F}}e^{j\omega t}$，$\bar{\boldsymbol{F}}=\{\bar{F}_1,\bar{F}_2\}^T$ 表示复激励的复幅值向量，ω 为外激励频率，此时，两自由度系统的振动方程可写为

$$\begin{bmatrix}m_{11} & m_{12}\\ m_{21} & m_{22}\end{bmatrix}\begin{Bmatrix}\ddot{x}_1(t)\\ \ddot{x}_2(t)\end{Bmatrix}+\begin{bmatrix}c_{11} & c_{12}\\ c_{21} & c_{22}\end{bmatrix}\begin{Bmatrix}\dot{x}_1(t)\\ \dot{x}_2(t)\end{Bmatrix}+\begin{bmatrix}k_{11} & k_{12}\\ k_{21} & k_{22}\end{bmatrix}\begin{Bmatrix}x_1(t)\\ x_2(t)\end{Bmatrix}=\begin{Bmatrix}\bar{F}_1\\ \bar{F}_2\end{Bmatrix}e^{j\omega t} \tag{3.15a}$$

根据微分方程组理论，方程式(3.15a)的稳态解为

$$\boldsymbol{x}(t)=\begin{Bmatrix}x_1(t)\\x_2(t)\end{Bmatrix}=\bar{\boldsymbol{X}}\mathrm{e}^{\mathrm{j}\omega t}=\begin{Bmatrix}\bar{X}_1\\\bar{X}_2\end{Bmatrix}\mathrm{e}^{\mathrm{j}\omega t}\tag{3.15b}$$

将上述稳态解代入方程式(3.15a)可得

$$\begin{bmatrix}-\omega^2 m_{11}+\mathrm{j}\omega c_{11}+k_{11} & -\omega^2 m_{12}+\mathrm{j}\omega c_{12}+k_{12}\\-\omega^2 m_{21}+\mathrm{j}\omega c_{21}+k_{21} & -\omega^2 m_{22}+\mathrm{j}\omega c_{22}+k_{22}\end{bmatrix}\begin{Bmatrix}\bar{X}_1\\\bar{X}_2\end{Bmatrix}=\begin{Bmatrix}\bar{F}_1\\\bar{F}_2\end{Bmatrix}\tag{3.15c}$$

定义位移阻抗为

$$Z_{rl}(\omega)=-\omega^2 m_{rl}+\mathrm{j}\omega c_{rl}+k_{rl}\tag{3.15d}$$

其中,$r,l=1,2$。则式(3.15c)可以写成矩阵形式,即

$$\boldsymbol{Z}(\omega)\bar{\boldsymbol{X}}=\bar{\boldsymbol{F}}\tag{3.15e}$$

其中,$\boldsymbol{Z}(\omega)$为位移阻抗矩阵,即

$$\boldsymbol{Z}(\omega)=\begin{bmatrix}Z_{11}(\omega) & Z_{12}(\omega)\\Z_{21}(\omega) & Z_{22}(\omega)\end{bmatrix}\tag{3.15f}$$

可以看出,位移阻抗具有刚度的量纲,且方程式(3.15e)形式上与静力平衡方程相似,所以将$Z_{rl}(\omega)$称为动刚度,相应的,$\boldsymbol{Z}(\omega)$称为动刚度矩阵。

由式(3.15e)可以获得

$$\bar{\boldsymbol{X}}=\boldsymbol{Z}^{-1}(\omega)\bar{\boldsymbol{F}}=\boldsymbol{H}(\omega)\bar{\boldsymbol{F}}\tag{3.15g}$$

其中,$\boldsymbol{H}(\omega)=\boldsymbol{Z}^{-1}(\omega)$就是多自由度系统的位移频响函数矩阵,也称位移导纳矩阵或动柔度矩阵,对于两自由度系统来说,位移频响函数矩阵可以写为

$$\boldsymbol{H}(\omega)=\begin{bmatrix}H_{11}(\omega) & H_{12}(\omega)\\H_{21}(\omega) & H_{22}(\omega)\end{bmatrix}=\frac{1}{|\boldsymbol{Z}(\omega)|}\begin{bmatrix}Z_{22}(\omega) & -Z_{21}(\omega)\\-Z_{12}(\omega) & Z_{11}(\omega)\end{bmatrix}\tag{3.15h}$$

其中,$|\boldsymbol{Z}(\omega)|=Z_{11}(\omega)Z_{22}(\omega)-Z_{12}(\omega)Z_{21}(\omega)$。频响函数矩阵第$r$行第$l$列元素为$H_{rl}(\omega)$,其意义为仅在第$l$个自由度上作用简谐力时第$r$个自由度的复响应幅值,当$r=l$时称为原点频响函数,当$r\neq l$时称为跨点频响函数。同时,根据位移阻抗矩阵$\boldsymbol{Z}(\omega)$及位移频响函数矩阵$\boldsymbol{H}(\omega)$的定义,当外激励频率确定时,这两个矩阵都仅与系统的物理参数(质量、阻尼及刚度)相关。

对于本例,$\bar{\boldsymbol{F}}=\{\bar{F}_1,\bar{F}_2\}^{\mathrm{T}}$,将其与式(3.15h)一起代入式(3.15g),可得系统两个自由度的位移复幅值分别为

$$\bar{X}_1=H_{11}(\omega)\bar{F}_1+H_{12}(\omega)\bar{F}_2=\frac{Z_{22}(\omega)\bar{F}_1-Z_{21}(\omega)\bar{F}_2}{|Z(\omega)|}=X_1\mathrm{e}^{-\mathrm{j}\phi_1}\tag{3.15i}$$

$$\bar{X}_2=H_{21}(\omega)\bar{F}_1+H_{22}(\omega)\bar{F}_2=\frac{-Z_{12}(\omega)\bar{F}_1+Z_{11}(\omega)\bar{F}_2}{|Z(\omega)|}=X_2\mathrm{e}^{-\mathrm{j}\phi_2}\tag{3.15j}$$

式中:$X_1=|\bar{X}_1|$及$X_2=|\bar{X}_2|$分别表示复数$\bar{X}_1$和$\bar{X}_2$的模;$-\phi_1=\arg(\bar{X}_1)$及$-\phi_2=\arg(\bar{X}_2)$分别表示复数X_1和X_2的相位角,此处相位角带负号是为了表示响应总是滞后于激励,这样,这里复数相位角$\arg(\cdot)$的取值范围为$(-2\pi,0]$。可以看出,这里的$\bar{X}_1$、$\bar{X}_2$实质上是关于外激励频率ω的函数,对于不同的外激励频率,其取值不同,因此,有些文献中也写为$\bar{X}_1(\omega)$和$\bar{X}_2(\omega)$,相应的,其幅值和相位也分别写为$X_1(\omega)$和$X_2(\omega)$以及$\phi_1(\omega)$和$\phi_2(\omega)$。

这样，两自由度系统在激励下的振动响应可写为

$$\boldsymbol{x}(t)=\begin{Bmatrix}x_1(t)\\x_2(t)\end{Bmatrix}=\begin{Bmatrix}X_1\mathrm{e}^{\mathrm{j}(\omega t-\phi_1)}\\X_2\mathrm{e}^{\mathrm{j}(\omega t-\phi_2)}\end{Bmatrix} \tag{3.15k}$$

对于无阻尼二自由度系统来说，因位移阻抗矩阵 $\boldsymbol{Z}(\omega)$ 及位移频响函数矩阵 $\boldsymbol{H}(\omega)$ 里面的元素全为实数，当系统仅在一个自由度上作用简谐力时，两个自由度上的响应相对于激励力的相位滞后角只能是 0 或 π。

云实验 13：多自由度系统 → 强迫振动 → 直接解法（稳态响应-简谐力激励）

可以利用云实验来研究系统参数（质量、刚度系数、阻尼系数）、外激励参数（幅值、频率）对两自由度系统在简谐力激励下的强迫振动稳态响应的影响，以及两个自由度上各自响应的特征。

3.5.2　频响函数矩阵

结合式(3.15h) 给出的两自由度系统位移频响函数矩阵，容易写出 N 自由度系统的位移频响函数矩阵 $\boldsymbol{H}_{\mathrm{d}}$ 为

$$\boldsymbol{H}_{\mathrm{d}}(\omega)=\begin{bmatrix}H_{11}(\omega) & H_{12}(\omega) & \cdots & H_{1N}(\omega)\\H_{21}(\omega) & H_{22}(\omega) & \cdots & H_{2N}(\omega)\\\vdots & \vdots & & \vdots\\H_{N1}(\omega) & H_{N2}(\omega) & \cdots & H_{NN}(\omega)\end{bmatrix} \tag{3.16a}$$

根据式(3.15b) 可知，系统速度幅值向量 $\bar{\boldsymbol{V}}(\omega)$、加速度幅值向量 $\bar{\boldsymbol{A}}(\omega)$ 与位移幅值 $\bar{\boldsymbol{X}}(\omega)$ 有如下关系

$$\bar{\boldsymbol{V}}(\omega)=\mathrm{j}\omega\bar{\boldsymbol{X}}(\omega) \tag{3.16b}$$

$$\bar{\boldsymbol{A}}(\omega)=-\omega^2\bar{\boldsymbol{X}}(\omega) \tag{3.16c}$$

进而根据式(3.15g) 可知，多自由度系统的速度频响函数矩阵 $\boldsymbol{H}_{\mathrm{v}}(\omega)$、加速度频响函数矩阵 $\boldsymbol{H}_{\mathrm{a}}(\omega)$ 与其位移频响函数矩阵 $\boldsymbol{H}_{\mathrm{d}}(\omega)$，有着与单自由度系统频响函数相似的关系，即

$$\boldsymbol{H}_{\mathrm{v}}(\omega)=\mathrm{j}\omega\boldsymbol{H}_{\mathrm{d}}(\omega) \tag{3.16d}$$

$$\boldsymbol{H}_{\mathrm{a}}(\omega)=-\omega^2\boldsymbol{H}_{\mathrm{d}}(\omega) \tag{3.16e}$$

位移频响函数矩阵 $\boldsymbol{H}_{\mathrm{d}}(\omega)$、速度频响函数矩阵 $\boldsymbol{H}_{\mathrm{v}}(\omega)$ 以及加速度频响函数矩阵 $\boldsymbol{H}_{\mathrm{a}}(\omega)$ 的第 r 行第 l 列元素的物理意义分别为，仅在第 l 个自由度上作用简谐力时第 r 个自由度的复位移响应幅值、复速度响应幅值以及复加速度响应幅值。

同样，根据式(3.15f) 两自由度系统位移阻抗矩阵，容易写出 N 自由度系统的位移阻抗矩阵 $\boldsymbol{Z}_{\mathrm{d}}$ 为

$$\boldsymbol{Z}_{\mathrm{d}}(\omega)=\begin{bmatrix} Z_{11}(\omega) & Z_{12}(\omega) & \cdots & Z_{1N}(\omega) \\ Z_{21}(\omega) & Z_{22}(\omega) & \cdots & Z_{2N}(\omega) \\ \vdots & \vdots & & \vdots \\ Z_{N1}(\omega) & Z_{N2}(\omega) & \cdots & Z_{NN}(\omega) \end{bmatrix} \tag{3.16f}$$

其中

$$Z_{rl}(\omega)=k_{rl}-\omega^2 m_{rl}+\mathrm{j}\omega c_{rl},\quad r,l=1,2,\cdots,N \tag{3.16g}$$

类似地，结合式(3.15e)，多自由度系统的速度阻抗矩阵 $\boldsymbol{Z}_{\mathrm{v}}(\omega)$、加速度阻抗矩阵 $\boldsymbol{Z}_{\mathrm{a}}(\omega)$ 与其位移阻抗矩阵 $\boldsymbol{Z}_{\mathrm{d}}(\omega)$，有着与单自由度系统阻抗相似的关系，即

$$\boldsymbol{Z}_{\mathrm{v}}(\omega)=\frac{\boldsymbol{Z}_{\mathrm{d}}(\omega)}{\mathrm{j}\omega} \tag{3.16h}$$

$$\boldsymbol{Z}_{\mathrm{a}}(\omega)=\frac{\boldsymbol{Z}_{\mathrm{d}}(\omega)}{-\omega^2} \tag{3.16i}$$

根据阻抗与频响函数的关系，易知

$$\boldsymbol{H}_{\mathrm{d}}(\omega)=\boldsymbol{Z}_{\mathrm{d}}^{-1}(\omega) \tag{3.16j}$$

$$\boldsymbol{H}_{\mathrm{v}}(\omega)=\boldsymbol{Z}_{\mathrm{v}}^{-1}(\omega) \tag{3.16k}$$

$$\boldsymbol{H}_{\mathrm{a}}(\omega)=\boldsymbol{Z}_{\mathrm{a}}^{-1}(\omega) \tag{3.16l}$$

云实验 15：多自由度系统 → 频响函数

可以利用云实验来研究两自由度系统位移频响函数(包括原点频响函数及跨点频响函数) 的多种频响曲线(包括幅频曲线、相频曲线、实部-频率曲线、虚部-频率曲线、实部-虚部曲线) 的特性，可调整系统参数(质量、刚度系数、阻尼系数) 及频率范围。

3.5.3 共振与反共振

关于共振，在 2.3.1 节单自由度系统受简谐激励时学习过，并说明对于阻尼比通常较小(即 $\zeta \ll 1$) 的工程结构，可将外激励频率等于系统固有频率时的现象称为共振现象，此时结构响应最大，即共振频率就是系统的固有频率。

结合单自由度系统共振频率与固有频率的关系，多自由度系统具有多个固有频率，也就具有多个共振频率。可利用多自由度系统的频响函数来说明多自由度系统的共振现象，图 3.9 给出了某多自由度系统的位移频响函数曲线，其中，H_{ii} 表示原点频响函数(即激励与响应为同一个自由度)，H_{ij} 表示跨点频响函数(即激励与响应为不同的自由度)。

可以清楚地看出：① 不管是原点频响函数还是跨点频响函数，都有若干个峰值，这每一个峰值就对应了系统的共振频率(近似等于系统的固有频率)；② 对于原点频响函数，任意两个峰值之间都有一个非常小的谷值，这一个值所对应的频率就称为多自由度系统的反共

振频率，也就是说，原点频响函数任意两个共振频率之间必然具有一个反共振频率；③ 对于跨点频响函数，任意两个峰值之间不一定有一个非常小的谷值，也就是说，跨点频响函数任意两个共振频率之间不一定会出现反共振频率。上述分析表明，共振频率是系统的固有特性，与频响函数没有直接的关系，而反共振频率虽然也是系统的固有特性，但其值与选取的频响函数有对应关系。

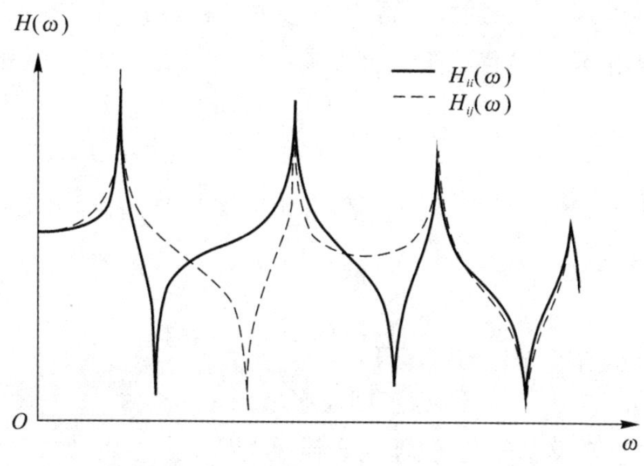

图 3.9　某多自由度系统的位移频响函数

3.6　实模态下的模态叠加法

上述分别介绍了无阻尼及有阻尼多自由度系统振动响应的求解方法，一般也称为直接解法，针对自由度不多的系统可方便求出其响应，而当自由度数目很多时，这些方法由于计算效率不高在实际工程领域一般不被采用，本节将介绍实际工程领域应用较多的一种多自由度系统振动响应求解方法 —— 模态叠加法。

3.6.1　模态展开定理

实模态下，一个 N 自由度系统的 N 个固有振型，可以构成一个 N 维空间的完备正交基底(向量)，N 维空间中的任意一向量 $\boldsymbol{x}(t)$(此处也可理解为系统各个自由度的振动响应)，都可以用这 N 个固有振型的线性组合来表示，即

$$\boldsymbol{x}(t)=\sum_{r=1}^{N} q_r(t)\boldsymbol{X}_r=\boldsymbol{\Phi}\boldsymbol{q}(t) \tag{3.17a}$$

式中：$\boldsymbol{\Phi}=[\boldsymbol{X}_1\boldsymbol{X}_2\cdots\boldsymbol{X}_N]$ 为振型矩阵；$\boldsymbol{q}(t)=\{q_1(t)\quad q_2(t)\quad\cdots\quad q_N(t)\}^{\mathrm{T}}$ 为模态坐标向量。式(3.17a) 就描述了模态展开定理，它是模态叠加法的基础。

物理坐标 $\boldsymbol{x}(t)$ 是以各自由度平衡位置为坐标向量的始点、以偏离平衡位置的大小为坐标量，模态坐标 $\boldsymbol{q}(t)$ 则是以系统的固有振型为基底、以振型参与程度(权因子) 为坐标量，而模态展开定理的实质是物理坐标 $\boldsymbol{x}(t)$ 与模态坐标 $\boldsymbol{q}(t)$ 之间的变换关系，也称为模态坐标变换。

根据模态展开定理表达式(3.17a)，可获得从模态坐标 $\boldsymbol{q}(t)$ 到物理坐标 $\boldsymbol{x}(t)$ 的转换关

系。下面来推导一下从物理坐标 $\boldsymbol{x}(t)$ 到模态坐标 $\boldsymbol{q}(t)$ 的转换关系。

给式(3.17a) 两边同乘以 $\boldsymbol{\Phi}^{\mathrm{T}}\boldsymbol{M}$，并结合模态阵型的加权正交性[即 $\boldsymbol{\Phi}^{\mathrm{T}}\boldsymbol{M}\boldsymbol{\Phi}=\mathrm{diag}(M_r)$]，可得

$$\boldsymbol{\Phi}^{\mathrm{T}}\boldsymbol{M}\boldsymbol{x}(t)=\boldsymbol{\Phi}^{\mathrm{T}}\boldsymbol{M}\boldsymbol{\Phi}\boldsymbol{q}(t)=\mathrm{diag}(M_r)\boldsymbol{q}(t) \tag{3.17b}$$

则物理坐标 $\boldsymbol{x}(t)$ 到模态坐标 $\boldsymbol{q}(t)$ 的转换关系，即模态坐标 $\boldsymbol{q}(t)$ 可表示为

$$\boldsymbol{q}(t)=\mathrm{diag}(1/M_r)\boldsymbol{\Phi}^{\mathrm{T}}\boldsymbol{M}\boldsymbol{x}(t) \tag{3.17c}$$

根据矩阵运算规则，第 r 阶模态坐标可表示为

$$q_r(t)=\frac{\boldsymbol{X}_r^{\mathrm{T}}\boldsymbol{M}\boldsymbol{x}(t)}{M_r} \tag{3.17d}$$

为了简化公式推导或计算过程，通常在模态坐标变换时，会采用正则模态振型 $\hat{\boldsymbol{X}}_r$ 及正则模态振型矩阵 $\hat{\boldsymbol{\Phi}}=[\hat{\boldsymbol{X}}_1\hat{\boldsymbol{X}}_2\cdots\hat{\boldsymbol{X}}_N]$，此时模态展开定理可表示为

$$\boldsymbol{x}(t)=\sum_{r=1}^{N}\hat{q}_r(t)\hat{\boldsymbol{X}}_r=\hat{\boldsymbol{\Phi}}\hat{\boldsymbol{q}}(t) \tag{3.17e}$$

式中，$\hat{\boldsymbol{q}}(t)=\{\hat{q}_1(t)\hat{q}_2(t)\cdots\hat{q}_N(t)\}^{\mathrm{T}}$ 为正则模态坐标。

根据 3.3.2 节中正则模态的定义(即模态质量为 1)，上述式(3.17c) 和式(3.17d) 可分别改写为

$$\hat{\boldsymbol{q}}(t)=\hat{\boldsymbol{\Phi}}^{\mathrm{T}}\boldsymbol{M}\boldsymbol{x}(t) \tag{3.17f}$$

$$\hat{q}_r(t)=\hat{\boldsymbol{X}}_r^{\mathrm{T}}\boldsymbol{M}\boldsymbol{x}(t) \tag{3.17g}$$

上述式(3.17c)、式(3.17d)、式(3.17f)、式(3.17g) 给出了任意情况下，从物理坐标到模态坐标的转换公式。当振型矩阵的逆矩阵存在时，也可直接给式(3.17a) 或式(3.17e) 两边同乘以振型矩阵的逆矩阵，来获得物理坐标到模态坐标的转换公式，即

$$\boldsymbol{q}(t)=\boldsymbol{\Phi}^{-1}\boldsymbol{x}(t) \tag{3.17h}$$

$$\hat{\boldsymbol{q}}(t)=\hat{\boldsymbol{\Phi}}^{-1}\boldsymbol{x}(t) \tag{3.17i}$$

3.6.2 振动方程的解耦

由前述 3.3.2 节学习的固有振型加权正交性可知，利用振型矩阵，可采用式(3.10l) 及式(3.10m) 将质量矩阵及刚度矩阵进行对角化，即

$$\boldsymbol{\Phi}^{\mathrm{T}}\boldsymbol{M}\boldsymbol{\Phi}=\mathrm{diag}(M_r)$$

$$\boldsymbol{\Phi}^{\mathrm{T}}\boldsymbol{K}\boldsymbol{\Phi}=\mathrm{diag}(K_r)$$

理论分析可知，阻尼矩阵可以借助模态振型矩阵对角化的充要条件是

$$\boldsymbol{K}\boldsymbol{M}^{-1}\boldsymbol{C}=\boldsymbol{C}\boldsymbol{M}^{-1}\boldsymbol{K} \tag{3.18a}$$

与之等价的条件(假设刚度矩阵 $\boldsymbol{K}$ 与阻尼矩阵 $\boldsymbol{C}$ 均正定) 为

$$\boldsymbol{C}\boldsymbol{K}^{-1}\boldsymbol{M}=\boldsymbol{M}\boldsymbol{K}^{-1}\boldsymbol{C} \tag{3.18b}$$

$$\boldsymbol{M}\boldsymbol{C}^{-1}\boldsymbol{K}=\boldsymbol{K}\boldsymbol{C}^{-1}\boldsymbol{M} \tag{3.18c}$$

通常，将满足式(3.18a) 或式(3.18b) 或式(3.18c) 的阻尼，称为经典阻尼，而 3.2.5 节中式(3.8g) 表示的工程实际中经常采用的比例阻尼就是经典阻尼的一种特例，即

$$\boldsymbol{C}=\alpha\boldsymbol{M}+\beta\boldsymbol{K}$$

式中：α 和 β 为实常数，分别表示质量及刚度的比例系数。

满足经典阻尼的阻尼矩阵 $\boldsymbol{C}$（下文如无特殊说明，系统阻尼均满足经典阻尼），可利用振型矩阵进行对角化，即

$$\boldsymbol{\Phi}^{\mathrm{T}}\boldsymbol{C}\boldsymbol{\Phi}=\mathrm{diag}(C_r) \tag{3.18d}$$

式中：C_r 为模态阻尼。

前述 3.2.5 节式(3.8a) 给出了黏性阻尼多自由度系统振动方程的一般形式，即

$$\boldsymbol{M}\ddot{\boldsymbol{x}}(t)+\boldsymbol{C}\dot{\boldsymbol{x}}(t)+\boldsymbol{K}\boldsymbol{x}(t)=\boldsymbol{f}(t)$$

针对式(3.8a)，用 $\boldsymbol{x}(t)=\boldsymbol{\Phi}\boldsymbol{q}(t)$ 进行模态坐标变换，并前乘 $\boldsymbol{\Phi}^{\mathrm{T}}$，可得

$$\boldsymbol{\Phi}^{\mathrm{T}}\boldsymbol{M}\boldsymbol{\Phi}\ddot{\boldsymbol{q}}(t)+\boldsymbol{\Phi}^{\mathrm{T}}\boldsymbol{C}\boldsymbol{\Phi}\dot{\boldsymbol{q}}(t)+\boldsymbol{\Phi}^{\mathrm{T}}\boldsymbol{K}\boldsymbol{\Phi}\boldsymbol{q}(t)=\boldsymbol{\Phi}^{\mathrm{T}}\boldsymbol{f}(t) \tag{3.18e}$$

将式(3.10l)、式(3.10m)、式(3.18d) 代入式(3.18e)，有

$$M_r\ddot{q}_r(t)+C_r\dot{q}_r(t)+K_rq_r(t)=p_r(t) \tag{3.18f}$$

式中：$r=1,2,\cdots,N$；$p_r(t)=\boldsymbol{X}_r^{\mathrm{T}}\boldsymbol{f}(t)$ 为模态激励力。

可以看到，式(3.18f) 表示的 N 个方程均与单自由度系统振动方程完全相同，且这 N 个方程互不耦合，通常也将式(3.18f) 表示的第 r 个方程也称为第 r 阶模态方程。综上所述，利用模态坐标变换以及质量矩阵、刚度矩阵、阻尼矩阵的正交性，可将耦合的 N 自由度系统振动方程组转换为 N 个不耦合的模态方程。

3.6.3　自由振动的模态叠加法

结合 3.6.2 节分析，对于自由度振动 $\boldsymbol{f}(t)=\boldsymbol{0}$，第 r 阶模态激励力 $p_r(t)$ 为

$$p_r(t)=0 \tag{3.19a}$$

相应地，解耦的模态方程式(3.18f) 可写为

$$M_r\ddot{q}_r(t)+C_r\dot{q}_r(t)+K_rq_r(t)=0 \tag{3.19b}$$

式中：$r=1,2,\cdots,N$。引入模态阻尼比

$$\zeta_r=C_r/(2\sqrt{M_rK_r}) \tag{3.19c}$$

利用固有频率 $\omega_{nr}=\sqrt{K_r/M_r}$ 及模态阻尼比 ζ_r，方程式(3.19b) 可改写为

$$\ddot{q}_r(t)+2\zeta_r\omega_{nr}\dot{q}_r(t)+\omega_{nr}^2q_r(t)=0 \tag{3.19d}$$

上述模态方程的初始条件 $q_r(0)=q_{r0}$、$\dot{q}_r(0)=\dot{q}_{r0}$，可根据物理坐标下的初始条件 $\boldsymbol{x}(0)$、$\dot{\boldsymbol{x}}(0)$，并通过物理坐标到模态坐标的坐标变换公式(3.17d) 来确定，即

$$q_{r0}=\frac{\boldsymbol{X}_r^{\mathrm{T}}\boldsymbol{M}\boldsymbol{x}(0)}{M_r} \tag{3.19e}$$

$$\dot{q}_{r0}=\frac{\boldsymbol{X}_r^{\mathrm{T}}\boldsymbol{M}\dot{\boldsymbol{x}}(0)}{M_r} \tag{3.19f}$$

可以看到，方程式(3.19d) 与有阻尼单自由度系统的自由振动方程式(2.8c) 的形式完全相同。这样，根据 2.2.2 节中的有阻尼单自由度系统自由振动响应分析，可得到如下结论：

(1) 无阻尼或欠阻尼时，即 $0 \leqslant \zeta_r < 1$，有

$$q_r(t)=\mathrm{e}^{-\zeta_r\omega_{nr}t}\left(\frac{\dot{q}_{r0}+\zeta_r\omega_{nr}q_{r0}}{\omega_{dr}}\sin\omega_{dr}t+q_{r0}\cos\omega_{dr}t\right) \tag{3.19g}$$

$$q_r(t)=A_r\mathrm{e}^{-\zeta_r\omega_{nr}t}\sin(\omega_{dr}t+\varphi_r) \tag{3.19h}$$

$$A_r=\sqrt{q_{r0}^2+\left(\frac{\dot{q}_{r0}+\zeta_r\omega_{nr}q_{r0}}{\omega_{dr}}\right)^2},\quad \varphi=\arctan\frac{\omega_{dr}q_{r0}}{\dot{q}_{r0}+\zeta_r\omega_{nr}q_{r0}} \tag{3.19i}$$

$$\omega_{dr}=\sqrt{1-\zeta_r^2}\,\omega_{nr} \tag{3.19j}$$

其中，ω_{dr} 为第 r 阶有阻尼固有频率。

(2) 临界阻尼时，即 $\zeta_r=1$，有

$$q_r(t)=A_{1r}\mathrm{e}^{-\omega_{nr}t}+A_{2r}t\mathrm{e}^{-\omega_{nr}t} \tag{3.19k}$$

$$A_{1r}=q_{r0} \tag{3.19l}$$

$$A_{2r}=q_{r0}\omega_{n}+\dot{q}_{r0} \tag{3.19m}$$

(3) 过阻尼时，即 $\zeta_r>1$，有

$$q_r(t)=A_{1r}\mathrm{e}^{s_{1r}t}+A_{2r}\mathrm{e}^{s_{2r}t} \tag{3.19n}$$

$$s_{1r,2r}=(-\zeta_r\pm\sqrt{\zeta_r^2-1})\omega_{nr} \tag{3.19o}$$

$$A_{1r}=\frac{q_{r0}s_{2r}-\dot{q}_{r0}}{s_{2r}-s_{1r}} \tag{3.19p}$$

$$A_{2r}=\frac{q_{r0}s_{1r}-\dot{q}_{r0}}{s_{1r}-s_{2r}} \tag{3.19q}$$

这样，获得了各阶模态响应之后，再利用模态展开定理式(3.17a)，就可获得物理坐标系下系统的响应，即

$$x(t)=\sum_{r=1}^{N}q_r(t)\boldsymbol{X}_r=\boldsymbol{\Phi q}(t)$$

前述 3.2.5 节介绍有阻尼多自由度系统振动方程以及 3.6.1 节讲述模态展开定理时，引入了工程中广泛采用的比例阻尼的定义，即式(3.8g)

$$\boldsymbol{C}=\alpha\boldsymbol{M}+\beta\boldsymbol{K}$$

式中：α 和 β 为实常数，这里将给出一种确定比例系数 α 和 β 的方法。给式(3.8g)左乘 $\boldsymbol{\Phi}^{\mathrm{T}}$、右乘 $\boldsymbol{\Phi}$，并结合质量矩阵、刚度矩阵以及阻尼矩阵的正交性公式(3.10l)、式(3.10m)、式(3.18d)，可得

$$C_r=\alpha M_r+\beta K_r \tag{3.19r}$$

将式(3.19r)代入模态阻尼比的定义式(3.19c)，并结合固有频率 $\omega_{nr}=\sqrt{K_r/M_r}$，可得用固有频率及 α 和 β 表示的模态阻尼比，即

$$\zeta_r=\frac{\alpha}{2\omega_{nr}}+\frac{\beta\omega_{nr}}{2} \tag{3.19s}$$

通常在实验测试过程中，利用相关模态识别方法，可以获得各阶模态的固有频率 ω_{nr} 及

模态阻尼比ζ_r。这样，利用任意两组或更多组的固有频率ω_{nr}及模态阻尼比ζ_r组合，即可建立识别α和β的线性方程组，通过方程组的求解，就可获得α和β的估计值。

云实验 12：多自由度系统 → 自由振动 → 有阻尼系统（模态叠加法）

可以利用云实验来研究系统参数（质量、刚度系数、阻尼系数）以及初始条件（初始速度、初始位移）对有阻尼两自由度系统自由振动位移响应的影响，并可探索各阶模态响应及各自由度的位移响应。

3.6.4　强迫振动的模态叠加法

根据 3.6.2 节可知，多自由度系统强迫振动的方程可通过模态坐标变换转换为式(3.18f) 表示的解耦的模态方程，即

$$M_r\ddot{q}_r(t)+C_r\dot{q}_r(t)+K_rq_r(t)=p_r(t)$$

式中：$r=1,2,\cdots,N$；$p_r(t)=\boldsymbol{X}_r^{\mathrm{T}}\boldsymbol{f}(t)$称为模态激励力。这样，只要已知系统的质量矩阵、刚度矩阵、阻尼矩阵以及外激励力向量，通过模态分析及模态坐标变换，就可写出式(3.18f) 所示的解耦的模态振动方程。可以看到，方程式(3.18f) 是一个典型的有阻尼单自由度系统的强迫振动方程，可采用 2.3 节中的相关方法求解，即当模态激励力为简谐力时，可采用 2.3.1.1 节简谐力激励下的响应求解方法；当模态激励力为周期激励时，可采用 2.3.2 节周期激励下的响应求解方法；当模态激励力为任意激励时，可采用 2.3.3 节中任意激励求解的时域法、频域法或复频域法。

不失一般性，这里假设模态激励为任意激励，采用时域法给出模态响应的求解方法。根据 2.3.3.1 节中的时域法，并假设模态阻尼为欠阻尼情况，系统的第r阶模态响应$q_r(t)$可表示为

$$q_r(t)=q_{r1}(t)+q_{r2}(t) \tag{3.20a}$$

式中：$q_{r1}(t)$表示初始条件引起的响应；$q_{r2}(t)$表示外激励引起的响应，则

$$q_{r1}(t)=\sqrt{q_{r0}^2+\left(\frac{\dot{q}_{r0}+\zeta_r\omega_{nr}q_{r0}}{\omega_{dr}}\right)^2}\,\mathrm{e}^{-\zeta_r\omega_{nr}t}\sin\left(\omega_{dr}t+\arctan\frac{\omega_{dr}q_{r0}}{\dot{q}_{r0}+\zeta_r\omega_{nr}q_{r0}}\right) \tag{3.20b}$$

$$q_{r2}(t)=\frac{1}{M_r\omega_{dr}}\int_0^t p_r(\tau)\mathrm{e}^{-\zeta_r\omega_{nr}(t-\tau)}\sin[\omega_{dr}(t-\tau)]\,\mathrm{d}\tau \tag{3.20c}$$

获得了各阶模态响应之后，再利用模态展开定理式(3.17a)，就可获得物理坐标系下系统的响应，即

$$\boldsymbol{x}(t)=\sum_{r=1}^{N}q_r(t)\boldsymbol{X}_r=\boldsymbol{\Phi q}(t)$$

综上所述，图 3.10 给出了采用模态叠加法求解多自由度系统振动响应的流程。

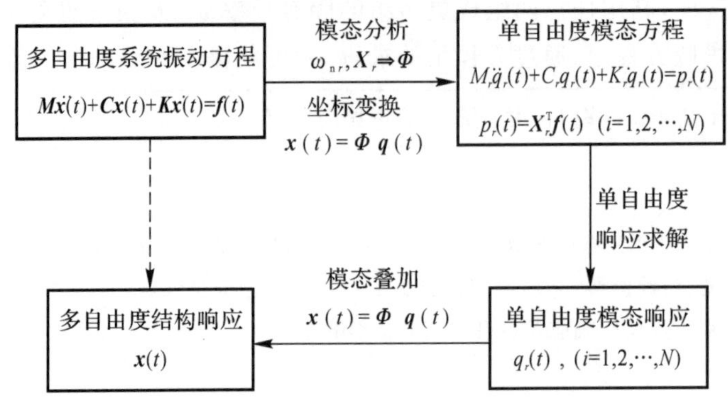

图 3.10　模态叠加法的求解流程

云实验 14：多自由度系统 → 强迫振动 → 模态叠加法(稳态响应-简谐力激励)

可以利用云实验来研究系统参数(质量、刚度系数、阻尼系数)、外激励参数(幅值、频率)对两自由度系统在简谐力激励下的强迫振动稳态响应的影响，可探索各阶模态响应及各自由度的位移响应。

3.6.5　单位脉冲响应矩阵与强迫振动响应求解

前述 2.3.3.1 节单自由度系统在任意激励下响应求解中，引入了单位脉冲响应函数的概念，并利用单位脉冲响应函数和卷积积分建立了其强迫振动响应的求解的时域法。本节利用模态展开定理，将单自由度系统的单位脉冲响应函数扩展到多自由度系统的单位脉冲响应函数矩阵(简称单位脉冲响应矩阵)，并以此建立多自由度系统强迫振动响应的时域求解方法。

针对 N 自由度系统，假设仅在第 l 个自由度作用一个单位脉冲 $\delta(t)$ 时，系统的响应用 $\boldsymbol{h}_l(t)$ 表示，即系统的振动方程式(3.8a)可写为

$$\boldsymbol{M}\ddot{\boldsymbol{h}}_l(t)+\boldsymbol{C}\dot{\boldsymbol{h}}_l(t)+\boldsymbol{K}\boldsymbol{h}_l(t)=\boldsymbol{\delta}_l(t) \tag{3.21a}$$

其中

$$\boldsymbol{\delta}_l(t)=\{0,\cdots,\overbrace{\delta(t)}^{\text{第}l\text{个}},\cdots,0\}^{\mathrm{T}} \tag{3.21b}$$

根据模态展开定理，令

$$\boldsymbol{h}_l(t)=\boldsymbol{\Phi}\boldsymbol{p}_l(t) \tag{3.21c}$$

其中，$\boldsymbol{p}_l(t)$ 表示仅在第 l 个自由度作用一个单位脉冲 $\delta(t)$ 时，系统的模态坐标向量，即

$$\boldsymbol{p}_l(t)=\{p_{1l}(t)\quad\cdots\quad p_{rl}(t)\quad\cdots\quad p_{Nl}(t)\}^{\mathrm{T}} \tag{3.21d}$$

将式(3.21c)代入方程式(3.21a)，并前乘 $\boldsymbol{\Phi}^{\mathrm{T}}$，可得

$$\boldsymbol{\Phi}^{\mathrm{T}}\boldsymbol{M}\boldsymbol{\Phi}\ddot{\boldsymbol{p}}_l(t)+\boldsymbol{\Phi}^{\mathrm{T}}\boldsymbol{C}\boldsymbol{\Phi}\dot{\boldsymbol{p}}_l(t)+\boldsymbol{\Phi}^{\mathrm{T}}\boldsymbol{K}\boldsymbol{\Phi}\boldsymbol{p}_l(t)=\boldsymbol{\Phi}^{\mathrm{T}}\delta_l(t) \tag{3.21e}$$

在经典阻尼假设下，上述方程可改写为如下 N 个解耦的模态方程，即

$$M_r\ddot{p}_{rl}(t)+C_r\dot{p}_{rl}(t)+K_rp_{rl}(t)=X_{lr}\delta(t) \tag{3.21f}$$

其中，$r=1,2,\cdots,N$。根据单自由度系统的脉冲响应函数，可知

$$p_{rl}(t)=\frac{X_{lr}}{M_r\omega_{\mathrm{d}r}}\mathrm{e}^{-\zeta_r\omega_{\mathrm{n}r}t}\sin\omega_{\mathrm{d}r}t \tag{3.21g}$$

将式(3.21g) 代入式(3.21c)，可得

$$\boldsymbol{h}_l(t)=\boldsymbol{\Phi}\boldsymbol{p}_l(t)=\sum_{r=1}^{N}p_{rl}(t)\boldsymbol{X}_r=\sum_{r=1}^{N}\frac{\boldsymbol{X}_r\boldsymbol{X}_{lr}}{M_r\omega_{\mathrm{d}r}}\mathrm{e}^{-\zeta_r\omega_{\mathrm{n}r}t}\sin\omega_{\mathrm{d}r}t \tag{3.21h}$$

这样，当单位脉冲 $\delta(t)$ 分别作用于各个自由度时，可给出单位脉冲响应矩阵 $\boldsymbol{h}(t)$ 的定义，即

$$\boldsymbol{h}(t)=[\boldsymbol{h}_1(t)\quad\cdots\quad\boldsymbol{h}_l(t)\quad\cdots\quad\boldsymbol{h}_N(t)] \tag{3.21i}$$

将式(3.21h) 代入式(3.21i)，可得

$$\boldsymbol{h}(t)=\sum_{r=1}^{N}\frac{\boldsymbol{X}_r\boldsymbol{X}_r^{\mathrm{T}}}{M_r\omega_{\mathrm{d}r}}\mathrm{e}^{-\zeta_r\omega_{\mathrm{n}r}t}\sin\omega_{\mathrm{d}r}t \tag{3.21j}$$

式(3.21j) 即为经典阻尼下欠阻尼情况的单位脉冲响应矩阵。可以看到，多自由度系统的单位脉冲响应矩阵与单自由度系统的单位脉冲响应函数一样，仅取决于系统本身参数。

下面再研究系统在任意激励下的强迫振动响应求解方法，前述 3.2.5 节式(3.8a) 给出了多自由度系统振动方程的一般形式，即

$$\boldsymbol{M}\ddot{\boldsymbol{x}}(t)+\boldsymbol{C}\dot{\boldsymbol{x}}(t)+\boldsymbol{K}\boldsymbol{x}(t)=\boldsymbol{f}(t)$$

其中，$\boldsymbol{f}(t)=\{f_1(t),\cdots,f_l(t),\cdots,f_N(t)\}^{\mathrm{T}}$。根据式(3.21a) 的响应结果可知，若仅在 $f_l(t)$ 作用下，系统的响应 $\boldsymbol{x}_{(l)}(t)$ 为 $\boldsymbol{h}_l(t)$ 与 $f_l(t)$ 的卷积，即

$$\boldsymbol{x}_{(l)}(t)=\int_0^t\boldsymbol{h}_l(t-\tau)f_l(\tau)\mathrm{d}\tau \tag{3.21k}$$

根据线性系统的叠加原理，系统在 $\boldsymbol{f}(t)$ 作用下的响应就是各自由度激励 $f_l(t)$ 分别作用下的响应之和，即

$$\boldsymbol{x}(t)=\sum_{l=1}^{N}\boldsymbol{x}_{(l)}(t) \tag{3.21l}$$

将式(3.21k) 代入式(3.21l)，可得

$$\boldsymbol{x}(t)=\sum_{j=1}^{N}\int_0^t\boldsymbol{h}_j(t-\tau)f_j(\tau)\mathrm{d}\tau \tag{3.21m}$$

进而，根据单位脉冲响应矩阵 $\boldsymbol{h}(t)$ 的表达式(3.21i) 以及外激励向量的表达式 $\boldsymbol{f}(t)$，式(3.21m) 可改写为

$$\boldsymbol{x}(t)=\int_0^t\boldsymbol{h}(t-\tau)\boldsymbol{f}(\tau)\mathrm{d}\tau \tag{3.21n}$$

式(3.21n) 即多自由度系统强迫振动响应计算的卷积积分公式。由此可见，根据系统的质量矩阵、刚度矩阵及阻尼矩阵就可写出系统的单位脉冲响应矩阵，进而通过单位脉冲响应矩阵与外激励向量之间的卷积运算，即可获得多自由度系统对任意激励力的响应。

3.6.6 频响函数矩阵与强迫振动响应求解

前述 2.3.3.2 节单自由度系统在任意激励下响应求解中，利用频响函数和傅里叶变换建立了其强迫振动响应的求解的频域法。本节利用模态展开定理，将单自由度系统的频响函数扩展到多自由度系统的频响函数矩阵，并以此建立多自由度系统强迫振动响应的频域求解方法。

前述 3.2.5 节式(3.8a) 给出了多自由度系统振动方程的一般形式，即

$$\boldsymbol{M}\ddot{\boldsymbol{x}}(t)+\boldsymbol{C}\dot{\boldsymbol{x}}(t)+\boldsymbol{K}\boldsymbol{x}(t)=\boldsymbol{f}(t)$$

假设系统受到复激励力向量 $\boldsymbol{f}(t)=\bar{\boldsymbol{F}}(\omega)\mathrm{e}^{\mathrm{j}\omega t}$ 的作用，其位移响应向量可表示为 $\boldsymbol{x}(t)=\bar{\boldsymbol{X}}(\omega)\mathrm{e}^{\mathrm{j}\omega t}$，将复激励向量及位移响应向量代入式(3.8a)，可得系统振动方程的频域表达式，即

$$(-\omega^2\boldsymbol{M}+\mathrm{j}\omega\boldsymbol{C}+\boldsymbol{K})\bar{\boldsymbol{X}}(\omega)=\bar{\boldsymbol{F}}(\omega) \tag{3.22a}$$

根据 3.5.1 节中的相关定义，系统的位移阻抗矩阵(或动刚度矩阵)$\boldsymbol{Z}(\omega)$ 及系统的位移频响函数矩阵(或位移导纳矩阵或动柔度矩阵)$\boldsymbol{H}(\omega)$ 分别为

$$\boldsymbol{Z}(\omega)=-\omega^2\boldsymbol{M}+\mathrm{j}\omega\boldsymbol{C}+\boldsymbol{K} \tag{3.22b}$$

$$\boldsymbol{H}(\omega)=-\boldsymbol{Z}^{-1}(\omega) \tag{3.22c}$$

这样，式(3.22a) 可写为

$$\bar{\boldsymbol{X}}(\omega)=\boldsymbol{H}(\omega)\bar{\boldsymbol{F}}(\omega) \tag{3.22d}$$

给式(3.22b) 前乘 $\boldsymbol{\Phi}^{\mathrm{T}}$，后乘 $\boldsymbol{\Phi}$，可得

$$\boldsymbol{\Phi}^{\mathrm{T}}\boldsymbol{Z}(\omega)\boldsymbol{\Phi}=-\omega^2\boldsymbol{\Phi}^{\mathrm{T}}\boldsymbol{M}\boldsymbol{\Phi}+\mathrm{j}\omega\boldsymbol{\Phi}^{\mathrm{T}}\boldsymbol{C}\boldsymbol{\Phi}+\boldsymbol{\Phi}^{\mathrm{T}}\boldsymbol{K}\boldsymbol{\Phi} \tag{3.22e}$$

在经典阻尼假设下，式(3.22e) 可写为

$$\boldsymbol{\Phi}^{\mathrm{T}}\boldsymbol{Z}(\omega)\boldsymbol{\Phi}=\mathrm{diag}(-\omega^2M_r+\mathrm{j}\omega C_r+K_r) \tag{3.22f}$$

式(3.22f) 两边分别求逆运算，可得

$$\boldsymbol{\Phi}^{-1}\boldsymbol{Z}^{-1}(\omega)\boldsymbol{\Phi}^{\mathrm{T}-1}=\mathrm{diag}\left(\frac{1}{-\omega^2M_r+\mathrm{j}\omega C_r+K_r}\right) \tag{3.22g}$$

给式(3.22g) 前乘 $\boldsymbol{\Phi}$，后乘 $\boldsymbol{\Phi}^{\mathrm{T}}$，可得

$$\boldsymbol{H}(\omega)=\boldsymbol{Z}^{-1}(\omega)=\boldsymbol{\Phi}\,\mathrm{diag}\left(\frac{1}{-\omega^2M_r+\mathrm{j}\omega C_r+K_r}\right)\boldsymbol{\Phi}^{\mathrm{T}} \tag{3.22h}$$

进而，利用振型矩阵 $\boldsymbol{\Phi}$ 的表达式，式(3.22h) 可改写为

$$\boldsymbol{H}(\omega)=\sum_{r=1}^{N}\frac{\boldsymbol{X}_r\boldsymbol{X}_r^{\mathrm{T}}}{-\omega^2M_r+\mathrm{j}\omega C_r+K_r} \tag{3.22i}$$

式(3.22i) 即为经典阻尼下多自由度系统的位移频响函数矩阵，若结合式(3.16d) 和式(3.16e)，也容易获得系统的速度频响函数矩阵及加速度频响函数矩阵的表达式。可以看出，多自由度系统的位移频响函数矩阵与单自由度系统的位移频响函数一样，仅取决于系统本身参数。这样，根据系统的质量矩阵、刚度矩阵及阻尼矩阵就可写出系统的频响函数矩阵，并利用傅里叶变换将外激励向量 $\boldsymbol{f}(t)$ 转换到频域 $\bar{\boldsymbol{F}}(\omega)$，再利用式(3.22d) 就可获得系统的频域响应 $\bar{\boldsymbol{X}}(\omega)$，若仍需获得系统的时域响应，对 $\bar{\boldsymbol{X}}(\omega)$ 做傅里叶逆变换即可。

以上基于振动方程的推导获得了多自由度系统强迫振动响应频域法的求解公式，其实

也可仿照 2.3.3.2 节中单自由度系统频域法的推导过程，通过对多自由度系统位移响应的卷积积分公式(3.21n) 进行傅里叶变换，来获得频域法的求解公式。采用这种方法推导时，可以获得与单自由度系统相似的性质，即多自由度系统的位移频响函数矩阵与单位脉冲响应矩阵互为傅里叶变换对，也就是

$$\boldsymbol{H}(\omega) = \mathscr{F}[\boldsymbol{h}(t)] \tag{3.22j}$$

$$\boldsymbol{h}(t) = \mathscr{F}^{-1}[\boldsymbol{H}(\omega)] \tag{3.22k}$$

式中：$\mathscr{F}[\cdot]$ 表示分别对矩阵内的每一个元素做傅里叶变换；$\mathscr{F}^{-1}[\cdot]$ 表示分别对矩阵内的每一个元素做傅里叶逆变换。

3.6.7　具有刚体模态的响应求解

前述 3.3.3 节告诉我们，对于半正定系统，存在对应于零固有频率的刚体模态。为简化分析，这里以具有刚体模态的无阻尼多自由度系统的自由振动响应求解，来说明具有刚体模态时，系统响应的求解方法。

当系统具有零固有频率时，零固有频率必然出现在最低阶模态。这里假设系统只有一个刚体模态，即 $\omega_{n1}=0$，将其代入特征方程式(3.9d)，可得

$$|\boldsymbol{K}| = 0 \tag{3.23a}$$

式(3.23a) 表明，刚度矩阵 $\boldsymbol{K}$ 奇异是零固有频率存在的充要条件，此时式(3.9c) 描述的系统广义特征值问题也可写为

$$\boldsymbol{KX} = \boldsymbol{0} \tag{3.23b}$$

可以看出，此时刚度矩阵 $\boldsymbol{K}$ 也必然是半正定的，系统按刚体模态运动时，不发生弹性变形，也没有弹性恢复力。

将 $\omega_{n1}=0$ 代入 3.6.3 节中建立的模态坐标方程式(3.19d) 中，可得

$$\ddot{q}_1(t) = 0 \tag{3.23c}$$

易知，式(3.23c) 的解为

$$q_1(t) = at + b \tag{3.23d}$$

式中：系数 a 和 b 由初始条件决定。式(3.23d) 表明，刚体模态对应的主振动随着时间匀速增大，也就是产生刚体位移。

在获取刚体模态的主振动响应之后，再逐一求解其他模态的主振动响应，最后利用模态展开定理式(3.17a)，即可获得系统包含刚体位移在内的振动响应。然而，在具有刚体模态的振动系统响应分析中，有时需要获取系统消除刚体位移后的振动响应。针对这一情况，可利用振型的加权正交性来消除刚体自由度，进而在系统的响应中消除刚体位移响应。假设 $\boldsymbol{X}_1$ 为零固有频率 $\omega_{n1}=0$ 对应的刚体模态振型，则根据振型的加权正交性条件，可得

$$\boldsymbol{X}_1^{\mathrm{T}}\boldsymbol{MX}_r = \boldsymbol{0}, \quad r = 2,3,\cdots,N \tag{3.23e}$$

式中：$\boldsymbol{X}_r$ 表示除刚体模态之外的其他振型。这样，根据模态展开定理式(3.17a)，将上述中的 $\boldsymbol{X}_r$ 与其模态坐标 $q_r(t)$ 乘积并求和，即可获得消除刚体位移之后的系统响应，即

$$\boldsymbol{x}(t) = \sum_{r=2}^{N} q_r(t)\boldsymbol{X}_r = \sum_{r=2}^{N} \boldsymbol{X}_r q_r(t) \tag{3.23f}$$

给式(3.23e) 右乘 $q_r(t)$，并将这 $N-1$ 个公式求和，可得

$$X_1^{\mathrm{T}} M x(t)=0 \tag{3.23g}$$

利用此位移约束条件就可消除系统的一个自由度，得到不含刚体位移的缩减系统，而缩减系统的刚度矩阵将是非奇异的。

下面用一个例子说明具有刚体模态的多自由度系统的自由振动响应求解方法。如图3.11所示的无阻尼四自由度系统，假设 $m_1=m_2=m_3=m_4=m$、$k_1=k_2=k_3=k$，求系统在初始条件 $\boldsymbol{x}(0)=\{0\quad 0\quad 0\quad 0\}^{\mathrm{T}}$、$\dot{\boldsymbol{x}}(0)=\{v\quad 0\quad 0\quad v\}^{\mathrm{T}}$ 下的振动响应。

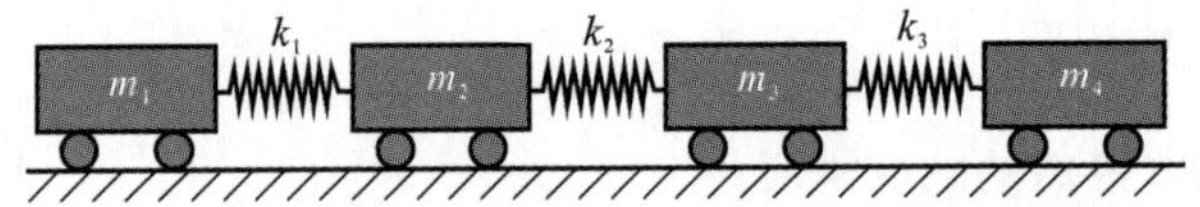

图 3.11 沿水平方向运动的无阻尼四自由度系统

1. *方法1：最终位移响应包含刚体位移*

利用3.2节中的任一种方法可以建立系统的振动方程，如下

$$M\ddot{x}(t)+Kx(t)=\mathbf{0} \tag{3.24a}$$

其中

$$M=m\begin{bmatrix}1&0&0&0\\0&1&0&0\\0&0&1&0\\0&0&0&1\end{bmatrix} \tag{3.24b}$$

$$K=k\begin{bmatrix}1&-1&0&0\\-1&2&-1&0\\0&-1&2&-1\\0&0&-1&1\end{bmatrix} \tag{3.24c}$$

$$x(t)=\{x_1(t)\quad x_2(t)\quad x_3(t)\quad x_4(t)\}^{\mathrm{T}} \tag{3.24d}$$

系统的广义特征值问题及特征方程分别为

$$(K-\omega^2 M)X=0 \tag{3.24e}$$

$$|K-\omega^2 M|=0 \tag{3.24f}$$

将质量矩阵 $\boldsymbol{M}$、刚度矩阵 $\boldsymbol{K}$ 代入特征方程式(3.24f)，可得系统的四阶固有频率分别为

$$\omega_{\mathrm{n1}}^2=0,\quad \omega_{\mathrm{n2}}^2=(2-\sqrt{2})\frac{k}{m},\quad \omega_{\mathrm{n3}}^2=2\frac{k}{m},\quad \omega_{\mathrm{n4}}^2=(2+\sqrt{2})\frac{k}{m} \tag{3.24g}$$

将上述固有频率逐一代入特征值问题方程式(3.24e)，可得系统的各阶模态振型，将其写成振型矩阵，即

$$\boldsymbol{\Phi}=\begin{bmatrix}1&-1&1&-1\\1&1-\sqrt{2}&-1&1+\sqrt{2}\\1&-(1-\sqrt{2})&-1&-(1+\sqrt{2})\\1&1&1&1\end{bmatrix} \tag{3.24h}$$

为简化求解过程，后续采用正则模态进行坐标变换。根据模态质量的计算公式 $M_r=$

$\boldsymbol{X}_r^{\mathrm{T}}\boldsymbol{M}\boldsymbol{X}_r$，可得各阶模态质量分别为

$$M_1=4m,\quad M_2=4(2-\sqrt{2})m,\quad M_3=4m,\quad M_4=4(2+\sqrt{2})m \tag{3.24i}$$

按照模态质量置 1 法对振型进行归一化，即 $\hat{\boldsymbol{X}}_r=\dfrac{1}{\sqrt{M_r}}\boldsymbol{X}_r$，可得正则模态振型矩阵

$$\hat{\boldsymbol{\Phi}}=\frac{1}{2\sqrt{m}}\begin{bmatrix}1 & \dfrac{-1}{\sqrt{2-\sqrt{2}}} & 1 & \dfrac{-1}{\sqrt{2+\sqrt{2}}}\\ 1 & \dfrac{1-\sqrt{2}}{\sqrt{2-\sqrt{2}}} & -1 & \dfrac{1+\sqrt{2}}{\sqrt{2+\sqrt{2}}}\\ 1 & \dfrac{-(1-\sqrt{2})}{\sqrt{2-\sqrt{2}}} & -1 & \dfrac{-(1+\sqrt{2})}{\sqrt{2+\sqrt{2}}}\\ 1 & \dfrac{1}{\sqrt{2-\sqrt{2}}} & 1 & \dfrac{1}{\sqrt{2+\sqrt{2}}}\end{bmatrix} \tag{3.24j}$$

根据物理坐标到模态坐标的转换公式(3.17f)，即，$\hat{\boldsymbol{q}}(t)=\hat{\boldsymbol{\Phi}}^{\mathrm{T}}\boldsymbol{M}\boldsymbol{x}(t)$，可得模态坐标下的初始条件，即

$$\hat{\boldsymbol{q}}(t)=\hat{\boldsymbol{\Phi}}^{\mathrm{T}}\boldsymbol{M}\begin{Bmatrix}0\\0\\0\\0\end{Bmatrix}=\begin{Bmatrix}0\\0\\0\\0\end{Bmatrix} \tag{3.24k}$$

$$\dot{\hat{\boldsymbol{q}}}(t)=\hat{\boldsymbol{\Phi}}^{\mathrm{T}}\boldsymbol{M}\begin{Bmatrix}v\\0\\0\\v\end{Bmatrix}=\sqrt{m}\,v\begin{Bmatrix}1\\0\\1\\0\end{Bmatrix} \tag{3.24l}$$

下面，分别求解各阶模态振动方程。

针对第 1 阶模态，$\omega_{\mathrm{n1}}^2=0$，其通解可用式(3.23d) 表示，即

$$\hat{q}_1(t)=at+b \tag{3.24m}$$

代入初始条件 $\hat{q}_1(0)=0$、$\dot{\hat{q}}_1(0)=\sqrt{m}\,v$，可得 $a=\sqrt{m}\,v$、$b=0$，即

$$\hat{q}_1(t)=\sqrt{m}\,vt \tag{3.24n}$$

针对第 2 ~ 4 阶模态，$\omega_{\mathrm{n}r}^2>0$，其通解可用式(3.19g) 表示，即

$$\hat{q}_r(t)=\frac{\dot{\hat{q}}_r(0)}{\omega_{\mathrm{n}r}}\sin\omega_{\mathrm{n}r}t+\hat{q}_r(0)\cos\omega_{\mathrm{n}r}t,\quad r=2,3,4 \tag{3.24o}$$

将式(3.24k) 及式(3.24l) 表示的模态坐标初始条件分别代入式(3.24o)，可得

$$\hat{q}_2(t)=0 \tag{3.24p}$$

$$\hat{q}_3(t)=\frac{\sqrt{m}\,v}{\omega_{\mathrm{n3}}}\sin\omega_{\mathrm{n3}}t \tag{3.24q}$$

$$\hat{q}_4(t)=0 \tag{3.24r}$$

即模态坐标响应向量为

$$\hat{\boldsymbol{q}}(t)=\begin{Bmatrix}\sqrt{m}vt\\0\\\dfrac{\sqrt{m}v}{\omega_{n3}}\sin\omega_{n3}t\\0\end{Bmatrix}\tag{3.24s}$$

最后，系统在物理空间的响应可表示为

$$\boldsymbol{x}(t)=\hat{\boldsymbol{\Phi}}\hat{\boldsymbol{q}}(t)=\frac{v}{2}\begin{Bmatrix}t+\dfrac{1}{\omega_{n3}}\sin\omega_{n3}t\\t-\dfrac{1}{\omega_{n3}}\sin\omega_{n3}t\\t-\dfrac{1}{\omega_{n3}}\sin\omega_{n3}t\\t+\dfrac{1}{\omega_{n3}}\sin\omega_{n3}t\end{Bmatrix}\tag{3.24t}$$

2. *方法2：最终位移响应不包含刚体位移*

利用式(3.23g)表示的附加约束条件 $\boldsymbol{X}_1^{\mathrm{T}}\boldsymbol{M}\boldsymbol{x}(t)=0$，可得

$$x_1(t)+x_2(t)+x_3(t)+x_4(t)=0\tag{3.25a}$$

将上述方程代入系统振动方程式(3.24a)，整理可得缩减系统的振动方程

$$m\begin{bmatrix}1&0&0\\0&1&0\\0&0&1\end{bmatrix}\begin{Bmatrix}\ddot{x}_2(t)\\\ddot{x}_3(t)\\\ddot{x}_4(t)\end{Bmatrix}+k\begin{bmatrix}3&0&1\\-1&2&-1\\0&-1&1\end{bmatrix}\begin{Bmatrix}x_2(t)\\x_3(t)\\x_4(t)\end{Bmatrix}=\begin{Bmatrix}0\\0\\0\end{Bmatrix}\tag{3.25b}$$

将上述缩减系统振动方程的质量矩阵、刚度矩阵代入特征方程式(3.24f)，可得缩减系统的三个固有频率分别为

$$\omega_{n1}^2=(2-\sqrt{2})\frac{k}{m},\quad \omega_{n2}^2=2\frac{k}{m},\quad \omega_{n3}^2=(2+\sqrt{2})\frac{k}{m}\tag{3.25c}$$

将上述三个固有频率分别代入广义特征值方程(3.24e)，并按照模态质量置1法对振型进行归一化，可得缩减系统的正则化模态振型矩阵

$$\hat{\boldsymbol{\Phi}}=\frac{1}{2\sqrt{m}}\begin{bmatrix}\dfrac{1-\sqrt{2}}{\sqrt{2-\sqrt{2}}}&-1&\dfrac{1+\sqrt{2}}{\sqrt{2+\sqrt{2}}}\\\dfrac{-(1-\sqrt{2})}{\sqrt{2-\sqrt{2}}}&-1&\dfrac{-(1+\sqrt{2})}{\sqrt{2+\sqrt{2}}}\\\dfrac{1}{\sqrt{2-\sqrt{2}}}&1&\dfrac{1}{\sqrt{2+\sqrt{2}}}\end{bmatrix}\tag{3.25d}$$

可以看到，缩减系统的三个固有频率就是原系统的三阶弹性模态的固有频率，而缩减系统的正则模态振型矩阵，也是原系统正则模态矩阵对应于自由度 $x_2(t)$、$x_3(t)$、$x_4(t)$ 上的值。

根据物理坐标到模态坐标的转换公式(3.17f)，即 $\hat{\boldsymbol{q}}(t)=\hat{\boldsymbol{\Phi}}^{\mathrm{T}}\boldsymbol{M}\boldsymbol{x}(t)$，可得模态坐标下的初始条件，即

$$\hat{\boldsymbol{q}}(t)=\hat{\boldsymbol{\Phi}}^{\mathrm{T}}\boldsymbol{M}\begin{Bmatrix}0\\0\\0\end{Bmatrix}=\begin{Bmatrix}0\\0\\0\end{Bmatrix} \tag{3.25e}$$

$$\dot{\hat{\boldsymbol{q}}}(t)=\hat{\boldsymbol{\Phi}}^{\mathrm{T}}\boldsymbol{M}\begin{Bmatrix}0\\0\\v\end{Bmatrix}=\sqrt{m}\,v\begin{Bmatrix}0\\1\\0\end{Bmatrix} \tag{3.25f}$$

下面分别求解各阶模态振动方程。

针对各阶模态，$\omega_{nr}^2>0$，其通解可用式(3.19g) 表示，即

$$\hat{q}_r(t)=\frac{\dot{\hat{q}}_r(0)}{\omega_{nr}}\sin\omega_{nr}t+\hat{q}_r(0)\cos\omega_{nr}t\ ,\quad r=1,2,3$$

将式(3.25e) 及式(3.25f) 表示的模态坐标初始条件分别代入上式，可得

$$\hat{q}_1(t)=0 \tag{3.25g}$$

$$\hat{q}_2(t)=\frac{\sqrt{m}\,v}{\omega_{n3}}\sin\omega_{n3}t \tag{3.25h}$$

$$\hat{q}_3(t)=0 \tag{3.25i}$$

即模态坐标响应向量为

$$\hat{\boldsymbol{q}}(t)=\begin{Bmatrix}0\\ \dfrac{\sqrt{m}\,v}{\omega_{n3}}\sin\omega_{n3}t\\ 0\end{Bmatrix} \tag{3.25j}$$

最后，系统在物理空间的响应可表示为

$$\begin{Bmatrix}x_2(t)\\x_3(t)\\x_4(t)\end{Bmatrix}=\hat{\boldsymbol{\Phi}}\hat{\boldsymbol{q}}(t)=\frac{v}{2}\begin{Bmatrix}-\dfrac{1}{\omega_{n3}}\sin\omega_{n3}t\\ -\dfrac{1}{\omega_{n3}}\sin\omega_{n3}t\\ \dfrac{1}{\omega_{n3}}\sin\omega_{n3}t\end{Bmatrix} \tag{3.25k}$$

再根据式(3.25a)，可得

$$x_1(t)=\frac{v}{2}\frac{1}{\omega_{n3}}\sin\omega_{n3}t \tag{3.25l}$$

写成向量形式，则有

$$\boldsymbol{x}(t)=\begin{Bmatrix}x_1(t)\\x_2(t)\\x_3(t)\\x_4(t)\end{Bmatrix}=\frac{v}{2}\begin{Bmatrix}\dfrac{1}{\omega_{n3}}\sin\omega_{n3}t\\ -\dfrac{1}{\omega_{n3}}\sin\omega_{n3}t\\ -\dfrac{1}{\omega_{n3}}\sin\omega_{n3}t\\ \dfrac{1}{\omega_{n3}}\sin\omega_{n3}t\end{Bmatrix} \tag{3.25m}$$

对比方法 1 获得的含刚体位移响应公式(3.24t) 和方法 2 获得的不包含刚体位移的系统响应式(3.25m),方法 2 获得的结果其实就是在方法 1 的基础上,消除了系统的刚体位移 $(vt)/2$。需要注意的是,方法 1 获得的系统响应的坐标原点是与大地固定的,即方法 1 获得的都是绝对位移;方法 2 获得的系统响应 $x_2(t)$、$x_3(t)$、$x_4(t)$ 的坐标值是其相对于 $x_1(t)$ 的相对位移值,而 $x_1(t)$ 的坐标值是其相对于 m_2、m_3、m_4 组成的整体的相对位移值,即方法 2 获得的都是相对位移。

3.6.8 具有重频模态的响应求解

工程中经常会遇到一类结构,其特征方程有重根,即存在固有频率相同的模态,通常将具有相同固有频率的模态称为重频模态。不失一般性,假设 N 自由度系统的第 r 阶固有频率是 m 重根,即 $\omega_{nr}=\omega_{n(r+1)}=\cdots=\omega_{n(r+m-1)}$,其余固有频率都是单根,将 $\omega=\omega_{nr}$ 代入特征值问题方程式(3.9c),可得

$$(\boldsymbol{K}-\omega_{nr}^2\boldsymbol{M})\boldsymbol{X}=\boldsymbol{0} \tag{3.26a}$$

根据 ω_{nr} 是 m 重根,可知 ω_{nr} 对应的特征矩阵的秩

$$\operatorname{rank}(\boldsymbol{K}-\omega_{nr}^2\boldsymbol{M})=N-m \tag{3.26b}$$

则方程式(3.26a)中只有 $N-m$ 个方程是独立的。例如,当 ω_{nr} 为单根时,即 $m=1$,N 个方程中有 $N-1$ 个方程是独立的。

为简化问题,假设 N 自由度系统只有一对 2 重根 $\omega_{nr}=\omega_{n(r+1)}$,即

$$\omega_{n1}\neq\omega_{n2}\neq\cdots\neq\omega_{n(r-1)}\neq\omega_{nr}=\omega_{n(r+1)}\neq\omega_{n(r+2)}\neq\cdots\neq\omega_{nN} \tag{3.26c}$$

将这些固有频率逐一代入特征问题方程式(3.26a),可得系统的 N 阶模态振型,且具有如下关系:

$$\boldsymbol{X}_1\neq\boldsymbol{X}_2\neq\cdots\neq\boldsymbol{X}_{r-1}\neq\boldsymbol{X}_r=\boldsymbol{X}_{r+1}\neq\boldsymbol{X}_{r+2}\neq\cdots\neq\boldsymbol{X}_N \tag{3.26d}$$

根据固有频率之间的关系,容易证明系统各阶振型具有如下的加权正交性,即

$$\boldsymbol{X}_r \text{ 或 } \boldsymbol{X}_{r+1} \text{ 与 } \boldsymbol{X}_l(l=1,2,\cdots,r-1,r+2,N) \text{ 加权正交} \tag{3.26e}$$

$$\boldsymbol{X}_l(l=1,2,\cdots,r-1,r+2,N) \text{ 相互加权正交} \tag{3.26f}$$

上述分析表明,除了 $\boldsymbol{X}_r$ 与 $\boldsymbol{X}_{r+1}$ 不满足加权正交性外,其余组合都满足加权正交性,此时,振型关于质量矩阵及刚度矩阵的加权正交性可写为

$$\boldsymbol{\Phi}^{\mathrm{T}}\boldsymbol{M}\boldsymbol{\Phi}=\begin{bmatrix} M_1 & 0 & \cdots & 0 & 0 & 0 & 0 & \cdots & 0 \\ 0 & M_2 & \cdots & 0 & 0 & 0 & 0 & \cdots & 0 \\ \vdots & \vdots & & \vdots & \vdots & \vdots & \vdots & & 0 \\ 0 & 0 & \cdots & M_{r-1} & 0 & 0 & 0 & \cdots & 0 \\ 0 & 0 & \cdots & 0 & M_r & M_{(r+1)r} & 0 & \cdots & 0 \\ 0 & 0 & \cdots & 0 & M_{r(r+1)} & M_{r+1} & 0 & \cdots & 0 \\ 0 & 0 & \cdots & 0 & 0 & 0 & M_{r+2} & \cdots & 0 \\ \vdots & \vdots & & \vdots & \vdots & \vdots & \vdots & & \vdots \\ 0 & 0 & \cdots & 0 & 0 & 0 & 0 & \cdots & M_N \end{bmatrix} \tag{3.26g}$$

$$\boldsymbol{\Phi}^{\mathrm{T}}\boldsymbol{K}\boldsymbol{\Phi}=\begin{bmatrix} K_1 & 0 & \cdots & 0 & 0 & 0 & 0 & \cdots & 0 \\ 0 & K_2 & \cdots & 0 & 0 & 0 & 0 & \cdots & 0 \\ \vdots & \vdots & & \vdots & \vdots & \vdots & \vdots & & 0 \\ 0 & 0 & \cdots & K_{r-1} & 0 & 0 & 0 & \cdots & 0 \\ 0 & 0 & \cdots & 0 & K_r & K_{(r+1)r} & 0 & \cdots & 0 \\ 0 & 0 & \cdots & 0 & K_{r(r+1)} & K_r & 0 & \cdots & 0 \\ 0 & 0 & \cdots & 0 & 0 & 0 & K_{r+2} & \cdots & 0 \\ \vdots & \vdots & & \vdots & \vdots & \vdots & \vdots & & \vdots \\ 0 & 0 & \cdots & 0 & 0 & 0 & 0 & \cdots & K_N \end{bmatrix} \tag{3.26h}$$

其中

$$M_r=M_{r+1}=M_{r(r+1)}=M_{(r+1)r}=\boldsymbol{X}_r^{\mathrm{T}}\boldsymbol{M}\boldsymbol{X}_r \tag{3.26i}$$

$$K_r=K_{r+1}=K_{r(r+1)}=K_{(r+1)r}=\boldsymbol{X}_r^{\mathrm{T}}\boldsymbol{K}\boldsymbol{X}_r \tag{3.26j}$$

可以看出，这种情况下质量矩阵及刚度矩阵都不能通过振型矩阵进行解耦，也就不能采用模态叠加法进行振动响应求解，则需要处理的问题就是如何让 $\boldsymbol{X}_r$ 与 $\boldsymbol{X}_{r+1}$ 也正交，以使得 $M_{r(r+1)}=M_{(r+1)r}=0$、$K_{r(r+1)}=K_{(r+1)r}=0$。

上述分析可知，当 $\omega_{\mathrm{n}r}=\omega_{\mathrm{n}(r+1)}$，计算 $\omega_{\mathrm{n}r}$ 对应的振型时，特征值问题方程式(3.26a)中有 2 个方程是不独立的。去掉不独立的两个方程(这里假设最后两个方程不独立)，并将振型的元素分为两组，一组包含振型前 $N-2$ 个元素、一组包含最后两个元素，即

$$\boldsymbol{X}_r^u=\{X_{1r} \quad X_{2r} \quad \cdots \quad X_{(N-2)r}\}^{\mathrm{T}} \tag{3.26k}$$

$$\boldsymbol{X}_r^l=\{X_{(N-1)r} \quad X_{Nr}\}^{T} \tag{3.26l}$$

则特征值问题方程式(3.26a)可改写为

$$\left(\begin{bmatrix}\boldsymbol{K}^u & \boldsymbol{K}^l\end{bmatrix}-\omega_{\mathrm{n}r}^2\begin{bmatrix}\boldsymbol{M}^u & \boldsymbol{M}^l\end{bmatrix}\right)\begin{bmatrix}\boldsymbol{X}_r^u \\ \boldsymbol{X}_r^l\end{bmatrix}=\boldsymbol{0} \tag{3.26m}$$

其中

$$\boldsymbol{K}^u=\begin{bmatrix} k_{11} & k_{12} & \cdots & k_{1(N-2)} \\ k_{21} & k_{22} & \cdots & k_{2(N-2)} \\ \vdots & \vdots & & \vdots \\ k_{(N-2)1} & k_{(N-2)2} & \cdots & k_{(N-2)(N-2)} \end{bmatrix} \tag{3.26n}$$

$$\boldsymbol{K}^l=\begin{bmatrix} k_{1(N-1)} & k_{1N} \\ k_{2(N-1)} & k_{2N} \\ \vdots & \vdots \\ k_{(N-2)(N-1)} & k_{(N-2)N} \end{bmatrix} \tag{3.26o}$$

$$\boldsymbol{M}^u=\begin{bmatrix} m_{11} & m_{12} & \cdots & m_{1(N-2)} \\ m_{21} & m_{22} & \cdots & m_{2(N-2)} \\ \vdots & \vdots & & \vdots \\ m_{(N-2)1} & m_{(N-2)2} & \cdots & m_{(N-2)(N-2)} \end{bmatrix} \tag{3.26p}$$

$$\boldsymbol{M}^{l}=\begin{bmatrix} m_{1(N-1)} & m_{1N} \\ m_{2(N-1)} & m_{2N} \\ \vdots & \vdots \\ m_{(N-2)(N-1)} & m_{(N-2)N} \end{bmatrix} \tag{3.26q}$$

将与振型 $\boldsymbol{X}_r$ 最后两个元素 $\boldsymbol{X}_r^l$ 的有关项移至等号右端，式(3.26m) 可改写为

$$(\boldsymbol{K}^u-\omega_{nr}^2\boldsymbol{M}^u)\boldsymbol{X}_r^u=-(\boldsymbol{K}^l-\omega_{nr}^2\boldsymbol{M}^l)\boldsymbol{X}_r^l \tag{3.26r}$$

根据上述分析，当 $\boldsymbol{X}_r^l$ 一定时，关于 $\boldsymbol{X}_r^u$ 的方程式(3.26r) 有唯一的解。这样，任意给定 $\boldsymbol{X}_r^l$ 两组线性独立的值，不妨分别用 $\boldsymbol{X}_r^l$ 和 $\boldsymbol{X}_{r+1}^l$ 表示，即

$$\boldsymbol{X}_r^l=\begin{Bmatrix}1\\0\end{Bmatrix} \tag{3.26s}$$

$$\boldsymbol{X}_{r+1}^l=\begin{Bmatrix}0\\1\end{Bmatrix} \tag{3.26t}$$

将上述两式分别代入式(3.26r)，即可解得两组不同的 $\boldsymbol{X}_r^u$ 和 $\boldsymbol{X}_{r+1}^u$，也就获得了两组不相等的固有振型，即

$$\boldsymbol{X}_r=\begin{Bmatrix}\boldsymbol{X}_r^u\\0\\1\end{Bmatrix} \tag{3.26u}$$

$$\boldsymbol{X}_{r+1}=\begin{Bmatrix}\boldsymbol{X}_{r+1}^u\\1\\0\end{Bmatrix} \tag{3.26v}$$

上述振型 $\boldsymbol{X}_r$ 和 $\boldsymbol{X}_{r+1}$ 虽然不相等，但一般情况下并不加权正交，为保证它们满足加权正交性，令

$$\check{\boldsymbol{X}}_{r+1}=\boldsymbol{X}_{r+1}+c\boldsymbol{X}_r \tag{3.26w}$$

根据线性叠加原理，$\check{\boldsymbol{X}}_{r+1}$ 也必然是方程式(3.26a) 的解，即 $\check{\boldsymbol{X}}_{r+1}$ 也为系统的第 $r+1$ 阶振型。若 $\check{\boldsymbol{X}}_{r+1}$ 与 $\boldsymbol{X}_r$ 加权正交，则需满足

$$\boldsymbol{X}_r^{\mathrm{T}}\boldsymbol{M}\check{\boldsymbol{X}}_{r+1}=0 \tag{3.26x}$$

将式(3.26w) 代入式(3.26x)，可得

$$c=-\frac{\boldsymbol{X}_r^{\mathrm{T}}\boldsymbol{M}\boldsymbol{X}_{r+1}}{\boldsymbol{X}_r^{\mathrm{T}}\boldsymbol{M}\boldsymbol{X}_r}=-\frac{1}{M_r}\boldsymbol{X}_r^{\mathrm{T}}\boldsymbol{M}\boldsymbol{X}_{r+1} \tag{3.26y}$$

在获得 c 之后，代入式(3.26w)，即可获得与第 r 阶振型 $\boldsymbol{X}_r$ 加权正交的第 $r+1$ 阶振型 $\check{\boldsymbol{X}}_{r+1}$，这样，系统的振型矩阵可写为

$$\boldsymbol{\Phi}=[\boldsymbol{X}_1\quad \boldsymbol{X}_2\quad \cdots\quad \boldsymbol{X}_{r-1}\quad \boldsymbol{X}_r\quad \check{\boldsymbol{X}}_{r+1}\quad \boldsymbol{X}_{r+2}\quad \cdots\quad \boldsymbol{X}_N] \tag{3.26z}$$

在获得上述振型矩阵之后，就可采用该振型矩阵对质量矩阵、刚度矩阵及阻尼矩阵对角化，并利用模态叠加法进行振动响应求解。

下面用一个例子说明具有重频模态的多自由度系统的正交振型矩阵求解方法，如图 3.12 所示的无阻尼四自由度系统，假设 $m_1=m_2=m_3=m_4=m$。

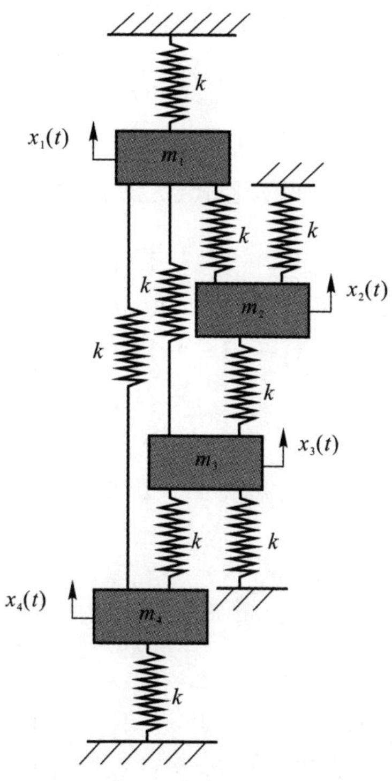

图 3.12　无阻尼四自由度系统

利用 3.2 节中的任一种方法可以建立系统的振动方程，如下

$$\boldsymbol{M}\ddot{\boldsymbol{x}}(t)+\boldsymbol{K}\boldsymbol{x}(t)=\boldsymbol{0} \tag{3.27a}$$

式中

$$\boldsymbol{M}=m\begin{bmatrix}1&0&0&0\\0&1&0&0\\0&0&1&0\\0&0&0&1\end{bmatrix} \tag{3.27b}$$

$$\boldsymbol{K}=k\begin{bmatrix}4&-1&-1&-1\\-1&3&-1&0\\-1&-1&4&-1\\-1&0&-1&3\end{bmatrix} \tag{3.27c}$$

$$\boldsymbol{x}(t)=\{x_1(t)\quad x_2(t)\quad x_3(t)\quad x_4(t)\}^{\mathrm{T}} \tag{3.27d}$$

系统的广义特征值问题及特征方程分别为

$$(\boldsymbol{K}-\omega^2\boldsymbol{M})\boldsymbol{X}=\boldsymbol{0} \tag{3.27e}$$

$$|\boldsymbol{K}-\omega^2\boldsymbol{M}|=0 \tag{3.27f}$$

将质量矩阵 $\boldsymbol{M}$、刚度矩阵 $\boldsymbol{K}$ 代入特征方程式(3.27f)，可得系统的四阶固有频率分别为

$$\omega_{\mathrm{n1}}^2=\frac{k}{m},\quad \omega_{\mathrm{n2}}^2=\frac{3k}{m},\quad \omega_{\mathrm{n3}}^2=\omega_{\mathrm{n4}}^2=\frac{5k}{m} \tag{3.27g}$$

将 $\omega_{n1}^2=\frac{k}{m}$ 和 $\omega_{n2}^2=\frac{3k}{m}$ 分别代入特征值问题方程式(3.27e)，可得前两阶模态振型分别为

$$\boldsymbol{X}_1=\{1\quad 1\quad 1\quad 1\}^{\mathrm{T}} \tag{3.27h}$$

$$\boldsymbol{X}_2=\{0\quad -1\quad 0\quad 1\}^{\mathrm{T}} \tag{3.27i}$$

将 $\omega_{n3}^2=\omega_{n4}^2=\frac{5k}{m}$ 代入特征值问题方程式(3.27e)，可得

$$\begin{bmatrix}-1 & -1 & -1 & -1\\ -1 & -2 & -1 & 0\\ -1 & -1 & -1 & -1\\ -1 & 0 & -1 & -2\end{bmatrix}\begin{Bmatrix}X_{1r}\\ X_{2r}\\ X_{3r}\\ X_{4r}\end{Bmatrix}=\begin{Bmatrix}0\\0\\0\\0\end{Bmatrix} \tag{3.27j}$$

其中，振型的下标 r 表示 3 或 4。观察可知，第三个方程与第一个方程完全一样，第四个方程可由第一个方程乘以 2 再减去第二个方程得到。因此，第三个、第四个方程均不独立，可以去掉，则

$$\begin{bmatrix}-1 & -1\\ -1 & -2\end{bmatrix}\begin{Bmatrix}X_{1r}\\ X_{2r}\end{Bmatrix}=-\begin{bmatrix}-1 & -1\\ -1 & 0\end{bmatrix}\begin{Bmatrix}X_{3r}\\ X_{4r}\end{Bmatrix} \tag{3.27k}$$

求解可得

$$\begin{Bmatrix}X_{1r}\\ X_{2r}\end{Bmatrix}=\begin{bmatrix}-1 & -2\\ 0 & 1\end{bmatrix}\begin{Bmatrix}X_{3r}\\ X_{4r}\end{Bmatrix} \tag{3.27l}$$

令 $\begin{Bmatrix}X_{3r}\\ X_{4r}\end{Bmatrix}$ 分别等于 $\begin{Bmatrix}1\\0\end{Bmatrix}$ 和 $\begin{Bmatrix}0\\1\end{Bmatrix}$，可得

$$\begin{Bmatrix}X_{1r}\\ X_{2r}\\ X_{3r}\\ X_{4r}\end{Bmatrix}=\begin{bmatrix}-1 & -2\\ 0 & 1\\ 1 & 0\\ 0 & 1\end{bmatrix}\begin{Bmatrix}X_{3r}\\ X_{4r}\end{Bmatrix} \tag{3.27m}$$

这样，可以得到 $\omega_{n3}^2=\omega_{n4}^2$ 对应的两个不相等的振型

$$\boldsymbol{X}_3=\{-1\quad 0\quad 1\quad 0\}^{\mathrm{T}} \tag{3.27n}$$

$$\boldsymbol{X}_4=\{-2\quad 1\quad 0\quad 1\}^{\mathrm{T}} \tag{3.27o}$$

令 $\check{\boldsymbol{X}}_4=\boldsymbol{X}_4+c\boldsymbol{X}_3$，则，根据 $\boldsymbol{X}_3^{\mathrm{T}}\boldsymbol{M}\check{\boldsymbol{X}}_4=0$，可得

$$c=-\frac{\boldsymbol{X}_3^{\mathrm{T}}\boldsymbol{M}\boldsymbol{X}_4}{\boldsymbol{X}_3^{\mathrm{T}}\boldsymbol{M}\boldsymbol{X}_3}=-1 \tag{3.27p}$$

则

$$\check{\boldsymbol{X}}_4=\boldsymbol{X}_4+c\boldsymbol{X}_3=\{-1\quad 1\quad -1\quad 1\}^{\mathrm{T}} \tag{3.27q}$$

这样，系统的正交模态矩阵为

$$\boldsymbol{\Phi}=\begin{bmatrix}\boldsymbol{X}_1 & \boldsymbol{X}_2 & \boldsymbol{X}_3 & \check{\boldsymbol{X}}_4\end{bmatrix}=\begin{bmatrix}1 & 0 & -1 & -1\\ 1 & -1 & 0 & 1\\ 1 & 0 & 1 & -1\\ 1 & 1 & 0 & 1\end{bmatrix} \tag{3.27r}$$

此时

$$\boldsymbol{\Phi}^{\mathrm{T}}\boldsymbol{M}\boldsymbol{\Phi}=\begin{bmatrix}4m&0&0&0\\0&2m&0&0\\0&0&2m&0\\0&0&0&4m\end{bmatrix}\tag{3.27s}$$

$$\boldsymbol{\Phi}^{\mathrm{T}}\boldsymbol{K}\boldsymbol{\Phi}=\begin{bmatrix}4k&0&0&0\\0&6k&0&0\\0&0&10k&0\\0&0&0&20k\end{bmatrix}\tag{3.27t}$$

即振型矩阵可将质量矩阵、刚度矩阵对角化。

3.6.9　模态叠加中的模态截断法

对于实际工程结构而言，建立的多自由度系统振动方程的自由度往往很大，虽然可以利用模态叠加法进行解耦，但数量巨大的单自由度模态方程的求解也不太现实，此时，就可以采用模态截断法，也称振型截断法。

通常，当激励频率主要包含低阶频率成分时(这种情况往往也符合工程实际)，结合单自由度系统获得的结论(即系统只对接近于固有频率的激励响应较大，远离固有频率的激励对系统响应可以忽略)，可以忽略高阶固有频率及固有振型对响应的贡献，而只利用较低的前若干阶固有频率和固有振型近似分析系统响应。

假设只采截取前 L 阶模态(通常 $L \ll N$)，N 自由度系统的振动响应为

$$\boldsymbol{x}(t)\approx\sum_{r=1}^{L}q_r(t)\boldsymbol{X}_r=\boldsymbol{\Phi}^*\boldsymbol{q}^*(t)\tag{3.28a}$$

式中：$\boldsymbol{\Phi}^*=[\boldsymbol{X}_1\quad\boldsymbol{X}_2\quad\cdots\quad\boldsymbol{X}_L]$；$\boldsymbol{q}^*(t)=\{q_1(t)\quad q_2(t)\quad\cdots\quad q_L(t)\}^{\mathrm{T}}$。将式(3.28a)代入振动方程(3.8a)，并左乘 $\boldsymbol{\Phi}^{*\mathrm{T}}$，可得

$$\boldsymbol{\Phi}^{*\mathrm{T}}\boldsymbol{M}\boldsymbol{\Phi}^*\ddot{\boldsymbol{q}}^*(t)+\boldsymbol{\Phi}^{*\mathrm{T}}\boldsymbol{C}\boldsymbol{\Phi}^*\dot{\boldsymbol{q}}^*(t)+\boldsymbol{\Phi}^{*\mathrm{T}}\boldsymbol{K}\boldsymbol{\Phi}^*\boldsymbol{q}^*(t)=\boldsymbol{\Phi}^{*\mathrm{T}}\boldsymbol{f}(t)\tag{3.28b}$$

根据振型的加权正交性，可知模态截断后系统的主质量矩阵 $\boldsymbol{M}_P^*$ 及主刚度矩阵 $\boldsymbol{K}_P^*$ 分别为

$$\boldsymbol{M}_P^*=\boldsymbol{\Phi}^{*\mathrm{T}}\boldsymbol{M}\boldsymbol{\Phi}^*=\begin{bmatrix}M_1&0&\cdots&0\\0&M_2&\cdots&0\\\vdots&\vdots&&\vdots\\0&0&\cdots&M_L\end{bmatrix}\tag{3.28c}$$

$$\boldsymbol{K}_P^*=\boldsymbol{\Phi}^{*\mathrm{T}}\boldsymbol{K}\boldsymbol{\Phi}^*=\begin{bmatrix}K_1&0&\cdots&0\\0&K_2&\cdots&0\\\vdots&\vdots&&\vdots\\0&0&\cdots&K_L\end{bmatrix}\tag{3.28d}$$

若系统阻尼为经典阻尼，系统的主阻尼矩阵 $\boldsymbol{K}_P^*$ 为

$$\boldsymbol{K}_P^* = \boldsymbol{\Phi}^{*\mathrm{T}}\boldsymbol{C}\boldsymbol{\Phi}^* = \begin{bmatrix} C_1 & 0 & \cdots & 0 \\ 0 & C_2 & \cdots & 0 \\ \vdots & \vdots & & \vdots \\ 0 & 0 & \cdots & C \end{bmatrix} \tag{3.28e}$$

则方程式(3.28b)可以解耦为 L 个低阶模态方程，即

$$M_r\ddot{q}_r(t) + C_r\dot{q}_r(t) + K_r q_r(t) = p_r(t) \tag{3.28f}$$

式中：$r=1,2,\cdots,L$；$p_r(t)=\boldsymbol{X}_r^{\mathrm{T}}\boldsymbol{f}(t)$ 称为模态激励力。

可以看到，采用模态截断法，只需计算系统的前 L 阶固有频率及固有振型，并仅需求解前 L 阶模态方程。通常，由于 $L \ll N$，与模态不截断时相比，计算工作量显著减小。因此，针对实际工程结构的响应求解，往往都采用模态截断法。

3.7 复模态分析

3.7.1 复特征值与复特征向量

当黏性阻尼表示的阻尼矩阵 $\boldsymbol{C}$ 不满足经典阻尼时，阻尼矩阵不能通过振型矩阵进行对角化，3.6 节中介绍的实模态下的模态叠加法将不再适用，就需要进行复模态分析。

前述 3.2.5 节给出了多自由度系统振动方程的一般形式，即式(3.8a)，假设质量矩阵、刚度矩阵及阻尼矩阵都是 $N \times N$ 阶对称矩阵。仿照实模态分析，先讨论自由振动，即

$$\boldsymbol{M}\ddot{\boldsymbol{x}}(t) + \boldsymbol{C}\dot{\boldsymbol{x}}(t) + \boldsymbol{K}\boldsymbol{x}(t) = \boldsymbol{0} \tag{3.29a}$$

根据微分方程组理论，假设方程式(3.29a)的解为

$$\boldsymbol{x}(t) = \boldsymbol{B}\mathrm{e}^{\lambda t} \tag{3.29b}$$

将式(3.29b)代入式(3.29a)，可得

$$(\lambda^2\boldsymbol{M} + \lambda\boldsymbol{C} + \boldsymbol{K})\boldsymbol{B}\mathrm{e}^{\lambda t} = \boldsymbol{0} \tag{3.29c}$$

因 $\mathrm{e}^{\lambda t} \neq 0$，故有

$$(\lambda^2\boldsymbol{M} + \lambda\boldsymbol{C} + \boldsymbol{K})\boldsymbol{B} = \boldsymbol{0} \tag{3.29d}$$

这是一个关于 $\boldsymbol{B}$ 的齐次代数方程组，由其有非零解的条件(系数矩阵行列式等于零)，可得到黏性阻尼系统的特征方程，即

$$|\lambda^2\boldsymbol{M} + \lambda\boldsymbol{C} + \boldsymbol{K}| = 0 \tag{3.29e}$$

求解上述特征方程，可以获得 $2N$ 个特征值 $\lambda_r(r=1,2,\cdots,2N)$。定性分析可知，特征值 λ_r 可以是实数、也可以是复数。理论分析表明，阻尼矩阵 $\boldsymbol{C}$ 正定时，所有特征值都具有负实部，表明系统的自由振动为衰减振动。当阻尼为欠阻尼时，所有特征值都是复数且共轭成对出现，每一对共轭复特征值对应于系统一个特定频率和衰减率的衰减振动。

再将复特征值 λ_r 代入方程式(3.29d)，可得

$$(\lambda_r^2\boldsymbol{M} + \lambda_r\boldsymbol{C} + \boldsymbol{K})\boldsymbol{B}_r = \boldsymbol{0} \tag{3.29f}$$

求解上述线性方程组，可以获得与复特征值 λ_r 对应的复特征向量 $\boldsymbol{B}_r$，称为复模态振型(简称复模态或复振型)，在不引起混淆的情况下，有时也将复特征值和复特征向量统称为复模态。

当系统的各个复特征值都不相同时，系统的 $2N$ 个特征解可表示为

$$\boldsymbol{x}_r(t)=\boldsymbol{B}_r\mathrm{e}^{\lambda_r t} \tag{3.29g}$$

式中：$r=1,2,\cdots,2N$。由系统的 $2N$ 个复特征向量，可以构成一个 $N\times 2N$ 阶复模态矩阵，即

$$\boldsymbol{\Psi}=[\boldsymbol{B}_1 \quad \boldsymbol{B}_2 \quad \cdots \quad \boldsymbol{B}_{2N}] \tag{3.29h}$$

3.7.2　复模态的加权正交性

采用两阶不同的复特征值与复特征向量，分别代入如式(3.26z) 方程式(3.29f)，由于阻尼矩阵的存在，将不能像 3.3.2 节实模态固有振型正交性证明那样，获得复模态的加权正交性。因此，不能像实模态一样，利用复模态矩阵对方程式(3.2f) 进行解耦。这一困难可以通过如下状态变量的引入来解决。

引入状态变量 $\boldsymbol{y}(t)$，并增加方程 $\boldsymbol{M}\dot{\boldsymbol{x}}(t)-\boldsymbol{M}\dot{\boldsymbol{x}}(t)=\boldsymbol{0}$，方程式(3.8a) 可改写为

$$\widetilde{\boldsymbol{M}}\dot{\boldsymbol{y}}(t)+\widetilde{\boldsymbol{K}}\boldsymbol{y}(t)=\widetilde{\boldsymbol{f}}(t) \tag{3.30a}$$

式中：$\boldsymbol{y}(t)$ 为系统响应；$\widetilde{\boldsymbol{M}}$ 为系统质量矩阵；$\widetilde{\boldsymbol{K}}$ 为系统刚度矩阵；$\widetilde{\boldsymbol{f}}(t)$ 为外激励力向量，即

$$\boldsymbol{y}(t)=\begin{Bmatrix}\dot{\boldsymbol{x}}(t)\\ \boldsymbol{x}(t)\end{Bmatrix} \tag{3.30b}$$

$$\widetilde{\boldsymbol{M}}=\begin{bmatrix}\boldsymbol{0} & \boldsymbol{M}\\ \boldsymbol{M} & \boldsymbol{C}\end{bmatrix} \tag{3.30c}$$

$$\widetilde{\boldsymbol{K}}=\begin{bmatrix}-\boldsymbol{M} & \boldsymbol{0}\\ \boldsymbol{0} & \boldsymbol{K}\end{bmatrix} \tag{3.30d}$$

$$\widetilde{\boldsymbol{f}}(t)=\begin{Bmatrix}\boldsymbol{0}\\ \boldsymbol{f}(t)\end{Bmatrix} \tag{3.30e}$$

现在，考虑状态变量表示的方程式(3.30a) 的自由振动，即

$$\widetilde{\boldsymbol{M}}\dot{\boldsymbol{y}}(t)+\widetilde{\boldsymbol{K}}\boldsymbol{y}(t)=\boldsymbol{0} \tag{3.30f}$$

考虑到原方程式(3.29a) 与状态变量表示的方程式(3.30f) 描述的是同一个自由振动，通过推导也可以证明，它们具有完全相同的复特征值，则根据状态变量的定义，方程式(3.30f) 的解可表示为

$$\boldsymbol{y}_r(t)=\begin{Bmatrix}\dot{\boldsymbol{x}}_r(t)\\ \boldsymbol{x}_r(t)\end{Bmatrix}=\begin{Bmatrix}\lambda_r\boldsymbol{B}_r\\ \boldsymbol{B}_r\end{Bmatrix}\mathrm{e}^{\lambda_r t}=\widetilde{\boldsymbol{B}}_r\mathrm{e}^{\lambda_r t} \tag{3.30g}$$

式中：$\widetilde{\boldsymbol{B}}_r$ 为方程式(3.30f) 的复特征值 λ_r 对应的复特征向量，即

$$\widetilde{\boldsymbol{B}}_r=\begin{Bmatrix}\lambda_r\boldsymbol{B}_r\\ \boldsymbol{B}_r\end{Bmatrix} \tag{3.30h}$$

将复特征值 λ_r 及其对应的复特征向量 $\widetilde{\boldsymbol{B}}_r$、复特征值 λ_l 及其对应的复特征向量 $\widetilde{\boldsymbol{B}}_l$ 分别代入式(3.30g) 及方程式(3.30f)，可得

$$\lambda_r\widetilde{\boldsymbol{M}}\widetilde{\boldsymbol{B}}_r+\widetilde{\boldsymbol{K}}\widetilde{\boldsymbol{B}}_r=\boldsymbol{0} \tag{3.30i}$$

$$\lambda_l\widetilde{\boldsymbol{M}}\widetilde{\boldsymbol{B}}_l+\widetilde{\boldsymbol{K}}\widetilde{\boldsymbol{B}}_l=\boldsymbol{0} \tag{3.30j}$$

给式(3.30i) 前乘 $\widetilde{\boldsymbol{B}}_l^{\mathrm{T}}$，可得

$$\lambda_r\widetilde{\boldsymbol{B}}_l^{\mathrm{T}}\widetilde{\boldsymbol{M}}\widetilde{\boldsymbol{B}}_r+\widetilde{\boldsymbol{B}}_l^{\mathrm{T}}\widetilde{\boldsymbol{K}}\widetilde{\boldsymbol{B}}_r=\boldsymbol{0} \tag{3.30k}$$

将式(3.30j)转置并后乘$\widetilde{\boldsymbol{B}}_r$,并结合$\widetilde{\boldsymbol{M}}$和$\widetilde{\boldsymbol{K}}$的对称性,可得

$$\lambda_l \widetilde{\boldsymbol{B}}_l^{\mathrm{T}} \widetilde{\boldsymbol{M}} \widetilde{\boldsymbol{B}}_r + \widetilde{\boldsymbol{B}}_l^{\mathrm{T}} \widetilde{\boldsymbol{K}} \widetilde{\boldsymbol{B}}_r = \boldsymbol{0} \tag{3.30l}$$

用式(3.30k)减去式(3.30l),可得

$$(\lambda_r - \lambda_l) \widetilde{\boldsymbol{B}}_l^{\mathrm{T}} \widetilde{\boldsymbol{M}} \widetilde{\boldsymbol{B}}_r = \boldsymbol{0} \tag{3.30m}$$

当$r \neq l$时,且系统不包含重特征值时,即$\lambda_r \neq \lambda_l$,则

$$\widetilde{\boldsymbol{B}}_l^{\mathrm{T}} \widetilde{\boldsymbol{M}} \widetilde{\boldsymbol{B}}_r = 0, \quad r \neq l \tag{3.30n}$$

将式(3.30n)代入式(3.30k),可得

$$\widetilde{\boldsymbol{B}}_l^{\mathrm{T}} \widetilde{\boldsymbol{K}} \widetilde{\boldsymbol{B}}_r = 0, \quad r \neq l \tag{3.30o}$$

上述分析表明,当$r \neq l$且系统不包含重特征值时,系统的第r阶复模态$\widetilde{\boldsymbol{B}}_r$与第$l$阶复模态$\widetilde{\boldsymbol{B}}_l$关于质量矩阵$\widetilde{\boldsymbol{M}}$及刚度矩阵$\widetilde{\boldsymbol{K}}$均正交。

当$r = l$时,可令

$$\widetilde{\boldsymbol{B}}_r^{\mathrm{T}} \widetilde{\boldsymbol{M}} \widetilde{\boldsymbol{B}}_r = \widetilde{M}_r \tag{3.30p}$$

$$\widetilde{\boldsymbol{B}}_r^{\mathrm{T}} \widetilde{\boldsymbol{K}} \widetilde{\boldsymbol{B}}_r = \widetilde{K}_r \tag{3.30q}$$

这里的$\widetilde{M}_r$和$\widetilde{K}_r$也分别为第r阶模态主质量(简称模态质量)和第r阶模态主刚度(简称模态刚度),但它们一般为复数,对于共轭的特征向量,相应的模态质量和模态刚度也是共轭的。

给式(3.30i)前乘$\widetilde{\boldsymbol{B}}_r^{\mathrm{T}}$,可得

$$\lambda_r = -\widetilde{K}_r / \widetilde{M}_r \tag{3.30r}$$

通常,可将$2N$阶复模态按顺序写成如下矩阵的形式,即

$$\widetilde{\boldsymbol{\Psi}} = [\widetilde{\boldsymbol{B}}_1 \quad \widetilde{\boldsymbol{B}}_2 \quad \cdots \quad \widetilde{\boldsymbol{B}}_{2N}] \tag{3.30s}$$

这样,在系统不存在重特征值的情况下,上述式(3.30n)~式(3.30q)描述的复模态的加权正交性可统一写为

$$\widetilde{\boldsymbol{\Psi}}^{\mathrm{T}} \widetilde{\boldsymbol{M}} \widetilde{\boldsymbol{\Psi}} = \begin{bmatrix} \widetilde{M}_1 & 0 & \cdots & 0 \\ 0 & \widetilde{M}_2 & \cdots & 0 \\ \vdots & \vdots & & \vdots \\ 0 & 0 & \cdots & \widetilde{M}_{2N} \end{bmatrix} = \mathrm{diag}(\widetilde{M}_r) \tag{3.30t}$$

$$\widetilde{\boldsymbol{\Psi}}^{\mathrm{T}} \widetilde{\boldsymbol{K}} \widetilde{\boldsymbol{\Psi}} = \begin{bmatrix} \widetilde{K}_1 & 0 & \cdots & 0 \\ 0 & \widetilde{K}_2 & \cdots & 0 \\ \vdots & \vdots & & \vdots \\ 0 & 0 & \cdots & \widetilde{K}_{2N} \end{bmatrix} = \mathrm{diag}(\widetilde{K}_r) \tag{3.30u}$$

3.7.3 复模态下的模态叠加法

根据上述复模态的加权正交性,可仿照实模态展开定理,建立如下的复模态变换公式

$$\boldsymbol{y}(t) = \sum_{r=1}^{2N} \tilde{q}_r(t) \widetilde{\boldsymbol{B}}_r = \widetilde{\boldsymbol{\Psi}} \tilde{\boldsymbol{q}}(t) \tag{3.31a}$$

式中:$\tilde{\boldsymbol{q}}(t) = \{\tilde{q}_1(t) \quad \tilde{q}_2(t) \quad \cdots \quad \tilde{q}_{2N}(t)\}^{\mathrm{T}}$。

将式(3.31a)代入方程式(3.30a),并给其前乘 $\widetilde{\boldsymbol{\Psi}}^{\mathrm{T}}$,可得

$$\widetilde{\boldsymbol{\Psi}}^{\mathrm{T}}\widetilde{\boldsymbol{M}}\widetilde{\boldsymbol{\Psi}}\dot{\widetilde{\boldsymbol{q}}}(t)+\widetilde{\boldsymbol{\Psi}}^{\mathrm{T}}\widetilde{\boldsymbol{K}}\widetilde{\boldsymbol{\Psi}}\widetilde{\boldsymbol{q}}(t)=\widetilde{\boldsymbol{\Psi}}^{\mathrm{T}}\widetilde{\boldsymbol{f}}(t) \tag{3.31b}$$

将式(3.30t)及式(3.30u)代入式(3.31b),可得

$$\widetilde{M}_r\dot{\widetilde{q}}_r(t)+\widetilde{K}_r\widetilde{q}_r(t)=\widetilde{p}_r(t) \tag{3.31c}$$

式中:$r=1,2,\cdots,2N$;$\widetilde{p}_r(t)=\widetilde{\boldsymbol{B}}_r^{\mathrm{T}}\widetilde{\boldsymbol{f}}(t)$称为模态激励力。这是 $2N$ 个独立的一阶常系数微分方程,可以利用一阶微分方程理论进行求解。

这样,借助状态变量表示及复模态坐标变换,具有黏性阻尼的 N 自由度系统的振动方程式(3.8a)最终可以转化为 $2N$ 个解耦的复模态方程式(3.31c),进而通过方程式(3.31c)的求解,并利用模态变换公式(3.31a)以及状态变量的定义公式(3.30b),可以获得系统的响应 $\boldsymbol{x}(t)$。

从上述复模态分析过程可以看出,复模态分析虽然是针对不满足经典阻尼的情况建立的,然而整个推导过程并没有表明阻尼矩阵 $\boldsymbol{C}$ 必须不满足经典阻尼,则,复模态分析实际上适用于黏性阻尼模型表示的任何阻尼矩阵。当然,若阻尼矩阵满足经典阻尼,采用实模态分析方法将极为便利。因此,复模态分析一般也只用于阻尼矩阵不满足经典阻尼的情形。

思考与练习题

1. 针对图3.1所示的飞机,如果在飞机着陆滑跑过程中,需要考虑飞行员感受到的振动。

(1) 建立系统的简化力学模型;

(2) 用任一种方法建立其振动方程。

2. 结合半正定系统固有频率的基本性质,并说明自由状态下飞机全机固有频率有哪些特点。

3. 针对无阻尼二自由度系统,设计一套结构参数(各集中质量的大小、弹簧刚度系数),使得该系统在任意初始条件下的自由振动响应都是周期振动。

4. 推导题4图所示系统的振动方程,并假设基础运动激励 $y(t)$ 为简谐激励,求解其稳态响应。

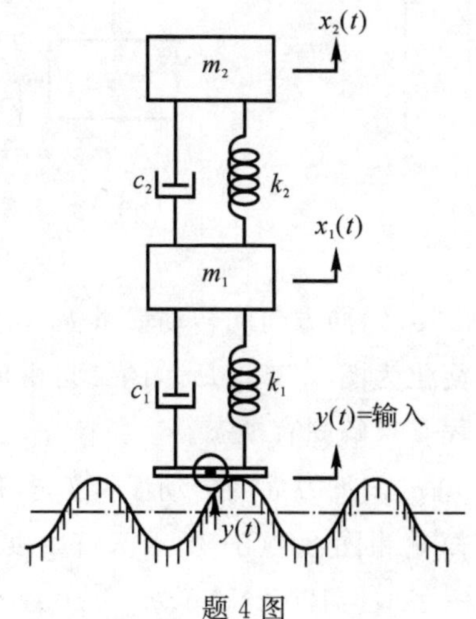

题 4 图

5. 建立题 5 图所示系统的振动方程并求解其固有模态，其中，$k_1 = k_2 = k_3 = k$。

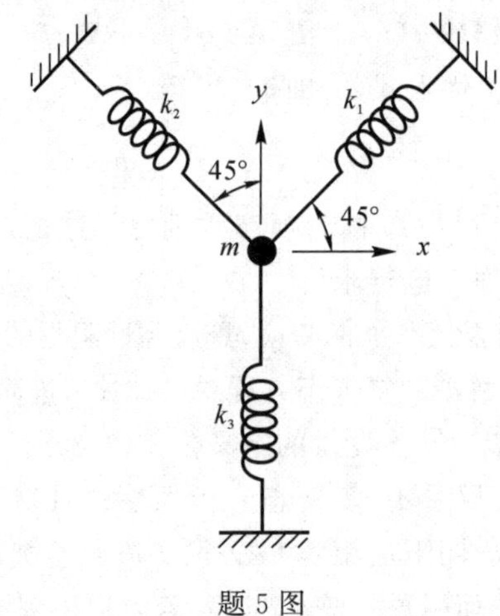

题 5 图

6. 建立题 6 图所示系统的振动方程并求解其固有模态，假设滑轮为均质圆盘，绳索相对于滑轮无滑动。

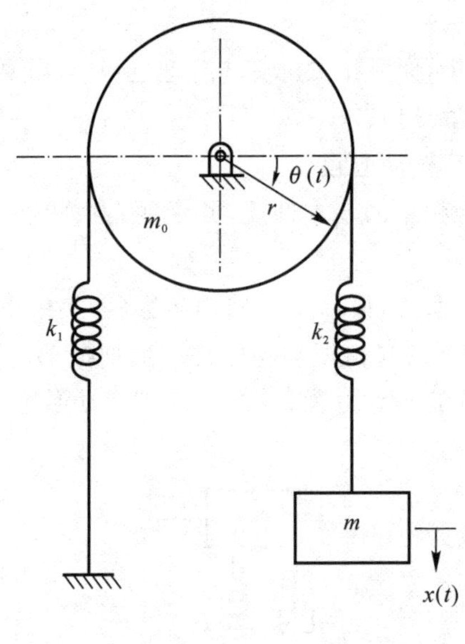

题 6 图

7. 飞机的质量 $m = 20\,000$ kg，俯仰方向的转动惯量 $J_0 = 50 \times 10^6$ kg·m^2，$l_1 = 5$ m，$l_2 = 20$ m，如图 3.1 所示。若将其简化为图 3.2(a) 所示的二自由度系统，其中，$k_1 = 50$ kN/m、$k_2 = 100$ kN/m。建立振动方程并求解固有模态。

8. 飞机的质量 $m = 20\,000$ kg，俯仰方向的转动惯量 $J_0 = 50 \times 10^6$ kg·m^2，$l_1 = 5$ m，$l_2 = 20$ m，如图 3.1 所示。若将其简化为图 3.2(b) 所示四自由度系统，其中，$k_{11} = 80$ kN/m、$k_{12} = 60$ kN/m、$k_{21} = 200$ kN/m、$k_{22} = 120$ kN/m、$m_1 = 100$ kg、$m_{12} = 500$ kg。建立振动方

程并求解固有模态。

9. 如题9图所示，假设质量为 m_1 的离心泵上存在有质量为 m、偏心距为 e 的偏心质量，通过刚度系数为 k_1 的隔振弹簧安装在质量为 m_2 的基础上，土壤的刚度为 k_2、阻尼为 c_2，求离心泵及基础的垂向位移。其中，$m = 0.25$ kg，$e = 0.2$ m，$m_1 = 500$ kg，$k_1 = 500$ kN/m，$m_2 = 1\ 000$ kg，$k_2 = 250$ kN/m，$c_2 = 40$ N・s/m，离心泵转速为 1 200 r/min。

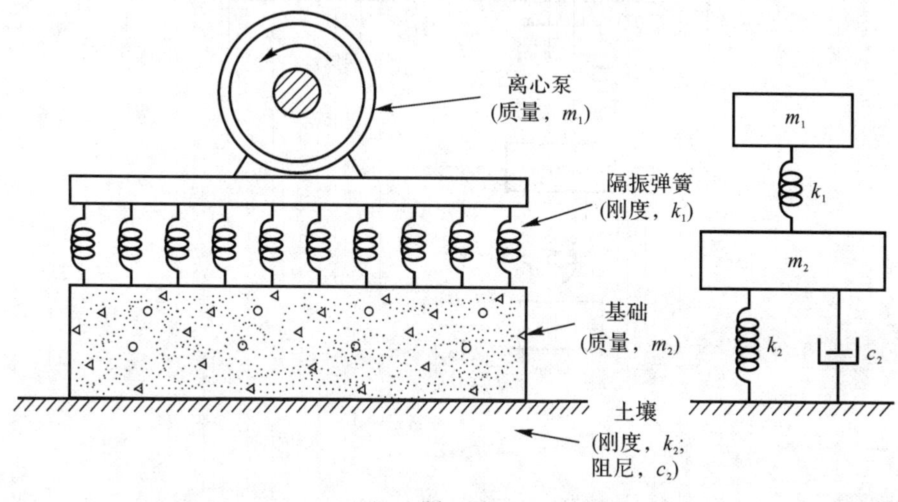

题9图

10. 如题10图所示，质量为 2 000 kg 的小车用刚度系数为 180 kN/m 的拖曳装置连接了质量为 1 000 kg 的拖车，假设小车和拖车可以在水平路面上前后自由运动。

(1) 建立系统振动方程；

(2) 求解其固有模态；

(3) 假设启动阶段小车所受到的向前合力可用作用于其上的常力 $F = 1\ 000$ N 来表示，求整个系统在 0 ~ 10 s 内(这段时间内常力 F 持续作用) 的振动响应。

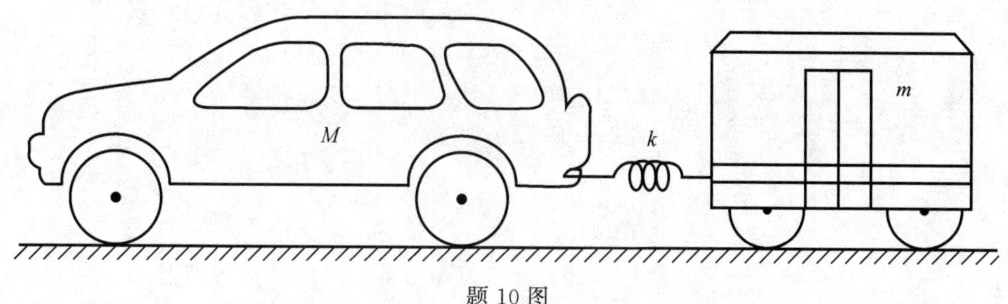

题10图

11. 建立题11图所示系统的振动方程，其中：均质刚梁质量为 $2m$，$m = 1$ kg，$k = 1\ 000$ N/m，$c = 10$ N・s/m，$l = 4$ m。

(1) 建立系统的振动方程；

(2) 求解其固有模态；

(3) 假设在静止状态给刚梁一个初始转角 $\theta(0) = 5°$，求系统自由振动响应；

(4) 假设刚梁上的弯矩 $M_t(t)=10\sin(100t)$ N·m,求系统稳态响应。

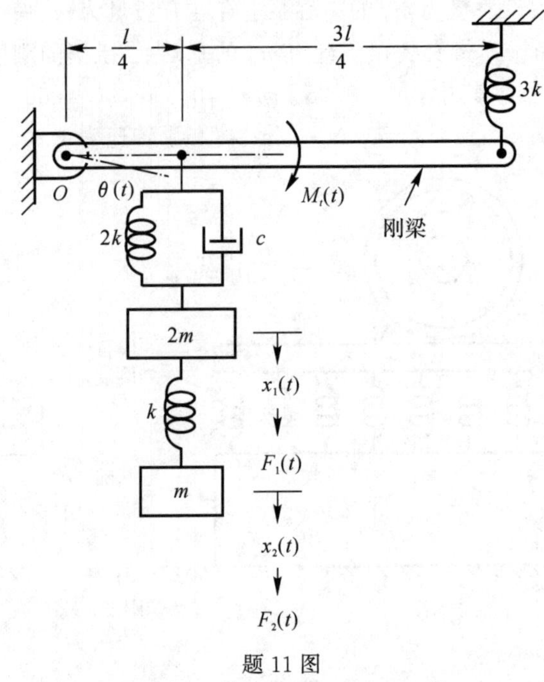

题 11 图

12. 编写求解 n 自由度系统固有模态及其自由振动响应的程序,并用程序计算第 7、8 题的固有模态。

13. 假设仅有一个简谐激励作用在 n 自由度系统的某一个自由度上,编写用模态叠加法求解其稳态响应的程序,并以某 10 自由度系统的仿真计算结果,分析外激励频率与考虑的模态阶次之间的关系。

第 4 章　连续系统振动

前两章以离散系统为例介绍了振动的基本理论，而实际工程结构的物理参数是连续分布的（如分布质量、分布刚度、分布阻尼），即连续参数系统或连续系统，具有无限多个质点，需要用无限多个自由度（坐标）来描述其运动状态。连续系统的运动规律需要用二元函数 $f(\{x\},t)$（空间和时间的函数）来描述，其振动方程为偏微分方程。连续系统是多自由度系统的拓展，具有无穷多个固有频率，固有振型的概念发展成固有振型函数。固有振型函数仍存在对质量、刚度的加权正交性，离散多自由度系统线性振动问题中的叠加原理以及由此建立的模态叠加法，同样适用于连续系统的振动分析。

实际的结构几乎都是连续系统，从结构形式上讲，分为弦、杆、轴、梁、膜、板、壳、体等，从位移空间分为一维、二维、三维系统。连续系统可通过解析方法获得振动问题的精确解，但也仅限于结构形式简单的理想弹性体。本章将简要介绍弦、杆、轴、梁、膜、板等连续系统振动的基本理论。

4.1　弦、杆、轴的振动

4.1.1　弦的横向振动

理想柔软的细弦，张紧于两个固定支点之间，跨长为 l，弦单位长度的质量（线密度）为 ρ，单位长度横向外载荷为 $f(x,t)$，如图 4.1(a) 所示。取微元 $\mathrm{d}x$，受力如图 4.1(b) 所示，θ 为变形后的弦中心轴偏离 x 轴的角度，P 为张力。任意时刻 t 微元的横向位移为 $w(x,t)$，利用牛顿第二运动定律，微元在 z 方向的振动方程为

$$\rho\,\mathrm{d}x\,\frac{\partial^2 w(x,t)}{\partial t^2}=(P+\mathrm{d}P)\sin(\theta+\mathrm{d}\theta)-P\sin\theta+f(x,t)\mathrm{d}x \tag{4.1a}$$

弦张力的变化量可表示为

$$\mathrm{d}P=\frac{\partial P}{\partial x}\mathrm{d}x \tag{4.1b}$$

设偏角 θ 为小量，则

$$\sin\theta\approx\theta=\frac{\partial w(x,t)}{\partial x} \tag{4.1c}$$

$$\sin(\theta+\mathrm{d}\theta)\approx\theta+\mathrm{d}\theta=\frac{\partial w(x,t)}{\partial x}+\frac{\partial^2 w(x,t)}{\partial x^2}\mathrm{d}x \tag{4.1d}$$

将式(4.1b) ~ 式(4.1d) 代入式(4.1a),可得

$$\rho \frac{\partial^2 w(x,t)}{\partial t^2}=\frac{\partial}{\partial x}\left[P \frac{\partial w(x,t)}{\partial x}\right]+f(x,t) \tag{4.1e}$$

对于均匀弦,张力 P 为常数,则

$$\rho \frac{\partial^2 w(x,t)}{\partial t^2}=P \frac{\partial^2 w(x,t)}{\partial x^2}+f(x,t) \tag{4.1f}$$

当 $f(x,t)=0$ 时,并令 $c=\sqrt{P/\rho}$,可得一维波动方程

$$\frac{\partial^2 w(x,t)}{\partial x^2}=\frac{1}{c^2} \frac{\partial^2 w(x,t)}{\partial t^2} \tag{4.1g}$$

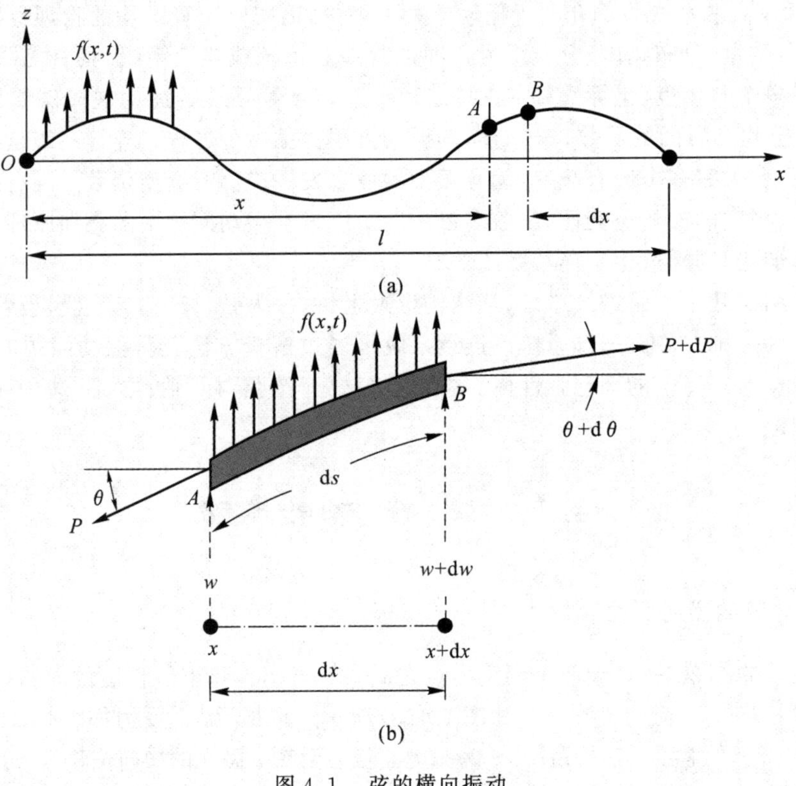

图 4.1 弦的横向振动

(a) 整体; (b) 微元

4.1.2 杆的轴向振动

匀质直杆,横截面积为 $A(x)$,单位体积的质量(体积密度) 为 ρ,材料弹性模量为 E,单位长度内沿 x 方向的力为 $f(x,t)$,如图 4.2(a) 所示。取微元 $\mathrm{d}x$,受力如图 4.2(b) 所示,P 为拉力。任意时刻 t 微元的纵向位移为 $u(x,t)$,利用牛顿第二运动定律,微元在 x 方向的振动方程为

$$\rho A(x)\mathrm{d}x \frac{\partial^2 u(x,t)}{\partial t^2}=P+\mathrm{d}P-P+f(x,t)\mathrm{d}x \tag{4.2a}$$

轴的拉力及其变化量可分别表示为

$$P = A(x)E\varepsilon = A(x)E\,\frac{\partial u(x,t)}{\partial x} \tag{4.2b}$$

$$\mathrm{d}P = \frac{\partial P}{\partial x}\mathrm{d}x \tag{4.2c}$$

将式(4.2b)及式(4.2c)代入式(4.2a),可得

$$\rho A(x)\,\frac{\partial^2 u(x,t)}{\partial t^2} = \frac{\partial}{\partial x}\left[EA(x)\,\frac{\partial u(x,t)}{\partial x}\right] + f(x,t) \tag{4.2d}$$

对于等截面杆,$A(x)$ 为常数,则

$$\rho A\,\frac{\partial^2 u(x,t)}{\partial t^2} = AE\,\frac{\partial^2 u(x,t)}{\partial^2 x} + f(x,t) \tag{4.2e}$$

当 $f(x,t)=0$ 时,并令 $c=\sqrt{E/\rho}$,也可得到一维波动方程

$$\frac{\partial^2 u(x,t)}{\partial x^2} = \frac{1}{c^2}\,\frac{\partial^2 u(x,t)}{\partial^2 t} \tag{4.2f}$$

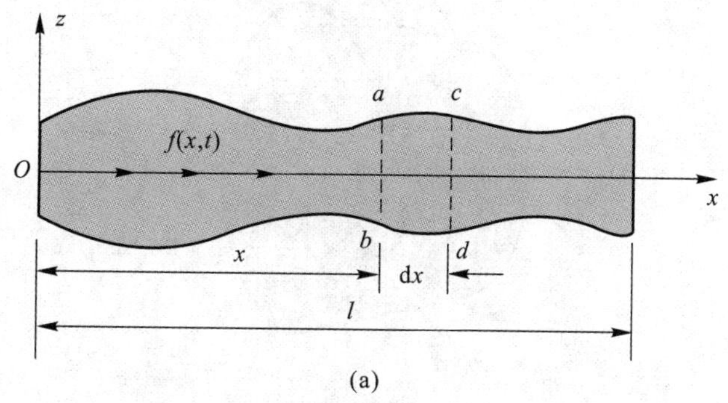

(a)

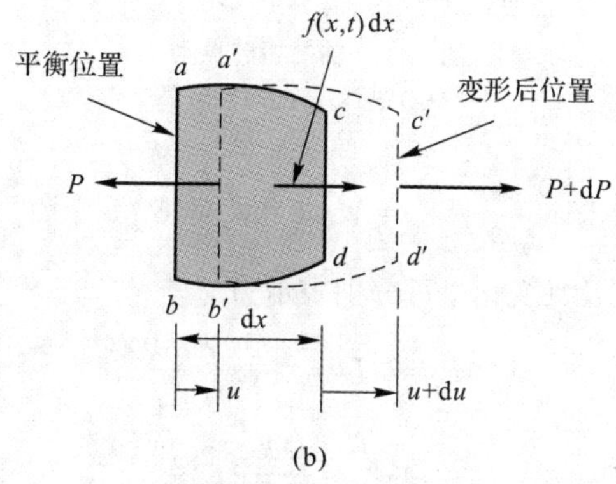

(b)

图 4.2　杆的轴向振动

(a) 整体；(b) 微元

4.1.3　轴的扭转振动

匀质直圆轴,横截面对圆心的极惯性矩为 $J(x)$,单位长度的质量(线密度)为 ρ,材料剪切模量为 G,单位长度内受到的扭矩为 $f(x,t)$,如图 4.3(a) 所示。取微元段 $\mathrm{d}x$,受力如图

4.3(b) 所示，M_t 为截面上所受到的扭矩。任意时刻 t 微元的转角为 $\theta(x,t)$，利用牛顿第二运动定律，微元扭转振动方程为

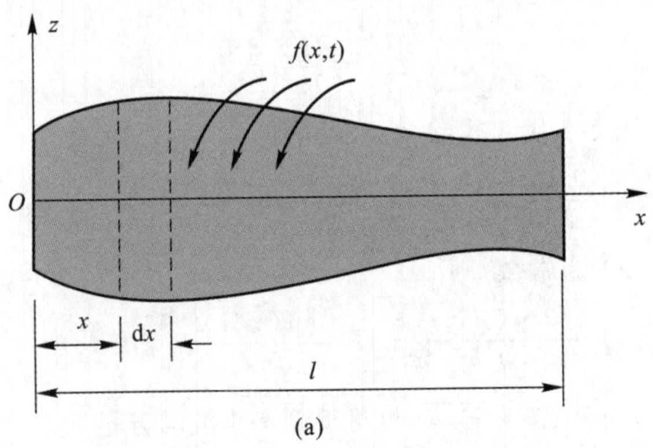

(a)

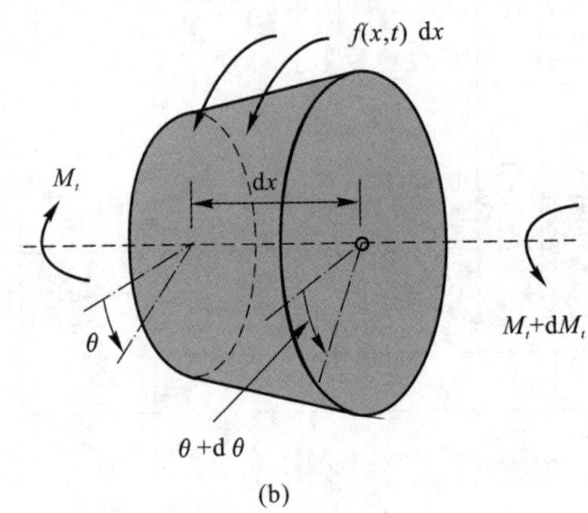

(b)

图 4.3　轴的扭转振动

(a) 整体；(b) 微元

$$\rho J(x)\mathrm{d}x\,\frac{\partial^2\theta(x,t)}{\partial t^2}=M_t+\mathrm{d}M_t-M_t+f(x,t)\mathrm{d}x \tag{4.3a}$$

截面上所受到的扭矩及其变化量可分别表示为

$$M_t=GJ(x)\,\frac{\partial\theta(x,t)}{\partial x} \tag{4.3b}$$

$$\mathrm{d}M_t=\frac{\partial M_t}{\partial x}\mathrm{d}x \tag{4.3c}$$

将式(4.3b) 及式(4.3c) 代入式(4.3a)，可得

$$\rho J(x)\,\frac{\partial^2\theta(x,t)}{\partial t^2}=\frac{\partial}{\partial x}\left[GJ(x)\,\frac{\partial\theta(x,t)}{\partial x}\right]+f(x,t) \tag{4.3d}$$

对于等截面圆轴，$J(x)$ 为常数，则

$$\rho J\,\frac{\partial^2\theta(x,t)}{\partial t^2}=GJ\,\frac{\partial^2\theta(x,t)}{\partial x^2}+f(x,t) \tag{4.3e}$$

当 $f(x,t)=0$ 时，并令 $c=\sqrt{G/\rho}$，仍可得到一维波动方程

$$\frac{\partial^2\theta(x,t)}{\partial x^2}=\frac{1}{c^2}\frac{\partial^2\theta(x,t)}{\partial^2 t} \tag{4.3f}$$

4.1.4　弦、杆、轴的自由振动分析

上述三种不同类型的自由振动问题都可归纳为同一数学模型，即一维波动方程。下面以弦的横向振动为代表，讨论其自由振动分析，所得结果也完全适用于方程相同的其他振动问题。

通常使用分离变量法对波动方程的求解。观察弦的横向自由振动(其他弹性体也一样)，其运动呈现同步振动特性，整个弦的振动形态不随时间变化。因此，弦振动的位移 $w(x,t)$ 可以分离为空间函数和时间函数的乘积，即 $w(x,t)=X(x)\cdot Y(t)$，$X(x)$ 是 x 的函数，$Y(t)$ 是 t 的函数，则式(4.1g) 可改写为

$$Y(t)\frac{\mathrm{d}^2X(x)}{\mathrm{d}x^2}=\frac{X(x)}{c^2}\frac{\mathrm{d}^2Y(t)}{\mathrm{d}t^2} \tag{4.4a}$$

式(4.4a) 左边是 x 的函数，右边是 t 的函数，只有等于一个常数，式(4.4a) 才能对任意坐标点 x 和时刻 t 成立，且根据微分方程理论，该常数只能是负数，设为 $-\omega^2$，则从式(4.4a) 导出变量分离的两个线性常微分方程

$$\frac{\mathrm{d}^2X(x)}{\mathrm{d}x^2}+\beta^2X(x)=0 \tag{4.4b}$$

$$\frac{\mathrm{d}^2Y(t)}{\mathrm{d}t^2}+\omega^2Y(t)=0 \tag{4.4c}$$

其中，$\beta=\omega/c$。

式(4.4b) 及式(4.4c) 的通解可分别表示为

$$X(x)=A\sin\beta x+B\cos\beta x \tag{4.4d}$$

$$Y(t)=C\sin\omega t+D\cos\omega t \tag{4.4e}$$

针对式(4.4d)，利用边界条件(包括边界位移及载荷)，可以获得 β_r，A_r，B_r，即结构的固有频率为 $\omega_r=\beta_r c$，振型函数为 $X_r(x)$。结合式(4.4e)，结构的第 r 阶主振动可表示为

$$w_r(x,t)=X_r(x)\cdot(C_r\sin\omega_r t+D_r\cos\omega_r t) \tag{4.4f}$$

利用主振动叠加法，结构的响应可表示为

$$w(x,t)=\sum_{r=1}^{\infty}X_r(x)\cdot(C_r\sin\omega_r t+D_r\cos\omega_r t) \tag{4.4g}$$

代入初始条件 $w(x,0)$ 及 $\dot{w}(x,0)$，可获得待定系数 C_r，D_r，最终获得 $w(x,t)$。

4.1.5　典型边界条件下的固有模态

根据上述固有模态的求解过程，表 4.1 ～ 表 4.3 给出了弦、杆、轴在典型边界条件下的固有频率及固有振型函数。可以看到，对应于相同的边界条件，弦横向振动、杆轴向振动、轴扭转振动的固有模态完全相同。

表 4.1　典型边界条件下弦横向振动的固有模态

边界条件		频率方程	固有振型函数	固有频率
名称	表达式			
固支-固支	$w(0,t)=0$ $w(l,t)=0$	$\sin\dfrac{\omega l}{c}=0$	$W_r(x)=A_r\cos\dfrac{n\pi x}{l}$	$\omega_r=\dfrac{n\pi c}{l}$ $n=1,2,\cdots$

表 4.2　典型边界条件下杆轴向振动的固有模态

边界条件		频率方程	固有振型函数	固有频率
名称	表达式			
固支-自由	$u(0,t)=0$ $\dfrac{\partial u(l,t)}{\partial x}=0$	$\cos\dfrac{\omega l}{c}=0$	$U_r(x)=B_r\sin\dfrac{(2n+1)\pi x}{2l}$	$\omega_r=\dfrac{(2n+1)\pi c}{2l}$ $n=0,1,2,\cdots$
自由-自由	$\dfrac{\partial u(0,t)}{\partial x}=0$ $\dfrac{\partial u(l,t)}{\partial x}=0$	$\sin\dfrac{\omega l}{c}=0$	$U_r(x)=A_r\cos\dfrac{n\pi x}{l}$	$\omega_r=\dfrac{n\pi c}{l}$ $n=0,1,2,\cdots$
固支-固支	$u(0,t)=0$ $u(l,t)=0$	$\sin\dfrac{\omega l}{c}=0$	$U_r(x)=A_r\cos\dfrac{n\pi x}{l}$	$\omega_r=\dfrac{n\pi c}{l}$ $n=1,2,\cdots$

表 4.3　典型边界条件下轴扭转振动的固有模态

边界条件		频率方程	固有振型函数	固有频率
名称	表达式			
固支-自由	$\theta(0,t)=0$ $\dfrac{\partial\theta(l,t)}{\partial x}=0$	$\cos\dfrac{\omega l}{c}=0$	$\Theta_r(x)=B_r\sin\dfrac{(2n+1)\pi x}{2l}$	$\omega_r=\dfrac{(2n+1)\pi c}{2l}$ $n=0,1,2,\cdots$
自由-自由	$\dfrac{\partial\theta(0,t)}{\partial x}=0$ $\dfrac{\partial\theta(l,t)}{\partial x}=0$	$\sin\dfrac{\omega l}{c}=0$	$\Theta_r(x)=A_r\cos\dfrac{n\pi x}{l}$	$\omega_r=\dfrac{n\pi c}{l}$ $n=0,1,2,\cdots$
固支-固支	$\theta(0,t)=0$ $\theta(l,t)=0$	$\sin\dfrac{\omega l}{c}=0$	$\Theta_r(x)=A_r\cos\dfrac{n\pi x}{l}$	$\omega_r=\dfrac{n\pi c}{l}$ $n=1,2,\cdots$

4.2　梁的弯曲振动

假设梁截面上任一点的运动可用其轴线的横向位移(即挠度）表示，且在弯曲变形过程中截面始终保持为平面。若忽略截面剪切变形和转动惯量的影响，则称该简化模型为欧拉-伯努利梁(细长梁)。针对长度为 l 的梁，横截面积为 $A(x)$，单位体积的质量(体积密度）为

ρ，材料弹性模量为 E，绕 y 轴的截面惯性矩为 $I(x)$，单位长度所受横向外力为 $f(x,t)$，如图 4.4(a) 所示。取微元段 $\mathrm{d}x$，受力如图 4.4(b) 所示，M 为弯矩，V 为剪力。任意时刻 t 微元沿 z 轴的挠度为 $w(x,t)$，利用牛顿第二运动定律，微元在 z 方向的振动方程为

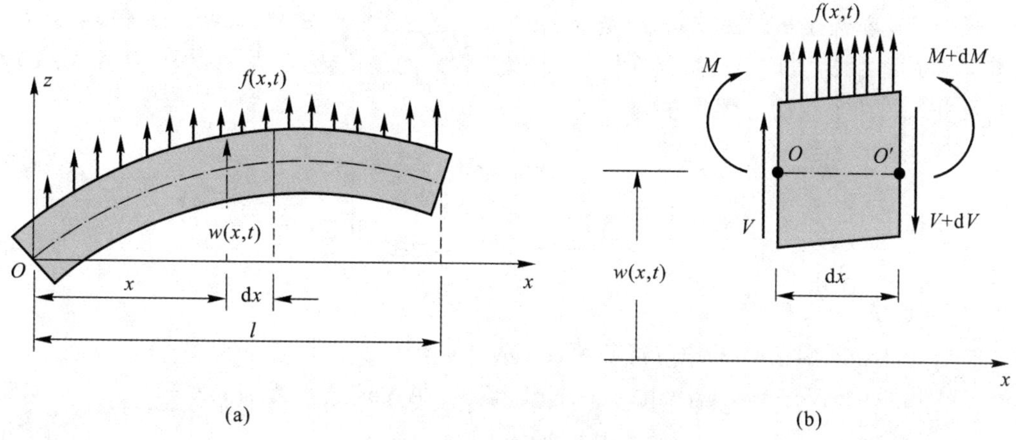

图 4.4　梁的横向振动

(a) 整体；(b) 微元

$$\rho A(x)\mathrm{d}x\,\frac{\partial^2 w(x,t)}{\partial t^2}=V-(V+\mathrm{d}V)+f(x,t)\mathrm{d}x \tag{4.5a}$$

且根据矩平衡，可知

$$(M+\mathrm{d}M)-M-(V+\mathrm{d}V)\mathrm{d}x+f(x,t)\mathrm{d}x\,\frac{\mathrm{d}x}{2}=0 \tag{4.5b}$$

截面上所受到的弯矩、弯矩的变化量及剪力的变化量可分别表示为

$$M(x,t)=EI(x)\,\frac{\partial^2 w(x,t)}{\partial x^2} \tag{4.5c}$$

$$\mathrm{d}M=\frac{\partial M}{\partial x}\mathrm{d}x \tag{4.5d}$$

$$\mathrm{d}V=\frac{\partial V}{\partial x}\mathrm{d}x \tag{4.5e}$$

将式(4.5b) ～ 式(4.5e) 代入式(4.5a)，整理可得

$$\frac{\partial^2}{\partial x^2}\left[EI(x)\,\frac{\partial^2 w(x,t)}{\partial x^2}\right]+\rho A(x)\,\frac{\partial^2 w(x,t)}{\partial t^2}=f(x,t) \tag{4.5f}$$

对于均匀梁，$A(x)$ 及 $I(x)$ 均为常数，则

$$EI\,\frac{\partial^4 w(x,t)}{\partial x^4}+\rho A\,\frac{\partial^2 w(x,t)}{\partial t^2}=f(x,t) \tag{4.5g}$$

当 $f(x,t)=0$ 时，并令 $c=\sqrt{EI/\rho A}$，可得梁的自由振动微分方程

$$\frac{\partial^4 w(x,t)}{\partial x^4}+\frac{1}{c^2}\,\frac{\partial^2 w(x,t)}{\partial t^2}=0 \tag{4.5h}$$

针对上述方程，仍可采用分离变量法进行求解。梁振动的挠度 $w(x,t)$ 可以分离为空

间函数和时间函数的乘积，即 $w(x,t)=X(x)\cdot Y(t)$，$X(x)$ 是 x 的函数，$Y(t)$ 是 t 的函数，则式(4.5h)可改写为

$$-\frac{c^2}{X(x)}\frac{\mathrm{d}^4X(x)}{\mathrm{d}x^4}=\frac{1}{Y(t)}\frac{\mathrm{d}^2Y(t)}{\mathrm{d}t^2} \tag{4.5i}$$

式(4.5i)左边是 x 的函数，右边是 t 的函数，只有等于一个常数，式(4.5i)才能对任意坐标点 x 和时刻 t 成立，且根据微分方程理论，该常数只能是负数，设为 $-\omega^2$，则从式(4.5i)导出变量分离的两个线性常微分方程

$$\frac{\mathrm{d}^4X(x)}{\mathrm{d}x^2}-\beta^4X(x)=0 \tag{4.5j}$$

$$\frac{\mathrm{d}^2Y(t)}{\mathrm{d}t^2}+\omega^2Y(t)=0 \tag{4.5k}$$

其中，$\beta^2=\omega/c$。

式(4.5j)和式(4.5k)的通解可分别表示为

$$X(x)=A_1\cosh\beta x+A_2\sinh\beta x+A_3\cos\beta x+A_4\sin\beta x \tag{4.5l}$$

$$Y(t)=C\sin\omega t+D\cos\omega t \tag{4.5m}$$

针对式(4.5l)，利用边界条件(包括边界挠度、转角、弯矩及剪力等)，可以获得 β_r，$A_{1,r}$，$A_{2,r}$，$A_{3,r}$，$A_{4,r}$，即结构的固有频率为 $\omega_r=\beta_r^2c$，振型函数为 $X_r(x)$。表4.4给出了梁横向振动的典型边界条件，表4.5给出了典型边界条件下梁横向振动的固有模态。结合式(4.5m)，梁的第 i 阶主振动可表示为

$$w_r(x,t)=X_r(x)\cdot(C_r\sin\omega_rt+D_r\cos\omega_rt) \tag{4.5n}$$

利用主振动叠加法，梁的响应可表示为

$$w(x,t)=\sum_{r=1}^{\infty}X_r(x)\cdot(C_r\sin\omega_rt+D_r\cos\omega_rt) \tag{4.5o}$$

代入初始条件 $w(x,0)$ 及 $\dot{w}(x,0)$，可获得待定系数 C_r，D_r，最终获得 $w(x,t)$。

表 4.4　梁横向振动的典型边界条件

名称	挠度 w	转角 $\frac{\partial w}{\partial x}$	弯矩 $EI\frac{\partial^2 w}{\partial x^2}$	剪力 $\frac{\partial}{\partial x}\left(EI\frac{\partial^2 w}{\partial x^2}\right)$
自由边界	—	—	0	0
铰支边界	0	—	0	—
固支边界	0	0	—	—
线弹簧、阻尼、质量边界	—	—	0	$a\left(kw+c\frac{\partial w}{\partial t}+m\frac{\partial^2 w}{\partial t^2}\right)$
角弹簧、阻尼、质量边界	—	—	$a\left(k_t\frac{\partial w}{\partial x}+c_t\frac{\partial^2 w}{\partial x\partial t}+m_t\frac{\partial^3 w}{\partial x\partial t^2}\right)$	0

备注：k，c，m 分别表示边界上的线弹簧刚度、线阻尼系数、质量；k_t，c_t，m_t 分别表示边界上的扭转弹簧刚度、扭转阻尼系数、转动惯量；相应边界在梁左边时 $a=1$，在梁右边时 $a=-1$。

表 4.5　典型边界条件下梁横向振动的固有模态

边界条件	频率方程	固有振型函数	固有频率 ($\beta_r l$ 值)
铰支-铰支	$\sin\beta l = 0$	$X_r(x) = A_r\sin(\beta_r x)$	$\beta_1 l = \pi$ $\beta_2 l = 2\pi$ $\beta_3 l = 3\pi$ $\beta_4 l = 4\pi$
自由-自由	$\cos\beta l\cosh\beta l = 1$	$X_r(x) = A_r[\sin\beta_r x + \sinh\beta_r x + \alpha_r(\cos\beta_r x + \cosh\beta_r x)]$ 其中，$\alpha_r = \dfrac{\sin\beta_r l - \sinh\beta_r l}{\cosh\beta_r l - \cos\beta_r l}$	$\beta_1 l = 4.730\ 041$ $\beta_2 l = 7.853\ 205$ $\beta_3 l = 10.995\ 608$ $\beta_4 l = 14.137\ 165$ ($\beta l = 0$ 对应刚体模态)
固支-固支	$\cos\beta l\cosh\beta l = 1$	$X_r(x) = A_r[\sinh\beta_r x - \sin\beta_r x + \alpha_r(\cosh\beta_r x - \cos\beta_r x)]$ 其中，$\alpha_r = \dfrac{\sinh\beta_r l - \sin\beta_r l}{\cos\beta_r l - \cosh\beta_r l}$	$\beta_1 l = 4.730\ 041$ $\beta_2 l = 7.853\ 205$ $\beta_3 l = 10.995\ 608$ $\beta_4 l = 14.137\ 165$
固支-自由	$\cos\beta l\cosh\beta l = -1$	$X_r(x) = A_r[\sin\beta_r x - \sinh\beta_r x - \alpha_r(\cos\beta_r x - \cosh\beta_r x)]$ 其中，$\alpha_r = \dfrac{\sin\beta_r l + \sinh\beta_r l}{\cos\beta_r l + \cosh\beta_r l}$	$\beta_1 l = 1.875\ 104$ $\beta_2 l = 4.694\ 091$ $\beta_3 l = 7.854\ 757$ $\beta_4 l = 10.995\ 541$
固支-铰支	$\tan\beta l - \tanh\beta l = 0$	$X_r(x) = A_r[\sin\beta_r x - \sinh\beta_r x + \alpha_r(\cosh\beta_r x - \cos\beta_r x)]$ 其中，$\alpha_r = \dfrac{\sin\beta_r l - \sinh\beta_r l}{\cos\beta_r l - \cosh\beta_r l}$	$\beta_1 l = 3.926\ 602$ $\beta_2 l = 7.068\ 583$ $\beta_3 l = 10.210\ 176$ $\beta_4 l = 13.351\ 768$
铰支-自由	$\tan\beta l - \tanh\beta l = 0$	$X_r(x) = A_r[\sin\beta_r x + \alpha_r\sinh\beta_r x]$ 其中，$\alpha_r = \dfrac{\sin\beta_r l}{\sinh\beta_r l}$	$\beta_1 l = 3.926\ 602$ $\beta_2 l = 7.068\ 583$ $\beta_3 l = 10.210\ 176$ $\beta_4 l = 13.351\ 768$ ($\beta l = 0$ 对应刚体模态)

4.3　膜和板的振动

弹性薄膜是二维弹性体，不能承受弯矩，仅能在张力作用下产生拉伸变形，可视为一维弹性弦向二维的扩展。弹性薄板也是二维弹性体，但可以承受弯矩，可视为一维弹性弯曲梁向二维的扩展。

4.3.1 膜的振动

将薄膜上下表面之间的对称面称为中性面，假设变形前的中性面为平面，薄膜单位面积质量(面密度)为ρ，单位面积上受到的外载荷(垂直于中性面)为$f(x,y,t)$，如图4.5(a)所示。取长度分别为dx和dy矩形微元，受力如图4.5(b)所示，θ_x为微元与x轴正交的截面法线变形后相对于变形前位置的偏角，θ_y为微元与y轴正交的截面法线变形后相对于变形前位置的偏角，F为张力。任意时刻t微元的横向位移为$w(x,y,t)$，在小偏角条件下，仅保留的一次项，利用牛顿第二运动定律，微元在z方向的振动方程为

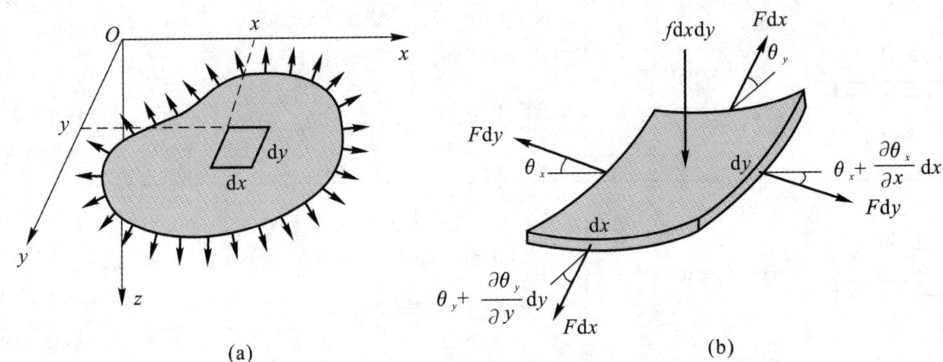

图4.5 膜的振动

(a) 整体； (b) 微元

$$\rho\,dx\,dy\,\frac{\partial^2 w(x,y,t)}{\partial t^2}=F\,dy\left[\left(\theta_x+\frac{\partial\theta_x}{\partial x}dx\right)-\theta_x\right]+F\,dx\left[\left(\theta_y+\frac{\partial\theta_y}{\partial y}dy\right)-\theta_y\right]+f(x,y,t)\,dx\,dy \tag{4.6a}$$

偏角θ_x和θ_y可表示为挠度$w(x,y,t)$对x轴和y轴的偏导，即

$$\theta_x=\frac{\partial w(x,y,t)}{\partial x} \tag{4.6b}$$

$$\theta_y=\frac{\partial w(x,y,t)}{\partial y} \tag{4.6c}$$

将式(4.6b)及式(4.6c)代入式(4.6a)，可得

$$\rho\,\frac{\partial^2 w(x,y,t)}{\partial t^2}=F\,\nabla^2 w(x,y,t)+f(x,y,t) \tag{4.6d}$$

其中，$\nabla^2=\left(\frac{\partial^2}{\partial x^2}+\frac{\partial^2}{\partial y^2}\right)$为拉普拉斯算子。

讨论膜的自由振动时，$f(x,y,t)=0$，并令$c=\sqrt{F/\rho}$，可得

$$\nabla^2 w(x,y,t)=\frac{1}{c^2}\,\frac{\partial^2 w(x,y,t)}{\partial t^2} \tag{4.6e}$$

针对上述方程，也可采用分离变量法进行求解。膜振动的位移$w(x,y,t)$可以分离为空间函数和时间函数的乘积，即$w(x,t)=X(x,y)\cdot Y(t)$，$X(x,y)$是x,y的函数，$Y(t)$是t的函数，则式(4.6e)可改写为

$$\frac{c^2}{X(x,y)}\nabla^2 X(x,y)=\frac{1}{Y(t)}\frac{\mathrm{d}^2 Y(t)}{\mathrm{d}t^2} \tag{4.6f}$$

式(4.6f) 左边是 x,y 的函数，右边是 t 的函数，只有等于一个常数，式(4.6f) 才能对任意坐标点 x,y 和时刻 t 成立，且根据微分方程理论，该常数只能是负数，设为 $-\omega^2$，则从式(4.6f) 导出变量分离的两个线性常微分方程

$$\nabla^2 X(x,y)+\beta^2 X(x,y)=0 \tag{4.6g}$$

$$\frac{\mathrm{d}^2 Y(t)}{\mathrm{d}t^2}+\omega^2 Y(t)=0 \tag{4.6h}$$

其中，$\beta=\omega/c$。后续求解过程与弦的振动方程类似：根据式(4.6g) 及边界条件确定固有频率为 ω_{rl}，振型函数为 $X_{rl}(x)$；进而利用主振动叠加法并结合式(4.6h) 的通解，膜的响应可表示为

$$w(x,y,t)=\sum_{r,l=1}^{\infty} X_{rl}(x)\cdot(C_{rl}\sin\omega_{rl}t+D_{rl}\cos\omega_{rl}t) \tag{4.6i}$$

代入初始条件 $w(x,y,0)$ 及 $\dot{w}(x,y,0)$，可获得待定系数 C_{rl}，D_{rl}，最终获得 $w(x,y,t)$。

4.3.2　板的振动

与薄膜类似，将薄板上下表面之间的对称面称为中性面。假设变形前的中性面为平面，薄板单位体积质量(体积密度)为 ρ，厚度为 h，材料弹性模量为 E，泊松比为 v，单位面积上受到的外载荷(垂直于中性面)为 $f(x,y,t)$，如图 4.6(a) 所示。取长度分别为 $\mathrm{d}x$ 和 $\mathrm{d}y$ 矩形微元，微元 z 向受力如图 4.6(b) 所示，将与 x 轴和 y 轴正交的横截面分别记为 S_x 和 S_y，假设弯曲变形后截面仍保持平面，将中性面法线视为截面 S_x 与 S_y 的交线，则弯曲变形后必保持直线，于是梁的平面假定演变为板的直法线假定。任意时刻 t 微元沿 z 轴的挠度为 $w(x,y,t)$，利用牛顿第二运动定律，微元在 z 方向的振动方程为

$$\rho h\,\mathrm{d}x\,\mathrm{d}y\,\frac{\partial^2 w(x,y,t)}{\partial t^2}=\left[\left(F_{Sx}+\frac{\partial F_{Sx}}{\partial x}\mathrm{d}x\right)-F_{Sx}\right]\mathrm{d}y+\left[\left(F_{Sy}+\frac{\partial F_{Sy}}{\partial y}\mathrm{d}x\right)-F_{Sy}\right]\mathrm{d}x + f(x,y,t)\,\mathrm{d}x\,\mathrm{d}y \tag{4.7a}$$

化简可得

$$\rho h\,\frac{\partial^2 w(x,y,t)}{\partial t^2}=\frac{\partial F_{Sx}}{\partial x}+\frac{\partial F_{Sy}}{\partial y}+f(x,y,t) \tag{4.7b}$$

忽略截面转动的惯性力矩，列出微元绕 y 轴的力矩平衡条件[见图 4.6(c)]

$$\left[\left(M_y+\frac{\partial M_y}{\partial x}\mathrm{d}x\right)-M_y\right]\mathrm{d}y+\left[\left(M_{xy}+\frac{\partial M_{xy}}{\partial y}\mathrm{d}y\right)-M_{xy}\right]\mathrm{d}x - F_{Sx}\,\mathrm{d}x\,\mathrm{d}y+f(x,y,t)\,\mathrm{d}x\,\mathrm{d}y\,\frac{\mathrm{d}x}{2}=0 \tag{4.7c}$$

略去 $\mathrm{d}x$ 和 $\mathrm{d}y$ 的三次项，化简可得

$$F_{Sx}=\frac{\partial M_y}{\partial x}+\frac{\partial M_{xy}}{\partial y} \tag{4.7d}$$

同理，可列出微元绕 x 轴的力矩平衡条件[见图 4.6(d)]

$$\left[M_x-\left(M_x+\frac{\partial M_x}{\partial y}\mathrm{d}y\right)\right]\mathrm{d}x+\left[M_{yx}-\left(M_{yx}+\frac{\partial M_{yx}}{\partial x}\mathrm{d}x\right)\right]\mathrm{d}y$$

$$+F_{\mathrm{S}y}\mathrm{d}x\mathrm{d}y-f(x,y,t)\mathrm{d}x\mathrm{d}y\frac{\mathrm{d}y}{2}=0 \tag{4.7e}$$

同样,化简可得

$$F_{\mathrm{S}y}=\frac{\partial M_x}{\partial y}+\frac{\partial M_{yx}}{\partial x} \tag{4.7f}$$

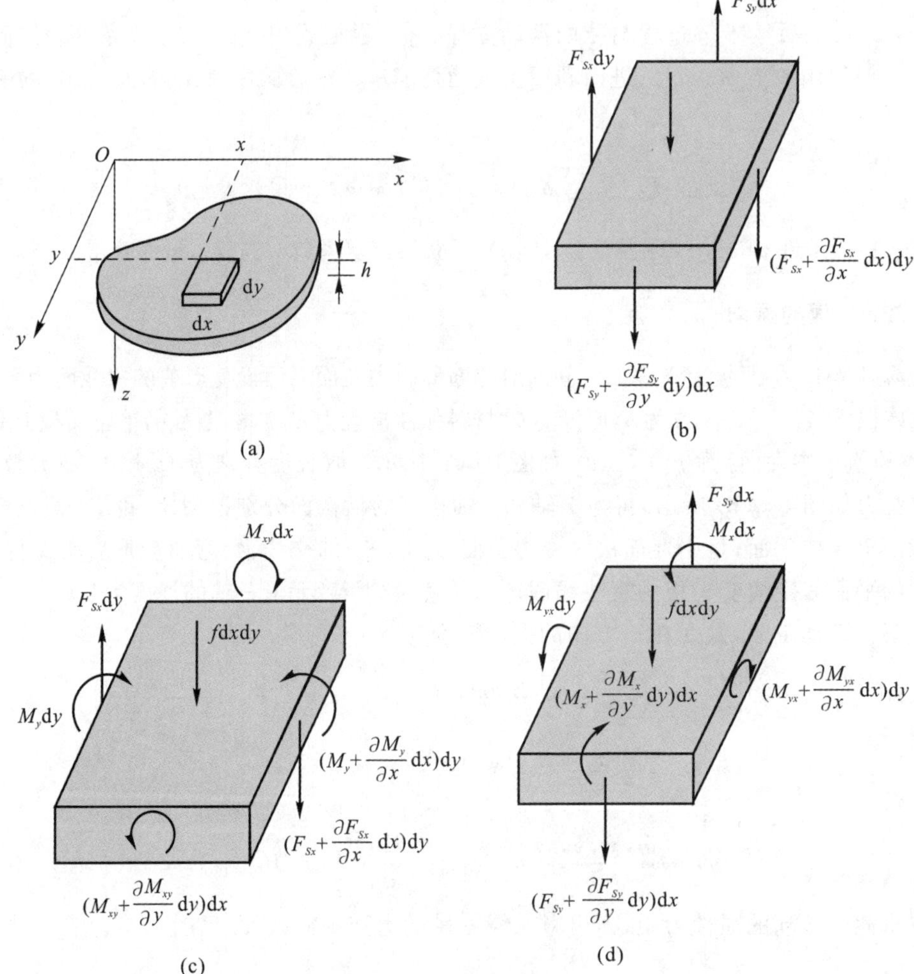

图 4.6　板的振动

(a) 整体；(b) 微元 z 向受力分析；(c) 微元绕 y 轴的力矩分析　(d) 微元绕 x 轴的力矩分析

根据微元应力应变分析,可获得式(4.7c) ~ 式(4.7f) 中的弯矩 M_x、M_y、M_{xy} 及 M_{yx} 与挠度 $w(x,y,t)$ 的关系,即

$$M_x=-D\left(\frac{\partial^2 w(x,y,t)}{\partial y^2}+v\frac{\partial^2 w(x,y,t)}{\partial x^2}\right) \tag{4.7g}$$

$$M_y = -D\left(\frac{\partial^2 w(x,y,t)}{\partial x^2} + v\frac{\partial^2 w(x,y,t)}{\partial y^2}\right) \tag{4.7h}$$

$$M_{xy} = M_{yx} = -D(1-v)\frac{\partial^2 w(x,y,t)}{\partial x \partial y} \tag{4.7i}$$

$$D = \frac{Eh^3}{12(1-v^2)} \tag{4.7j}$$

将式(4.7d) 及(4.7f) 代入式(4.7b)，并利用式(4.7g) ～ 式(4.7j)，可得

$$\rho h \frac{\partial^2 w(x,y,t)}{\partial t^2} + D\nabla^4 w(x,y,t) = f(x,y,t) \tag{4.7k}$$

其中，$\nabla^4 = \frac{\partial^4}{\partial x^4} + 2\frac{\partial^4}{\partial x^2 y^2} + \frac{\partial^4}{\partial y^4}$ 为二重拉普拉斯算子。

讨论板的自由振动时，$f(x,y,t)=0$，并令 $c=\sqrt{D/\rho h}$，可得

$$\nabla^4 w(x,y,t) + \frac{1}{c^2}\frac{\partial^2 w(x,y,t)}{\partial t^2} = 0 \tag{4.7l}$$

针对上述方程，仍可采用分离变量法进行求解。板振动的挠度 $w(x,y,t)$ 可以分离为空间函数和时间函数的乘积，即 $w(x,t)=X(x,y)\cdot Y(t)$，$X(x,y)$ 是 x,y 的函数，$Y(t)$ 是 t 的函数，则式(4.7l) 可改写为

$$-\frac{c^2}{X(x,y)}\nabla^4 X(x,y) = \frac{1}{Y(t)}\frac{\mathrm{d}^2 Y(t)}{\mathrm{d}t^2} \tag{4.7m}$$

式(4.7m) 左边是 x,y 的函数，右边是 t 的函数，只有等于一个常数，式(4.7m) 才能对任意坐标点 x,y 和时刻 t 成立，且根据微分方程理论，该常数只能是负数，设为 $-\omega^2$，则从式(4.7m) 导出变量分离的两个线性常微分方程

$$\nabla^4 X(x,y) - \beta^4 X(x,y) = 0 \tag{4.7n}$$

$$\frac{\mathrm{d}^2 Y(t)}{\mathrm{d}t^2} + \omega^2 Y(t) = 0 \tag{4.7o}$$

其中，$\beta^2 = \omega/c$。后续求解过程与梁的振动方程类似：根据式(4.7n) 及边界条件确定固有频率为 ω_{rl}，振型函数为 $X_{rl}(x)$；进而利用式(4.7o) 获得板的第 rl 阶主振动，板的自由振动响应则可表示为各阶主振动的叠加，可将板的响应可表示为式(4.6i) 的形式；然后代入初始条件 $w(x,y,0)$ 及 $\dot{w}(x,y,0)$，可获得待定系数 C_{rl}，D_{rl}，最终获得 $w(x,y,t)$。

思考与练习题

1. 推导表 4.1“固支-固支”边界条件下弦横向振动的频率方程、固有频率及固有振型函数表达式。

2. 推导表 4.2“固支-自由”边界条件下杆轴向振动的频率方程、固有频率及固有振型函数表达式。

3. 推导表 4.3“自由-自由”边界条件下轴扭转振动的频率方程、固有频率及固有振型函数表达式。

4. 分别推导表 4.5“自由-自由”及“固支-固支”两种边界条件下梁横向振动的频率方

程、固有频率及固有振型函数表达式。

5. 观察表 4.5“自由-自由”及“固支-固支”两种边界条件下梁横向振动的固有频率，分析它们为何会有相同的固有频率。

6. 推导题 6 图所示四种均匀梁横向振动的频率方程，梁体积密度为 ρ、弹性模量为 E、横截面面积为 A、截面惯性矩为 I，相关尺寸参数均在图中给出。

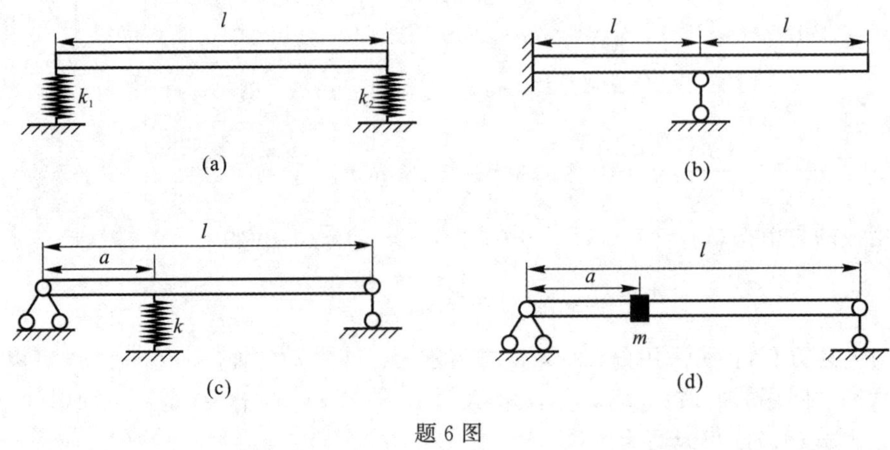

题 6 图

7. 连续体的固有振型也具有正交性，请以梁的横向振动为例推导其固有振型的正交性。

第 5 章　结构振动测试基础

5.1 概　　述

5.1.1　振动测试系统的组成

振动测试就是利用试验测试的办法获得结构的振动特性。从测试的目的来说，振动测试可分为响应测试和模态测试两类：响应测试就是利用相关传感器测量结构在特定激励下的加速度、速度、位移、动态应变等动力学响应量；模态测试就是在响应测试的基础上，利用实验模态分析技术识别结构的固有频率、固有振型、模态阻尼比等模态参数。可以看出，模态测试往往同时包含响应测试，因此模态测试是振动测试的一项重要内容。

模态测试的基础是结构频响函数的测量，传统的频域模态识别技术都是基于频响函数测试来实现的，因此频响函数的测量是振动测试中最为重要的一个环节。

振动测试系统通常包括激振（激励）设备、结构、传感器以及信号采集与分析系统，通过激励设备对结构施加激励，利用传感器将结构的振动信号转换为信号采集系统可以记录的信号（一般为电压信号），再按照一定的采样要求将测试的电压信号进行采样并转换为数字信号，最后通过信号采集与分析系统记录振动响应信号并完成相应的信号分析。图 5.1 给出了振动测试系统的一般构成示意图。

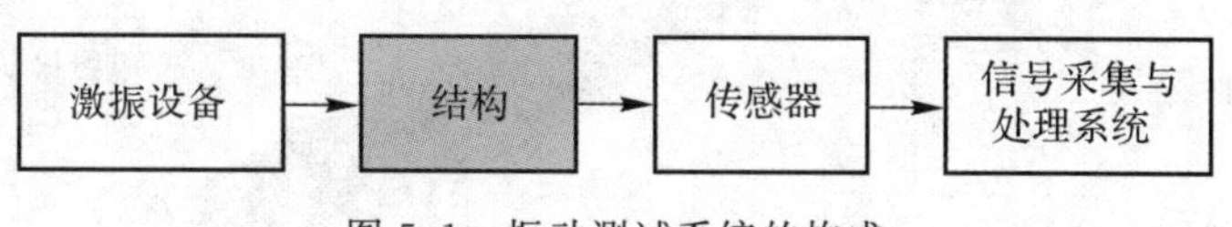

图 5.1　振动测试系统的构成

5.1.2　激振设备与传感器

5.1.2.1　激振设备

激振设备用来给结构施加激励力，以使得结构产生所需要的振动，基于不同的分类原则，激振设备有多种不同的分类方式，如图 5.2 所示。力锤、激振器以及振动台是振动测试中最常用的激振设备，力锤用于产生冲击激励力，激振器及振动台可产生多种不同波形的稳态激励力。目前，实验室常用的激振器及振动台按照其工作原理均属于电动式激振器。本节分别简要介绍力锤及电动式激振器这两类常用激振设备。

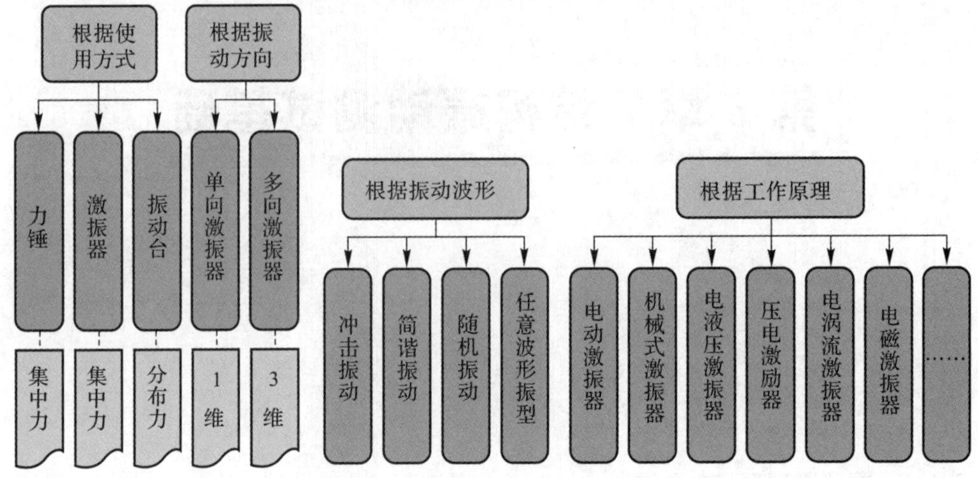

图 5.2　激振设备的各种分类方式

1. 力锤

力锤由锤体(也称锤柄)、力传感器、锤头(包括冲击帽)、配重以及电缆接头组成,如图 5.3 所示。力锤的作用就是通过手持操作,给结构施加一个冲击力。锤体用于握持并安装相应的附件。力传感器用于测量施加给结构的冲击力。锤头通常分别由钢、铝、铜、塑料、橡胶等多种不同软硬程度的材料制成,以控制冲击力的持续时间。配重用于增加力锤的质量,使得在敲击速度相同的情况下提高力锤的动量,进而增加冲击力幅值。电缆接头用于连接信号线缆。

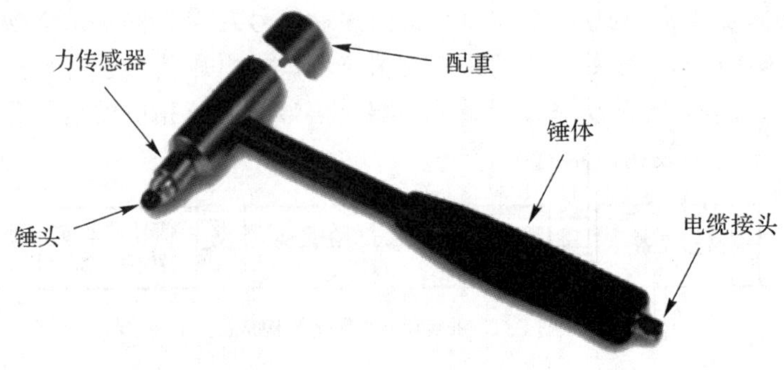

图 5.3　力锤的构造

2. 电动式激振器

电动式激振器利用通电线圈(称为动圈)在磁场中受到电磁力的原理制成,其构造示意图如图 5.4 所示。动圈由台面、线圈架及线圈组成,并与柔性悬架相连,柔性悬架面外刚度很小而面内刚度很大。给线圈通电后,台面受到与磁场正交的磁场力,其大小与磁场强度、线圈长度以及交变电流强度成正比。通常,电磁式激振器所能产生的激励力幅值可从几十 N 到几百 kN,当然其结构尺寸、质量及造价也差异巨大。一般情况下,激励力幅较小的称为激振器，且在台面部位安装有细长的激振杆（顶杆），以对结构施加集中力激励；而激励力幅值较大的称为振动台，待测结构可以安装在台面上，以对结构施加均布的基础激励（一般为基础加速度激励）。

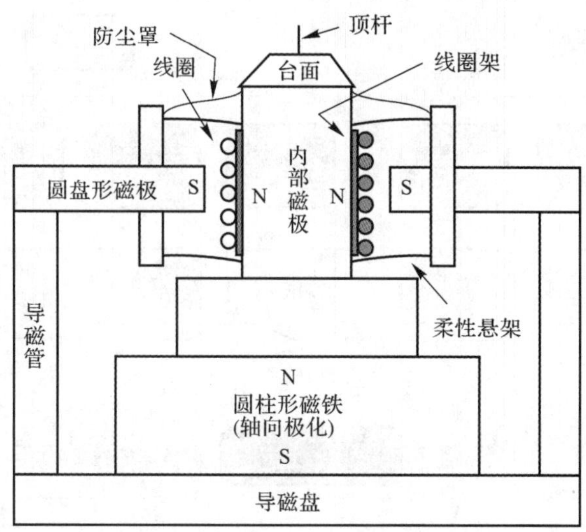

图 5.4　电动式激振器的构造

5.1.2.2　传感器

振动测试中的传感器大都利用相关物理效应将应变、位移、速度、加速度以及激励力等物理响应转变为电信号来实现测量，如：常规的电阻应变片是利用电阻应变效应，并结合惠斯通电桥，将应变测量转变为电压测量；压电式加速度或力传感器则是利用压电效应，并结合电荷处理电路，将加速度或力的测量转变为电压测量；激光位移或速度传感器一般分别采用三角测量原理或多普勒效应，并结合相应转换装置，将位移或速度的测量转变为电压测量；光纤（应变、加速度、力）传感器则是利用光纤的各种调制作用，并结合光电转换装置，将待测物理量的测量转变电信号的测量。根据不同的分类标准，传感器可分为不同的类型，图 5.5 给出了振动测试传感器的不同分类方式。

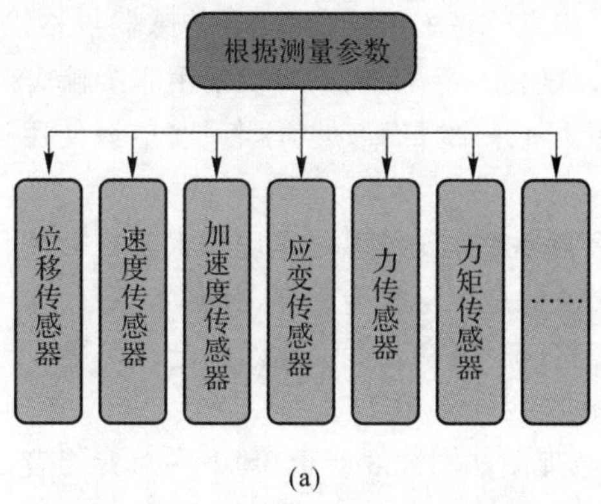

图 5.5　振动测试传感器的分类

(a)根据测量参数分类

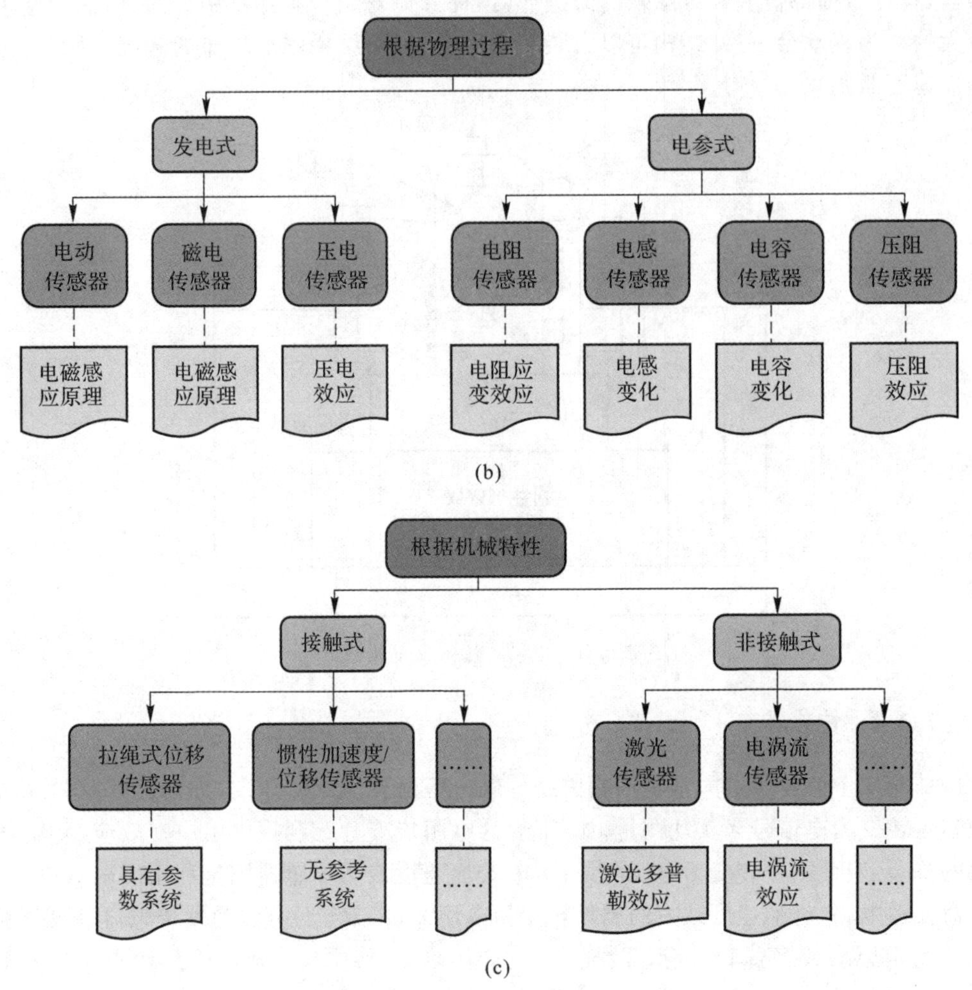

续图 5.5　振动测试传感器的分类

(b)根据物理过程分类；　(c)根据机械特性分类

在传感器选取过程中，应充分考虑传感器性能、传感器价格以及传感器布置位置要求，例如对于无法粘贴压电加速度传感器的结构，可以使用非接触式激光位移传感器；又如使用加速度传感器时，如果要获得较好的低频动力学特性，应该使用低频特性较好的加速度传感器。

在振动测试中，力传感器和加速度传感器是应用最为广泛的传感器。在力传感器及加速度传感器中，应用最为广泛的是压电式传感器，其基本原理是压电效应，石英是一种具有压电效应的天然晶体，由于其对时间和温度变化的稳定性而被广泛用作测力计的传感元件，另外锆钛酸铅等压电陶瓷也被广泛应用。

典型压电力传感器的原理图如图 5.6 所示，其中一对背靠背的石英圆盘通过预紧螺栓压在上部和下部质量之间。当动态力施加到传感器两端时，传感元件受载会使其产生一定应变，根据压电效应电荷会积聚在电极上，进而通过电荷的测量实现对动态力的测量。

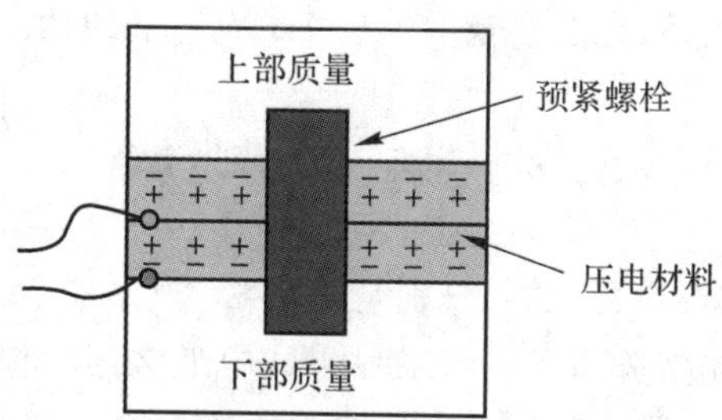

图 5.6　典型压电力传感器的原理图

压电式加速度计有各种各样的几何结构，其传感元件可受压缩、剪切或弯曲变形，测量方向包括单轴或三轴，以测量一个或三个正交的运动分量。图 5.7 给出了最简单的典型单轴压缩式加速度计原理图，质量块安装在一对背对背压电片组成的传感元件上，并通过预紧弹簧保持压缩状态，其原理图可简化为基础运动激励下的单自由度系统。在特定情况下，质量块相对于基础的相对运动与基础加速度相关（相关原理可结合 2.3.1.3 节基础做简谐运动激励的内容推导获得），而质量块的相对运动导致压电圆盘产生变形、积聚电荷，进而通过电荷的测量实现对加速度的测量。

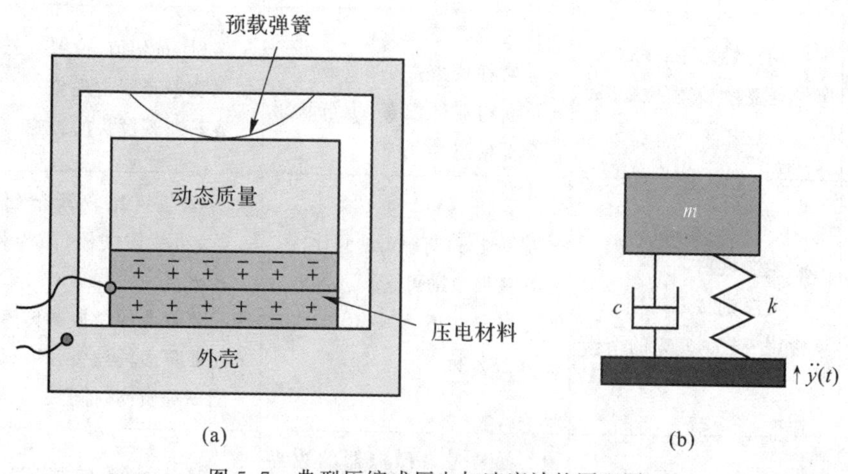

图 5.7　典型压缩式压电加速度计的原理图

(a)结构示意图；(b)动力学模型

5.1.3　振动测试中的信号处理技术

第 1 章绪论 1.5 节中讲述的频谱、谱密度、功率谱密度等信号处理技术是很多振动测试与分析工作的基础。这里需要注意的是，在振动测试中通常采用 Hz 频率 f 来描述频率参数，根据圆频率 ω 与 Hz 频率 f 的关系，即，$\omega=2\pi f$，式(1.13d)及式(1.13e)表示的傅里叶变换及傅里叶逆变换可改写为

$$X(f)=\mathscr{F}[x(t)]=\int_{-\infty}^{\infty}x(t)\mathrm{e}^{-\mathrm{j}2\pi ft}\mathrm{d}t \tag{5.1a}$$

$$x(t)=\mathscr{F}^{-1}[X(f)]=\int_{-\infty}^{\infty}X(f)\mathrm{e}^{\mathrm{j}2\pi ft}\mathrm{d}f \tag{5.1b}$$

基于上述傅里叶变换关系，也容易获取响应 Hz 频率下的功率谱表达式。

5.2 模态测试

目前，模态测试方法主要包含三类，分别是锤击法、激振器激励法以及工作模态测试。锤击法以及激振激励器法是实验室及一般工程测试中最常用的模态测试方法，均以频响函数测量为基础，频响函数在频域内描述了结构输出响应与输入激励的关系，通常模态测试中可测试的响应类型包括加速度、速度以及位移，根据频响函数所采用的响应类型，频响函数的种类及转换关系见表 2.1，测试获得任一种响应的频响函数，都可通过乘以或除以 $j\omega$ 或 $-\omega^2$ 获得其他频响函数。工作模态测试，顾名思义，就是在结构或设备正常工作的状态下实现模态测试，一般假定其工作状态下的激励为某一特定激励(如自然激励)，仅测试结构的响应数据，来实现模态参数的识别。表 5.1 列出了三类模态测试方法的简要说明及优缺点，本节后续部分将简要介绍几类模态测试方法的实施流程。

表 5.1 三类模态测试方法概述

方法类型	简要说明	优 点	缺 点
锤击法	·利用力锤敲击； ·快速激励较宽的频带； ·广泛应用	·快速且容易实施； ·通常耗资少； ·可获得局部模态，也可获得全部模态	·激励力(幅值、位置)一致性差； ·需要避免双击现象； ·容易忽视锤头的影响
激振器激励法	·利用激振器； ·多种激励技术可用； ·常用于较为复杂的结构	·重复性好(与锤击法相比)； ·有多种激励可选； ·可用于多输入多输出(MI-MO)分析	·实验装置比较繁杂(信号发生器、功率放大器、激振器及其安装夹具)； ·需要专业的激振器传感器布置； ·需要更多的设备和测试通道； ·测试耗费高时间长
工作模态测试	·一般利用自然随机激励	·不需要考虑激振器的边界条件(与激振器法相比)； ·可在线测量； ·可同时进行其他测试	·假定激励频带包含了关心的频率； ·需要长时间测量； ·对计算要求较高

5.2.1 锤击法

锤击法是一种试验测试成本较低且实施过程较为便捷的模态测试方法，其测试流程图如图 5.8 所示。锤击法采用力锤对结构施加冲击激励，用力传感器测试冲击力，用加速度传感器或速度传感器或位移传感器测试结构响应，进而通过激励力及响应估计出结构的频响函数，再通过频响函数识别出结构的模态参数。如下对锤击法测试频响函数的相关事项进行简要说明。

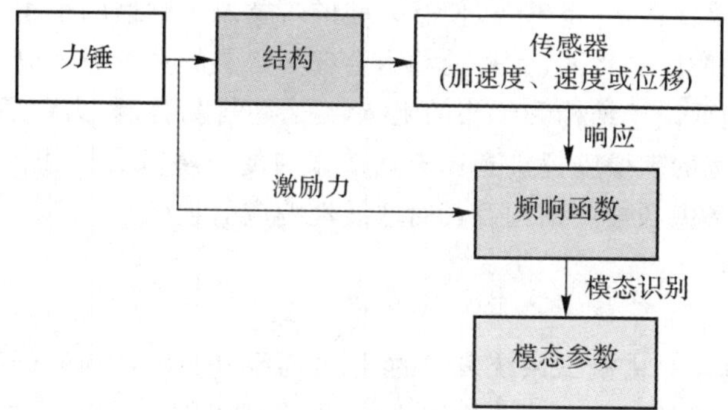

图 5.8　锤击法模态测试流程

5.2.1.1　力谱

如图 5.9(a) 所示，对结构轻轻一击施加的力类似于半正弦脉冲的力，一般来说，触点 T_c 的持续时间与产生的瞬态响应相比非常短。半正弦脉冲的幅频谱如图 5.9(b) 所示，在低频时是几乎为常数，频谱中的凹口发生在一系列谐波相关的频率上，这些频率与接触时间 T_c 成反比。对于半正弦脉冲的理想情况，第一个凹口出现在 $3/(2T_c)$。图 5.9(c) 显示了结构对冲击力的加速度响应，高频由于经过许多周期的振动而迅速衰减，而较低的频率看起来持续时间更长。

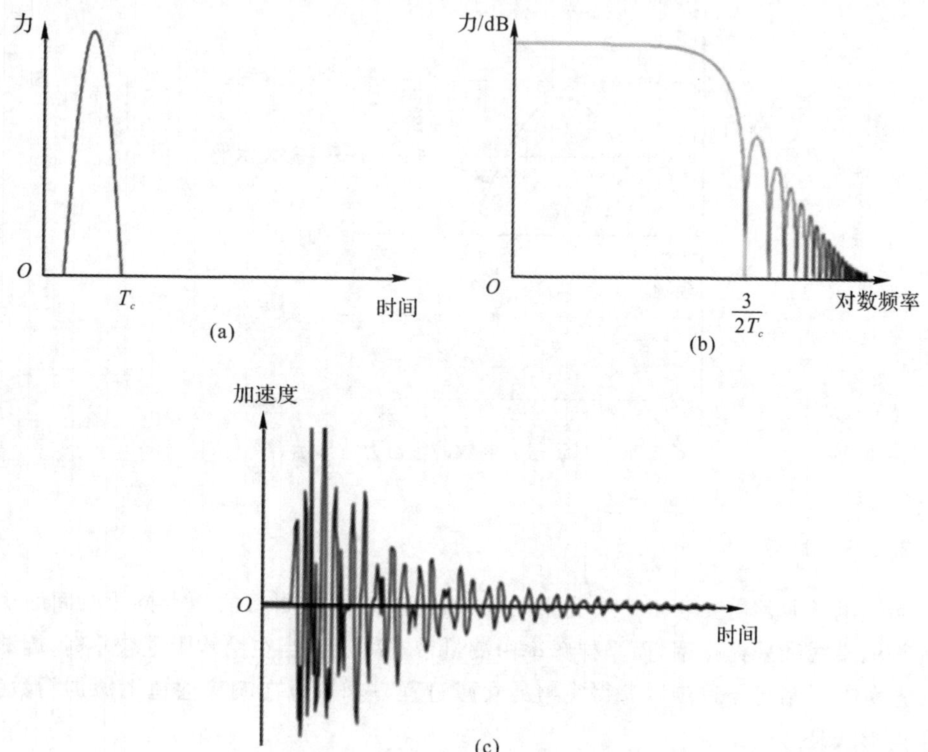

图 5.9　锤头产生的理想化的力和对应的结构响应

(a) 输入力时间历程；(b) 输入力幅值谱；(c) 加速度响应时间历程

理想情况下，应该使得 T_c 足够短，使感兴趣的带宽位于频谱的平坦区域内，以确保在所有频率上都有足够的激励。然而，太短的冲击会在不必要的宽带宽上分散激振能量，从而影响信噪比。接触时间取决于结构和锤头的阻抗，后者更容易控制，力锤通常都有可互换的锤头，包含从用于低带宽的软橡胶锤头到用于宽带宽的硬金属锤头。选择的力锤尺寸应反映所需的力幅值，同时考虑到被测结构及其对非线性响应的敏感性。

5.2.1.2 触发

锤击引起的激励不是由测试系统发起的，因此需要知道测试何时开始，以便开始记录数据。启动过早可能会导致瞬态响应截断和泄漏，太晚很可能会导致无法完全捕捉力通道的数据。一般情况下，当力或响应通道中的一个超过阈值或触发水平时，再开始采集信号。一个典型的力信号如图 5.10 所示，力传感器的极性为压缩为正。触发电平通常可以用电压单位(V)或工程单位(N)的绝对值来设置，还可以用满量程的百分比来设置，还可以附加一个条件，如信号的斜率是正的还是负的，如图 5.10 所示，一个正的斜率会在事件开始时触发。触发电平应该低到足以触发典型的锤击，但又不能太低，以免意外触发。当数据采集被触发时，之前的部分响应数据已经丢失，必须从测试设备的缓冲区中找回，应该指定一个预触发时长，通常以毫秒或采样时间长度的百分比为单位，以便将所有通道的信号恢复到冲击激励开始之前。这些相关设置在目前主流模态测试系统中均可直接设置，详细内容可参考相关模态测试系统的用户手册。

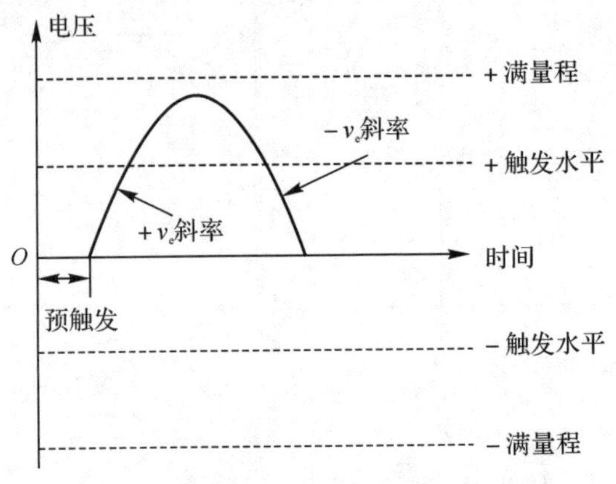

图 5.10　显示触发参数的锤击力波形示意图

5.2.1.3 加窗

锤击法测试通常需要获得一个完整的衰减过程，然而可测量的最大持续时间取决于采集仪允许的谱线和采样频率，而采样频率由测量带宽决定。当在结构阻尼较小时，因测试设备不可避免的限制将导致难以获得完整的衰减过程，这时，可在响应通道上添加指数窗，其最简单的形式是

$$W(t) = e^{-t/\tau} \tag{5.2}$$

式中：τ 是一个时间常数，通过设置 τ 可使得加窗响应信号在采样时间结束时趋于零。指数

窗的作用相当于是人为增加阻尼，从而使模态阻尼比增加 $1/(\tau\omega)$，结构真实阻尼需从识别的阻尼中减去该人为增加的阻尼。

另外，频响函数可以通过响应与激励的傅里叶变换的比值来估计，然而传感器获得的实测信号可能会受到随机噪声的污染，一般可采用少量的平均来减缓随机噪声对测量的影响。

上述关于触发、加窗以及平均的相关设置在目前主流模态测试系统中均可直接设置，详细内容可参考相关模态测试系统的用户手册。

5.2.2　激振器激励法

激振器激励法与锤击法类似，其测试流程图如图 5.11 所示。激振器激励法通过激振器对结构施加激励，激励信号由信号发生器产生、经功率放大器放大后驱动激振器。激振器激励法通常包含四类，即扫频法、随机激励法、步进正弦法、纯模态法，其中扫频法和随机激励法是最基本的方法。

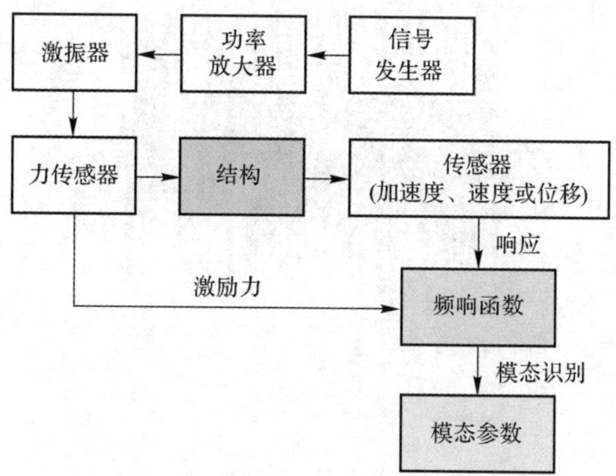

图 5.11　激振器激励法模态测试流程

扫频法就是用频率连续变化的简谐波信号激励结构，典型的激励时域波形及其功率谱密度函数如图 5.12 所示。其优点有：①在兴趣频带内进行扫频；②高信噪比；③容易控制输入力；④可用于非线性研究，其缺点是测试速度较慢。

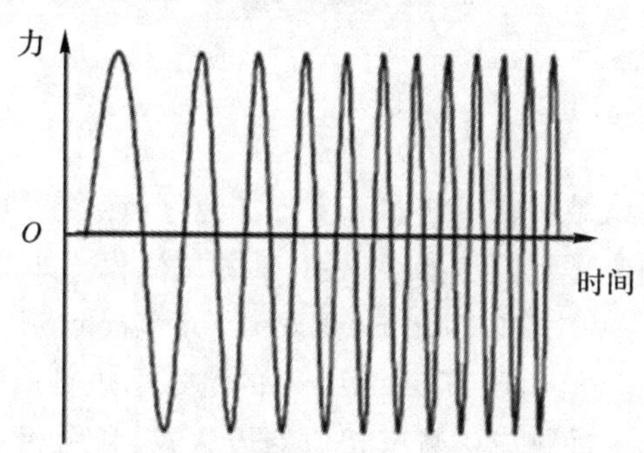

图 5.12　典型的扫频激励时域波形及其功率谱密度

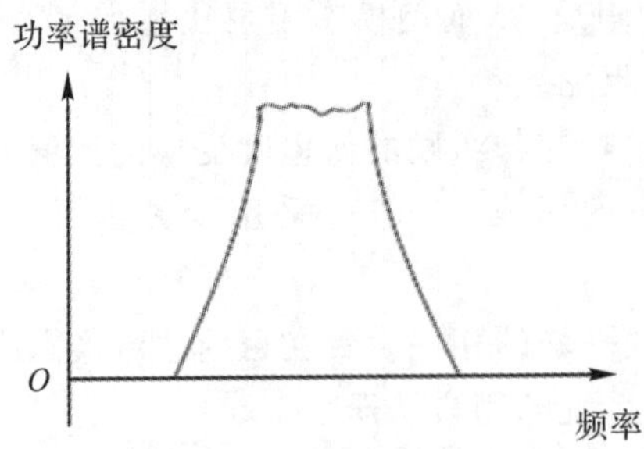

续图 5.12 典型的扫频激励时域波形及其功率谱密度

随机激励法是利用人工生成的具有一定频带范围的随机信号激励结构，典型的激励时域波形及其功率谱密度如图 5.13 所示，其优点有：①合适的信噪比；②可以根据兴趣频率设置为带通信号，其缺点是一般需要多次平均。

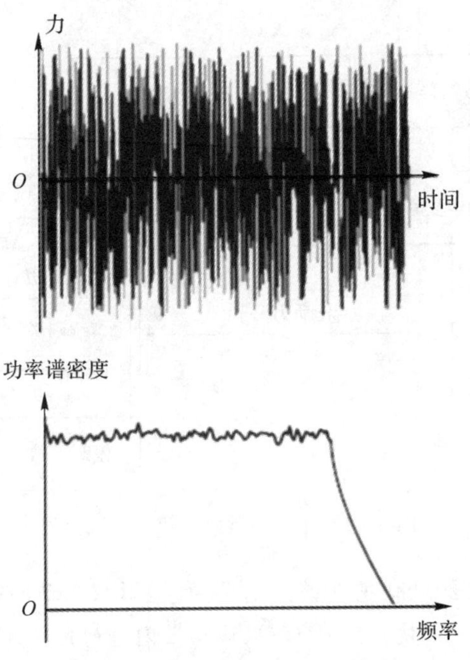

图 5.13 典型的随机激励时域波形及其功率谱密度

5.2.3 作模态测试

工作模态测试通过测试结构在工作状态下的加速度、速度或位移等时域动力学响应，并利用测试的时域动力学响应进行模态参数识别，其测试流程图如图 5.14 所示。在工作模态测试中，典型的方法有自然激励法(Natural Excitation Technology，NExT)和随机减量法(Random Decrement Technique，RDT)。NExT 的基本思想是白噪声环境激励下结构两点之间响应的互相关函数和脉冲响应函数有相似的表达式，利用相关函数分析获得系统的脉冲响应函数；RDT 的基本思想是利用样本平均方法将确定性信号从随机信号中分离出来，可提取出相当于初始条件下的自由衰减响应信号。

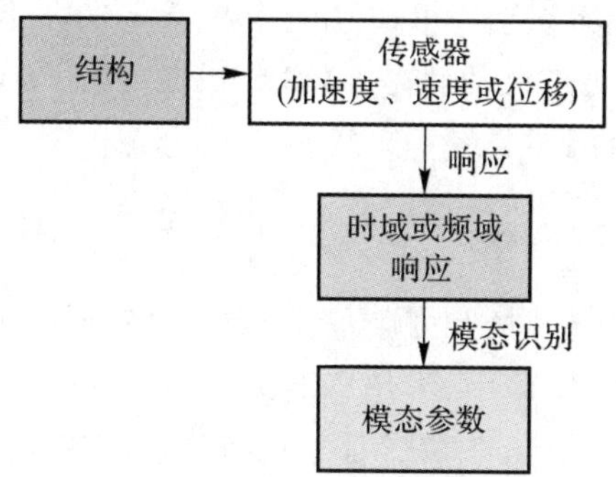

图5.14　工作模态测试流程

5.2.4　模态识别

上述试验方法可以看到,锤击法及激振器激励法最终都需要通过频响函数进行模态参数识别,这也是最重要的模态识别方法,而工作模态测试则是直接利用时域或频域响应(一般也称为仅利用振动响应)进行模态参数识别。

模态识别的本质就是曲线拟合。例如,在以频响函数为基础的模态识别方法中,就是以测试的频响函数为目标,通过确定理论频响函数中的相关参数,使得理论频响函数与测试频响函数尽可能接近,进而利用理论频响函数确定结构的模态参数,模态识别过程可用图5.15来示意。

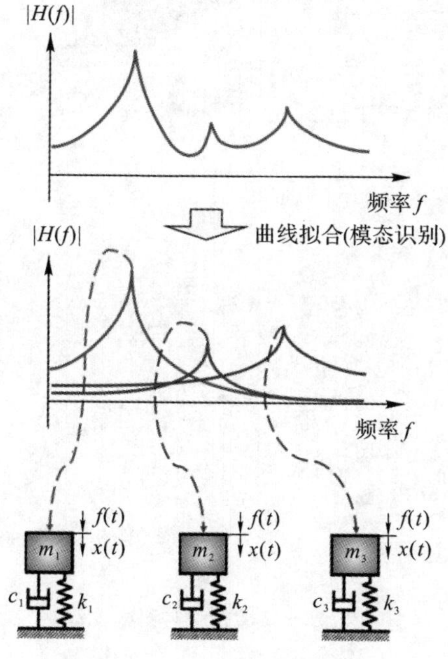

图5.15　模态识别过程概述

目前,模态识别有很多已有的成熟算法,包括:①用于弱耦合模态的单自由度模态识别技术；②用于强耦合模态的多自由度模态识别技术；③用于稳定测量的全局模态识别技术；④用于非稳定测量的局部模态识别技术；⑤用于多输入-多输出测量的多参考点模态识别技术。目前工程领域，应用最为广泛的就是 LMS 公司提出的 PolyMAX 模态识别技术，其理论原理与识别过程读者可查阅相关参考文献。

5.2.5 模态测试示例

典型结构的模态测试试验现场及测点布置如图 5.16 所示，其中将梯形薄板称为局部结构，将管状梁称为周围结构。实验中，采用 MB 激振器在结构 P1 点处施加随机激励，采用 PCB 压电式力传感器测试力信号，并在图 5.16(b)中所示的响应测试位置布置 PCB 压电式加速度传感器，用于测试结构的加速度响应信号，所有测试信号由 LMS 信号采集系统记录并分析。实验时设置采样频率为 256 Hz，谱线数为 2 048，则频率分辨率为 0.125 Hz。采用$\widehat{H}_1$估计法计算结构的加速度频响函数，并使用 PolyMAX 模态识别技术识别结构的模态参数，具体列于表 5.2。

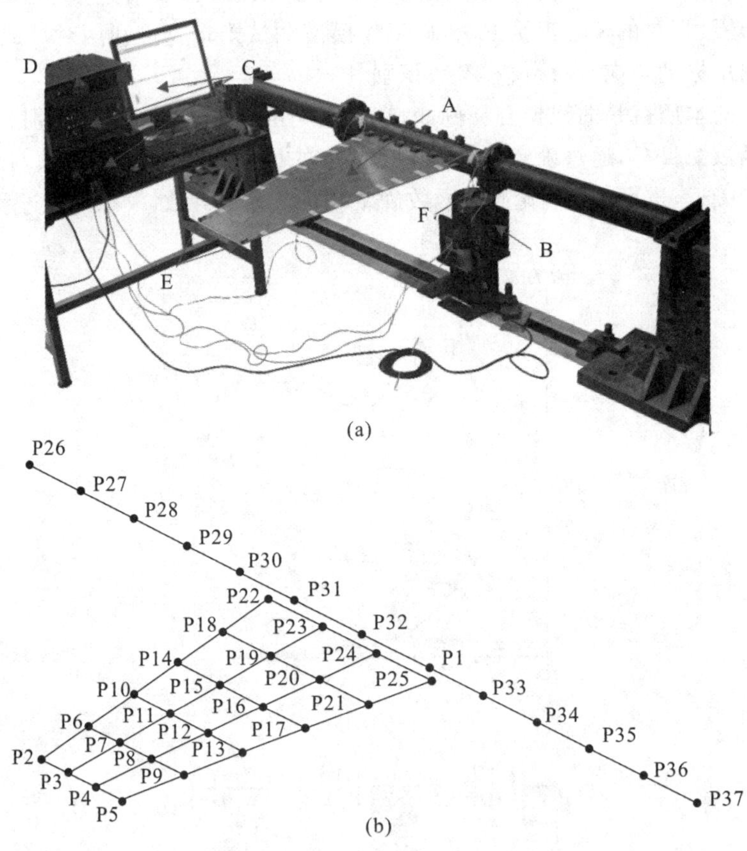

图 5.16 实验模型与测试设备

(a)结构实验布置； (b)传感器布置

A—弹性支撑板结构；B—MB 激振器(MODEL 50A)；C—LMS 信号采集系统(SCADASⅢ-TEST.LAB)；D—MB 功率放大器(MODEL SL500VCF)；E—PCB 压电式加速度传感器(333B30)；F—PCB 压电式力传感器(208C02)；P1—激励位置；P1～P37—加速度响应测试位置

表 5.2　测试的模态参数

模态阶数	固有频率/ Hz	模态阻尼比	振型描述
1	3.903	0.03%	局部一弯
2	20.606	0.03%	局部一扭
3	21.394	0.07%	局部二弯+周围垂向一弯
4	50.224	0.12%	局部三弯+周围垂向一弯
5	56.416	0.01%	局部二扭
6	60.078	0.09%	局部四弯+周围垂向一弯
7	103.393	0.07%	局部三扭+周围垂向二弯
8	112.914	0.05%	局部四弯+周围垂向二弯

测试的结构前八阶模态振型具体如图 5.17～图 5.24 所示。由于在各阶模态下局部结构的振动幅值远大于周围结构的振动幅值,为了更清楚地表示周围结构的振型,本节将总体结构的振型分开表示,即局部结构振型+周围结构振型。

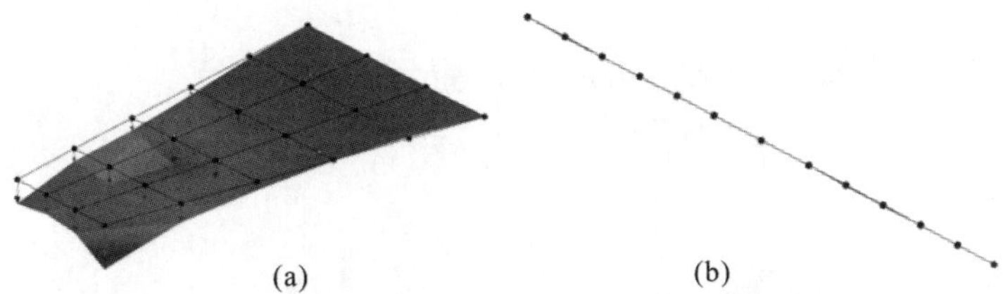

图 5.17　第一阶模态振型(局部一弯)

(a)局部结构振型；(b)周围结构振型

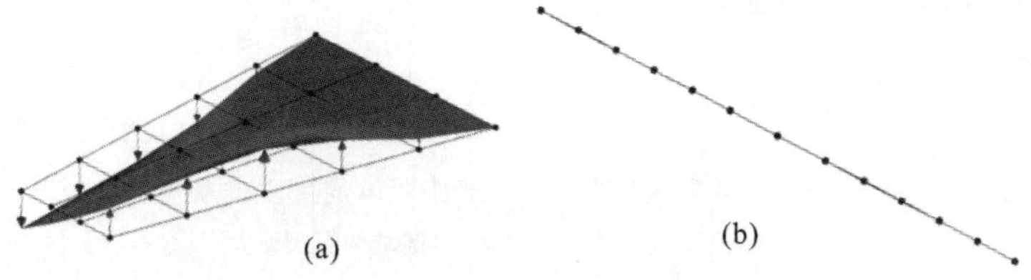

图 5.18　第二阶模态振型(局部一扭)

(a)局部结构振型；(b)周围结构振型

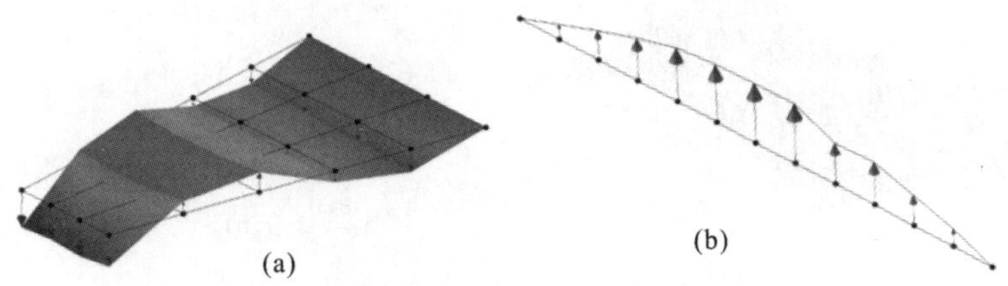

图 5.19　第三阶模态振型(局部二弯+周围垂向一弯)

(a)局部结构振型；(b)周围结构振型

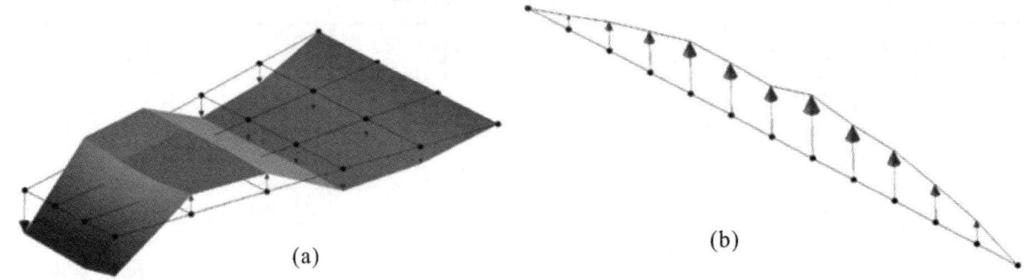

图 5.20 第四阶模态振型(局部三弯+周围垂向一弯)
(a)局部结构振型; (b)周围结构振型

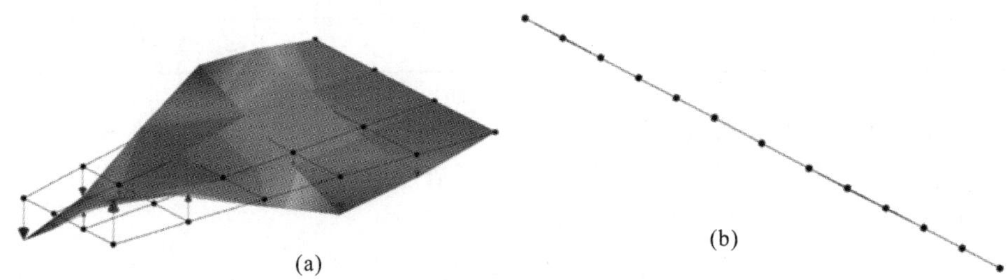

图 5.21 第五阶模态振型(局部二扭)
(a)局部结构振型; (b)周围结构振型

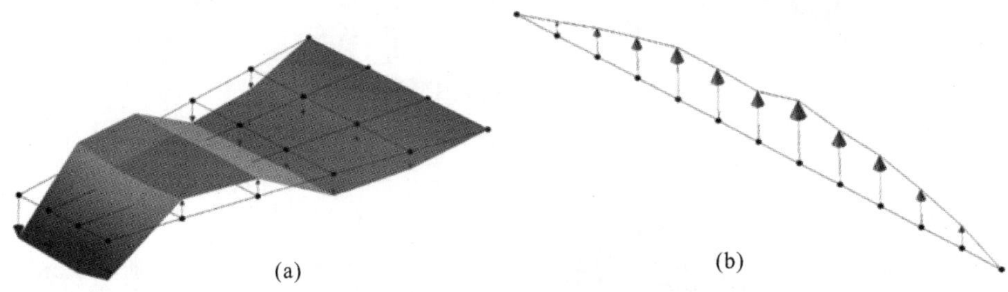

图 5.22 第六阶模态振型(局部四弯+周围垂向一弯)
(a)局部结构振型; (b)周围结构振型

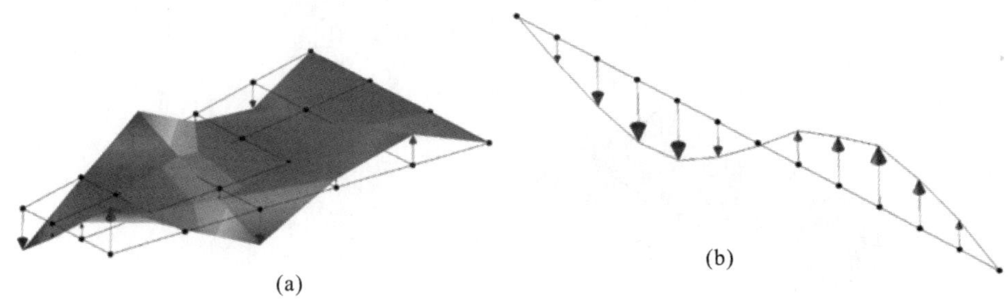

图 5.23 第七阶模态振型(局部三扭+周围垂向二弯)
(a)局部结构振型; (b)周围结构振型

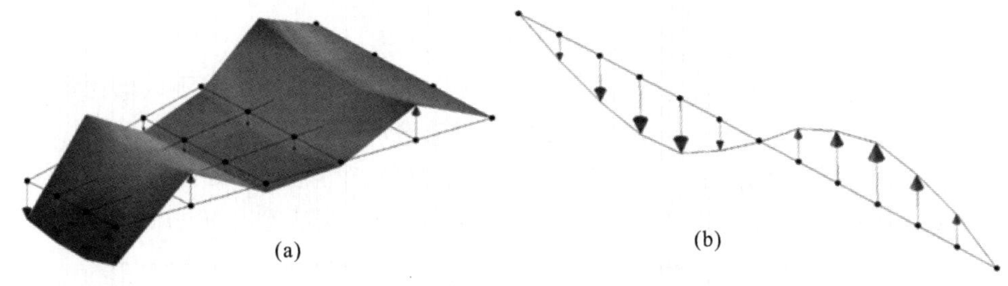

图 5.24　第八阶模态振型(局部四弯＋周围垂向二弯)
(a)局部结构振型；(b)周围结构振型

从辨识得到的结构模态结果可以看出，总体结构第一、第二和第五阶模态表现为梯形薄板的局部模态，周围结构参与了总体结构第三、四、六、七和八阶模态的振动。

5.3　振动响应测试

振动测试中的响应测试一般可分为两类，一类是在结构或设备工作状态下对其进行响应测试，另一类是振动环境试验中的响应测试，其目的都是测试振动的时域或频域响应，以服务于产品的初始设计、故障处理或改型设计。

针对第一类响应测量，由于直接测试结构在工作状态下的动响应，结构的激励来源于真实的工作环境，因此不涉及对激励系统的相关要求。针对第二类响应测量，即振动环境试验中的响应测试，对激励的施加要求是一项重要内容，一般都是按照相关行业标准[如《军用装备实验室环境试验方法》第 16 部分振动试验(GJB 150.16A—2009)，《军用装备实验室环境试验方法》第 18 部分冲击试验(GJB 150.18A—2009)，《机载设备的环境条件和试验程序》(RTCA/DO-160G)，《铁道车辆设备冲击和振动试验标准》(IEC 61373—2010)，《环境测试-正弦振动》(IEC 60068-2-6 2007)，《环境测试-随机振动》(IEC 60068-2-64 2008)，等等]，设置需要的振动环境谱，利用带闭环控制的振动台模拟出所要求的激励环境来进行振动试验。

相比于模态测试，响应测试通常较为简单，一般仅需根据响应测试要求，在结构关键部位(一般是容易出现结构强度失效的部位)按要求布置相关传感器(应变片、加速度计等)，并按关心频率最大值的 5～10 倍设置信号采集设备的采样频率，进而进行结构振动响应测量。第一类振动响应测试一般较为简单，仅需直接测试结构在工作状态下的动响应；而第二类振动响应测试，即振动环境实验，涉及步骤较多，如下给出常见的三种环境试验基本流程。

5.3.1　功能试验

功能试验通常涉及试验目的、振动量级、振动方向、振动环境谱、振动时间、试验要求等几个方面，以 GJB 150.16A 为例：

(1) 试验目的：检验装备暴露在最恶劣的环境条件下能否正常工作；

(2) 振动量级：最大使用量级；

(3) 振动方向：分别开展 x、y、z 轴的振动；

(4) 振动环境谱：针对不同的装备、装备的不同位置、不同方向等有不同的振动环境谱，图 5.25 给出了用于飞行器环境试验的三种典型振动谱；

(5) 振动时间(每个轴向轴)：取 0.5 h 与足够完成装备功能检验时长中的较长者；

(6) 试验要求：耐久性试验前后分别完成一半时间的功能试验。

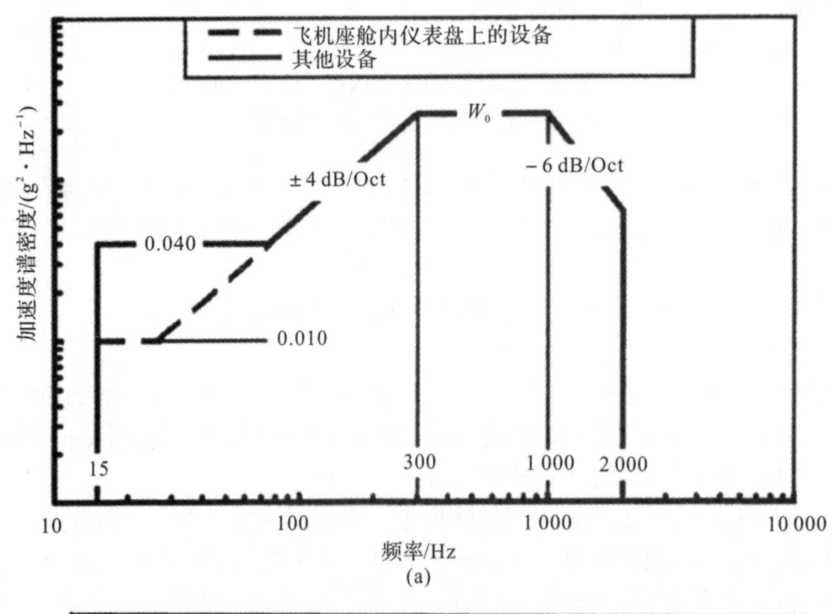

(a)

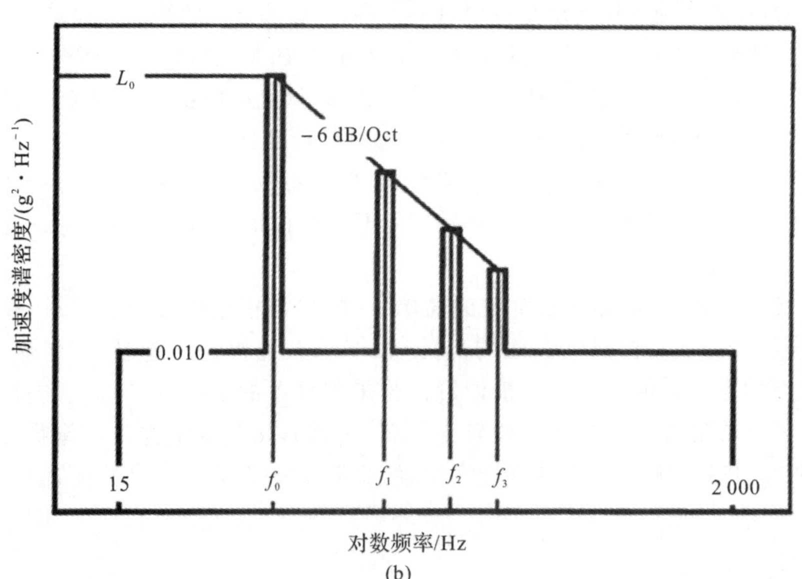

(b)

图 5.25 飞行器中的典型振动环境谱

(a) 喷气式飞机；(b) 螺旋桨飞机

W_0— 气动力诱发的振动与发动机噪声引起的振动之和，与气动力及发动机相关参数有关；L_0— 与装备位置有关；f_0— 桨叶通过频率(螺旋桨桨轴的旋转频率乘以桨叶数量)，$f_1=2f_0$，$f_2=3f_0$，$f_3=4f_0$；尖峰带宽为中心频率的 ±5%

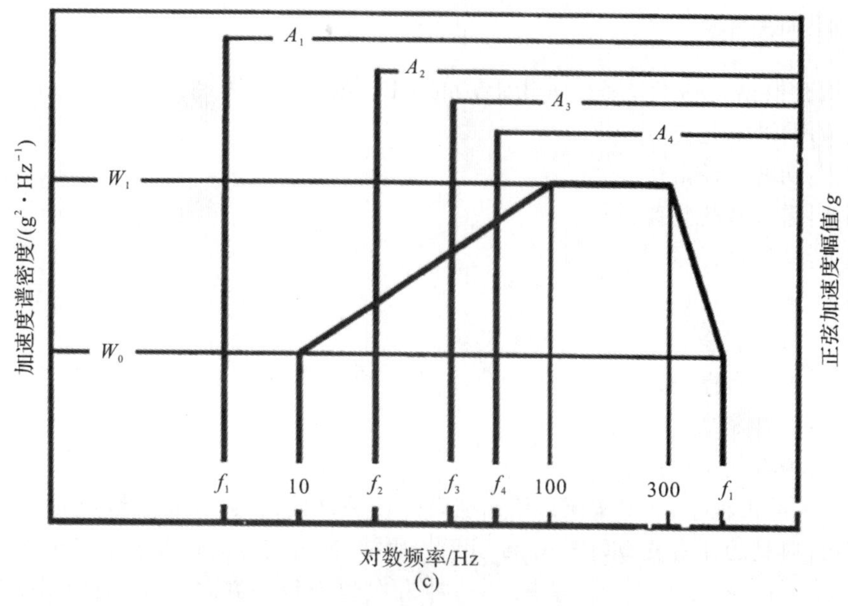

(c)

续图 5.25　飞行器中的典型振动环境谱

(c) 直升机

W_0,W_1— 随机振动量级,与装备位置有关;f_1— 随机振动的上限频率;

A_1 ～ A_4— 正弦加速度幅值;f_1 ～ f_4— 旋转基频及其谐波(与转速、桨叶数相关)

5.3.2　耐久性试验

通常,耐久性试验包含两种方法:方法一,提高功能试验的量级来考虑等效疲劳损伤,这需要根据疲劳等价关系来确定试验量级的时间,该方法的不足之处是,振动试验量级比装备使用中的高,忽略了装备特性、连接处的摩擦、隔振特性和热效应等的非线性;方法二,假设累积进行了足够多的应力循环(通常为 10^7 次循环)而没有失效,则可证明应力低于装备的疲劳极限,该方法的不足之处是,忽略了许多装备(特别是典型的电器/电子装备)没有疲劳极限的问题,而且 10^7 次应力循环可能对它们还不够多。

推荐采用方法一,并在试验时间允许的情况下,采用尽可能长的试验持续时间,即利用下述疲劳等价关系公式,在试验量级大于等于功能试验量级的基础上,采用尽可能低的试验量级。

$$\left(\frac{W_0}{W_1}\right)=\left(\frac{T_1}{T_0}\right)^{1/4}\text{(随机振动)} \tag{5.3a}$$

$$\left(\frac{g_0}{g_1}\right)=\left(\frac{T_1}{T_0}\right)^{1/6}\text{(正弦振动)} \tag{5.3b}$$

式中:W_0 为功能试验规定的随机振动量值(加速度功率谱密度,g^2/Hz);W_1 为耐久性试验施加的随机振动量值(加速度功率谱密度,g^2/Hz);g_0 为功能试验规定的正弦振动量值(峰值加速度,g);g_1 为耐久性试验施加的正弦振动量值(峰值加速度,g);T_0 为规定(采用功能试验振动量值)的时长,h;T_1 为施加(采用耐久性试验振动量值)的时长,h。

5.3.3 冲击试验

冲击试验根据结构或设备受冲击形式的不同,包含不同种冲击试验,以 GJB 150.18A 中的规定为例,通常包含:

程序Ⅰ:功能性冲击;

程序Ⅱ:需包装的装备;

程序Ⅲ:易损性;

程序Ⅳ:运输跌落;

程序Ⅴ:坠撞安全;

程序Ⅵ:工作台操作;

程序Ⅶ:铁路撞击;

程序Ⅷ:弹射起飞和拦阻。

针对这些冲击程序,需要按照试验标准设计相关试验夹具,并按照给定的冲击波形,进行冲击试验,典型的冲击波型如图 5.26 所示。通常,冲击的方向包含 3 个方向或 6 个方向,即 x、y、z 或 $+x$、$-x$、$+y$、$-y$、$+z$、$-z$;冲击次数为每个方向 1 次(很少承受冲击的装备)或 3 次(可能经常承受的冲击)。

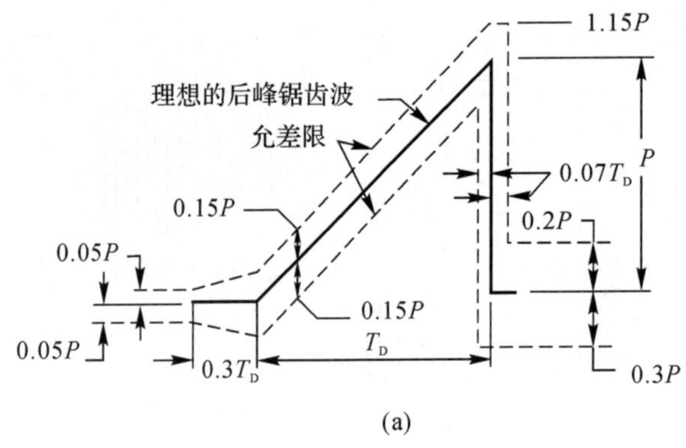

(a)

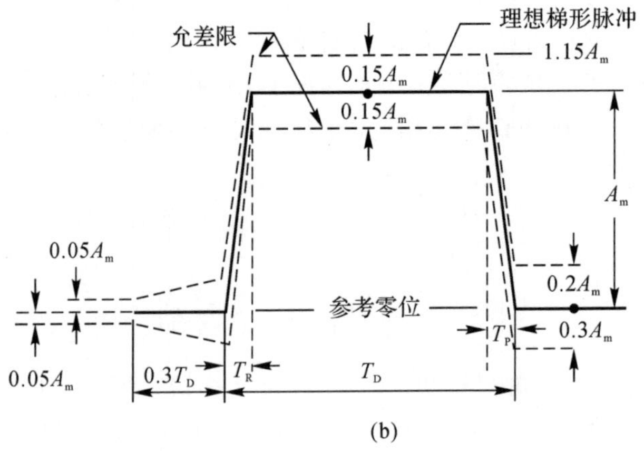

(b)

图 5.26 典型的冲击波型

(a)后峰锯齿脉冲; (b)对称梯形脉冲

思考与练习题

1. 压电式加速度计有电荷式和 ICP 式两种，查阅相关资料，说明这两种类型的特点及其使用方法。

2. 简述锤击法测试频响函数的步骤。

3. 简述激振器法测试频响函数的步骤。

4. 查阅资料，给出任意一种模态识别方法的基本原理和实施步骤。

5. 针对如题 5 图所示飞机模型，给出其模态测试的详细步骤，包括所用方法、实验框图、测点布置、实验步骤等。

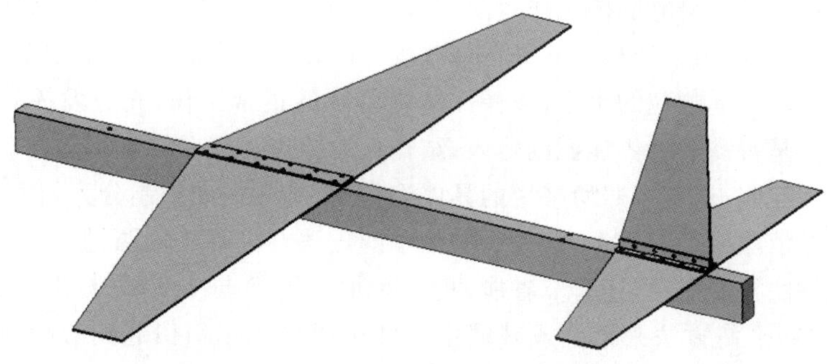

题 5 图

第 6 章　结构振动控制基础

在工程领域及日常生活中，大多数场合振动都是不利的，需要有效地隔离或减缓振动，以为设备和人员提供一个舒适的工作生活环境。结构振动控制就是指根据振动的理论、原理和方法，对已有的机械或结构系统进行修改设计或设计一个附加的新系统，来消除不需要的振动响应或降低振动响应的水平，以保证结构系统的正常工作，充分发挥其功能，延长其使用寿命。根据是否需要外界能源的输入，结构振动控制可以分被动振动控制、主动振动控制和半主动振动控制；也可按照所采用的具体途径，将结构振动控制分为如下五类。

(1)消振：即消除或削弱振源，这是一种治本的方法。消除了振源，振动响应自然得到控制。采用消振方法控制振动，还有节省能源、一劳永逸的优点。例如：对不平衡转子引起的振动，通常采用动平衡方法来消除或减弱由于转子质量不平衡引起的激励力；在飞机设计中，采用扰流片来减弱跨声速飞行时机翼表面激波的强度，从而控制舵面的嗡鸣(一种舵面单自由度颤振)。

(2)阻振：即阻尼减振，通过在受控系统中添加阻尼器或粘贴连续分布的阻尼材料层，来消耗振动能量达到减小振动响应的目的。如：在汽车座舱壁板上粘贴阻尼材料来消除汽车行驶时由于路面不平引起的振动响应；在悬索桥的拉索上安装阻尼减振器以减小拉索在风激励下的振动响应。

(3)隔振：即振动隔离，在振源和结构之间安装由弹簧和阻尼器组成的承载装置，通过修改振动传递路径来减缓结构上的振动响应，隔振器就是指由弹簧和阻尼器组成的承载装置。如飞机座舱内的仪表通过隔振器安装在机体上，以减小机体振动向仪表的传递；将动力机械的基座通过隔振器与基础相连，减小机械运转时传递给基础的激振力。

(4)吸振：即动力吸振，在受控振动系统上安装一个由质量-弹簧-阻尼器组成的子系统，利用受控振动系统和附加子系统组成的新系统的反共振现象来减小受控振动系统的振动响应。如：在飞机机体上安装动力吸振器来减小机体结构的振动；在高层建筑上安装的动力吸振器来减小风振或地震响应；在高压传输线上用动力吸振器来减小气流的涡激振动响应。

(5)缓冲：即冲击隔离，就是借助于某种装置(通常由弹簧和阻尼器组成)，将动能转化为势能再缓慢释放并耗散，来减缓冲击响应或冲击力。如：飞机起落架在着陆过程中可显著减小飞机机体所受到的着陆载荷；产品包装时采用缓冲气囊来减缓突然跌落对产品的影响。

在上述五类振动控制方法中，消振的基本思想就是通过相关设计或修改，来消除或削弱振源，需要针对具体问题具体分析，其他四类均具有较为普遍的规律，后续将逐一介绍这四类振动控制方法的基本原理与设计要点，并简要介绍主动振动控制和半主动振动控制的基本原理与方法。对于具体的阻振、隔振、吸振或缓冲系统设计，首先应该进行振源和被隔离体分析，通过设计得到振动控制装置的最优物理参数，之后的具体设计涉及机械设计、制造工艺、材料学、电子电工以及控制技术等学科知识。

6.1 阻尼减振

阻尼减振，即阻振，通过在受控系统中添加阻尼器或粘贴连续分布的阻尼材料层，来消耗振动能量以达到减小振动的目的。根据第 2 章内容，阻尼对系统的振动特性有重要的影响：对于自由振动，阻尼会耗散系统的能量，使振幅不断衰减；对于强迫振动，阻尼消耗激励力对系统所做的功，进而限制系统的振幅使系统做等幅振动。

阻尼的性质不同，所服从的物理规律也不一样，由于阻尼产生的机理复杂，要完全准确地用数学表达式来表示一个系统复杂的阻尼特性是非常困难的，而且复杂的数学表达式不便于进行振动分析。通常的做法是采用某些简化的阻尼模型，以方便对有阻尼振动系统进行分析，1.5.1.3 节介绍了工程中常用的四种阻尼模型，即黏性阻尼、库仑阻尼、流体阻尼以及结构阻尼，通常采用较为便捷的黏性阻尼来进行振动分析，对于非黏性阻尼，可根据其在系统一个振动周期内耗散能量相等来等效为等效黏性阻尼。在学习阻振原理之前，读者可先利用如下虚拟实验探索并感受阻振现象。

云实验 16：振动控制→阻振→阻尼减振现象

可以利用云实验来对比有无阻尼器时的减振效果，可调整的系统参数有频率比及阻尼比，可分别研究定频激励、扫频激励、变阻尼系统时的减振效果，以定性分析频率比及阻尼比对减振效果的影响。

6.1.1 阻振原理

大部分阻尼减振器所使用的阻尼材料都具有一定的弹性，在振动系统中的力学模型通常是并联的一个弹簧和一个阻尼器，且各种阻尼都可以用等效黏性阻尼来表示，因此本节将采用最简单的阻尼减振系统，即具有黏性阻尼的单自由度系统，来说明阻尼减振原理。结合 2.3.1 节所学的三种简谐激励形式，即简谐力激励、旋转不平衡质量激励以及基础做简谐运动激励，如下将分别分析这三种激励形式下的阻尼减振原理。

6.1.1.1 简谐力激励

简谐力激励下的阻尼减振系统力学模型与图 2.19 受简谐激励的有阻尼单自由度系统力学模型完全相同，如图 6.1 所示，质量 m 表示待减振结构，k 和 c 分别为阻尼减振器的刚度系数和阻尼系数，忽略阻尼减振器本身质量，系统振动方程与式(2.16b) 完全相同，即

$$m\ddot{x}(t)+c\dot{x}(t)+kx(t)=F_0\sin\omega t \tag{6.1a}$$

根据 2.3.1.1 节内容可知，利用振动位移幅值 X 与等效静位移 X_0 比值，可定义式(2.19c) 表示的位移放大率 β，即

$$\beta=\frac{X}{X_0}=\frac{1}{\sqrt{(1-\gamma^2)^2+(2\zeta\gamma)^2}} \tag{6.1b}$$

式中：$X_0=F_0/k$；$\gamma=\omega/\omega_n$ 为频率比；$\zeta=c/(2\sqrt{mk})$ 为阻尼比。

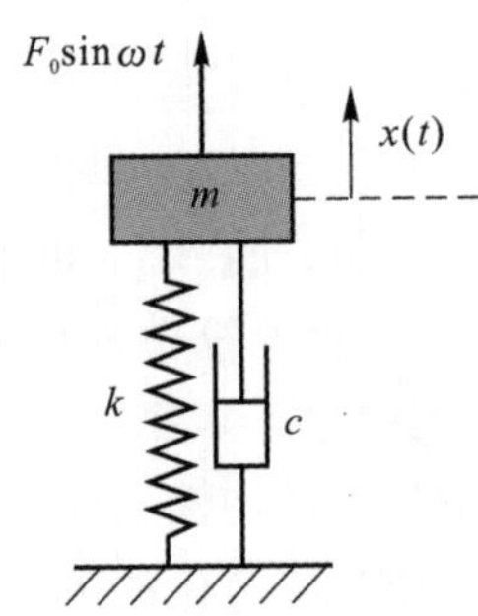

图 6.1　简谐力激励下的阻尼减振模型

根据其定义式(6.1b) 易知，位移放大率越小，阻尼减振效果越好。这样，采用位移放大率即可分析阻尼减振效果。图 2.21 绘制了不同阻尼比 ζ 下位移放大率 β 随频率比 γ 变化的曲线，可以看到：

(1) 共振区(频率比 γ 接近 1 附近)：增大阻尼可显著减小系统响应的幅值。

(2) 频率比 γ 较小：增大阻尼对系统响应幅值有略微的减缓作用。

(3) 频率比 γ 较大：改变阻尼对系统响应幅值几乎没有影响。

也就是说，阻尼在共振区对结构的振动起到非常大的减缓作用，而在远离共振区阻尼起到的作用有限或不起作用。

6.1.1.2　旋转不平衡质量激励

旋转不平衡质量激励下的阻尼减振系统力学模型与图 2.26 带不平衡质量的旋转机械力学模型完全相同，如图 6.2 所示，质量 m 表示待减振结构的总质量，不平衡质量的大小为 m_0，角速度为 ω，旋转中心为 O，偏心距离为 e，k 和 c 分别为阻尼减振器的刚度系数和阻尼系数，假设只考虑机械铅锤方向的运动，忽略减振器本身质量，系统振动方程与式(2.23c) 完全相同，即

$$m\ddot{x}(t)+c\dot{x}(t)+kx(t)=m_0e\omega^2\sin\omega t \tag{6.2a}$$

根据 2.3.1.2 节内容可知，利用结构响应幅值 X、结构总质量 m 的乘积与不平衡质量 m_0、偏心距 e 的乘积的比值，可定义式(2.23g) 表示的放大因子 β，即

$$\beta=\frac{mX}{m_0e}=\frac{\gamma^2}{\sqrt{(1-\gamma^2)^2+(2\zeta\gamma)^2}} \tag{6.2b}$$

根据其定义式(6.2b) 易知，放大因子越小，阻尼减振效果越好。这样，采用放大因子即可分析阻尼减振效果。图 2.27 绘制了不同阻尼比 ζ 下放大因子 β 随频率比 γ 变化的曲线，可以看到：

(1) 共振区(频率比 γ 接近 1 附近):增大阻尼可显著减小系统响应的幅值。

(2) 频率比 γ 较小:增大阻尼对系统响应幅值有略微的减缓作用。

(3) 频率比 γ 较大:增大阻尼对系统响应幅值有略微的减缓作用。

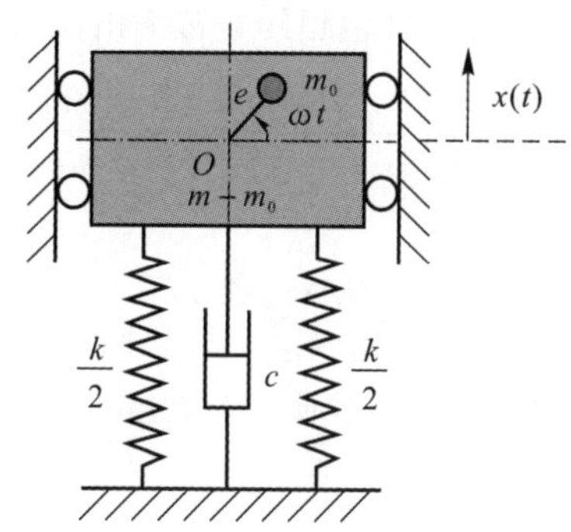

图 6.2　旋转不平衡质量激励下的阻尼减振模型

也就是说,阻尼在共振区对结构的振动起到非常大的减缓作用,而在远离共振区阻尼起到的作用有限。

6.1.1.3　基础做简谐运动激励

基础做简谐运动激励下的阻尼减振系统力学模型与图 2.28 受基础激励的单自由度系统力学模型完全相同,如图 6.3 所示,质量 m 表示待减振结构,k 和 c 分别为阻尼减振器的刚度系数和阻尼系数,忽略减振器本身质量,系统振动方程与式(2.24c) 完全相同,即

$$m\ddot{x}(t)+c\dot{x}(t)+kx(t)=c\dot{y}(t)+ky(t) \tag{6.3a}$$

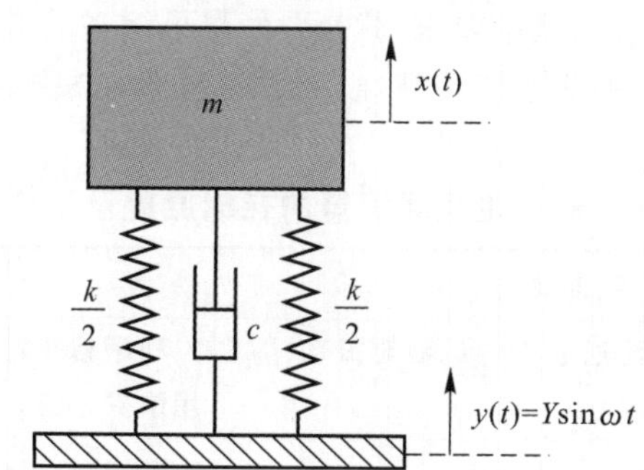

图 6.3　基础做简谐运动激励下的阻尼减振模型

根据 2.3.1.3 节内容可知,利用结构响应幅值 X 与基础激励幅值 Y 的比值,可定义式(2.24i) 表示的位移传递率 T,即

$$T=\frac{X}{Y}=\sqrt{\frac{1+(2\zeta\gamma)^2}{(1-\gamma^2)^2+(2\zeta\gamma)^2}} \tag{6.3b}$$

根据其定义式(6.3b) 易知,位移传递率越小,阻尼减振效果越好。这样,采用位移传递率即可分析阻尼减振效果。图 2.29 绘制了不同阻尼比 ζ 下位移传递率 T 随频率比 γ 变化的曲线,可以看到:

(1) 共振区(频率比 γ 接近 1 附近):增大阻尼可显著减小系统响应的幅值。

(2) 频率比 γ 较小:改变阻尼对系统响应幅值几乎没有影响。

(3) 频率比 γ 较大:增大阻尼反而会使得系统振动响应增大。

也就是说,阻尼在共振区对结构的振动起到非常大的减缓作用、而在远离共振区阻尼不起作用或起反作用。

云实验 17:振动控制 → 阻振 → 阻尼减振器-特性分析

可以利用云实验来研究阻尼减振器的减振特性,包括系统参数(质量)、外激励参数(幅值、频率范围)及阻尼器参数(刚度系数、阻尼比)对减振特性(时域响应、位移放大率、相角)的影响,通过勾选参数设置中的阻尼比的影响,可以直观对比其他参数不变时阻尼比对减振特性的影响。

6.1.2 常见阻尼减振器

阻振是减振设计中最常用的技术之一,工程实际中的阻尼来源不一、形式多样,阻尼减振器也是多种多样。按所产生的阻尼性质不同,阻尼减振器可以分为流体阻尼减振器、干摩擦阻尼减振器、黏弹性阻尼材料、电磁阻尼减振器、碰撞阻尼减振器等。按照阻尼器所采用的材料,阻尼减振器又可分为橡胶减振器、弹簧减振器、空气减振器、油液减振器等。从能量转化的观点看,各种阻尼减振器都是利用各种形式的阻尼耗散振动能量,从而达到降低振动水平的目的。一般情况下,阻尼减振器的耗能方式都是将机械能转化为热能并散失到周围环境中,因此阻尼减振器设计的基本要求,就是要使尽可能多的能量转换成热能。表 6.1 列出了常用阻尼减振器的耗能原理及工作特性,关于各种阻尼减振器的详细说明可参考书后相关参考文献。

表 6.1 常用阻尼减振器的耗能原理及工作特性

类　型	耗能原理	工作特性
流体阻尼减振器	利用运动件在阻尼液中的运动对振动体施加阻尼作用	利用黏性阻尼或流体阻尼。结构简单,使用维护方便,工作稳定
干摩擦阻尼减振器	利用运动件与阻尼件之间及阻尼件与固定件之间振动时的摩擦消耗振动能量	利用摩擦阻尼。结构简单,适用于减少高速旋转机械的振动。安装于高速、大振幅处。摩擦面易污染和磨损
黏弹性阻尼材料	利用铺设在结构表面的黏弹性材料的弯曲、拉伸或剪切而消耗振动能量	利用黏弹性材料的阻尼特性。具有分布性较好的特点,常用于薄板类结构的减振
电磁阻尼减振器	利用金属件在磁场内振动时所产生的涡流与磁场相互作用形成的阻尼来减振	利用电磁阻尼。阻尼与频率无关,适用于高频、小尺寸轻型结构减振
冲击减振阻尼器	利用非完全弹性体相互碰撞时耗散振动能量来减振	利用冲击阻尼。质量轻,体积小,适用于减少高频振动的振幅

6.2 振动隔离

振动隔离,即隔振,在振源和结构之间安装由弹簧和阻尼器组成的承载装置,通过修改振动传递路径来减缓结构上的振动响应。隔振是振动控制的重要途径之一,隔振器就是由弹簧和阻尼器组成、具有一定弹性和耗能特性的承载装置,其力学模型一般由一个弹性元件与一个阻尼元件并联组成,安装在待隔振结构与振源之间。隔振器的刚度使得结构会受到一个和振动位移成正比的弹性力(矢量),而隔振器的阻尼使得结构会受到一个和振动速度有关的阻尼力(矢量),隔振器设计原则就是要选择合适的刚度系数和阻尼系数,使这两个力的矢量和最小。

6.2.1 隔振原理

根据振动传递方向的不同,隔振又分为两类:

(1)隔离响应,也称隔幅。这时基础的振动是振源,采用隔振器的目的是隔离由基础传递给设备的振动响应,减小基础振动对设备的影响。

(2)隔离振源,也称隔力。这时振动设备就是振源,采用隔振器的目的是隔离由振源传递给基础的振动力,减小振动设备对基础的作用。

上述两类隔振的概念虽然不同,但都是在设备与基础之间安装隔振器作为弹性/阻尼支承来实现的。隔振器包含弹性元件和阻尼元件,且各种阻尼都可以用等效黏性阻尼来表示,因此本节将采用最便捷的黏性阻尼模型并结合单自由度系统的振动原理,来分析两类隔振器的隔振原理,两类隔振器的力学模型如图 6.4 所示,并联的弹簧和阻尼器代表隔振器。图 6.4(a) 中质量块 m 代表待隔振的设备,需要隔离基础(即振源) 传递给设备的振动响应,图 6.4(b) 中的质量块 m 代表振动设备(即振源),需要隔离其传递到基础的振动力。

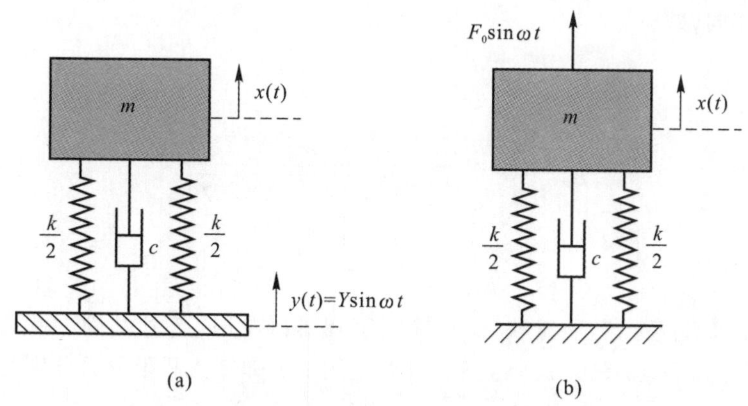

图 6.4　两类隔振器的力学模型

(a) 隔幅隔振器；(b) 隔力隔振器

6.2.1.1 隔幅

针对图 6.4(a) 为隔幅隔振器的力学模型,质量块 m 上没有外激励力作用,而支承质量

块 m 的基础有沿铅垂方向的简谐运动 $y(t)=Y\sin\omega t$，与 2.3.1.3 节中图 2.28 受基础激励的单自由度系统力学模型完全相同，则质量块在基础做简谐运动激励下的振动响应幅值与式 (2.4f) 完全相同，即

$$X=Y\sqrt{\frac{1+(2\zeta\gamma)^2}{(1-\gamma^2)^2+(2\zeta\gamma)^2}} \tag{6.4a}$$

在 2.3.1.3 节中，我们把响应的幅值与基础运动的幅值之比称为位移传递率，即

$$T_{\mathrm{d}}=\frac{X}{Y}=\sqrt{\frac{1+(2\zeta\gamma)^2}{(1-\gamma^2)^2+(2\zeta\gamma)^2}} \tag{6.4b}$$

这样，采用位移传递率即可分析隔幅隔振器的隔振性能及其参数设计原则。在学习隔振特性之前，读者可先利用如下虚拟实验探索并感受隔振现象。

云实验 18：振动控制 → 隔振 → 隔振现象

可以利用云实验来对比有无隔振器时的减振效果，可调整的系统参数有频率比及阻尼比，可分别研究定频激励、扫频激励、变阻尼系统时的减振效果，以定性分析频率比及阻尼比对减振效果的影响。

6.2.1.2 隔力

图 6.4(b) 为隔力隔振器的力学模型，与 2.3.1.1 节中图 2.19 受简谐激励的有阻尼单自由度系统力学模型完全相同，则质量 m 在简谐力 $F_0\sin\omega t$ 激励下的强迫振动响应与式 (2.19a) 完全相同，即

$$x(t)=X\sin(\omega t-\phi) \tag{6.5a}$$

其中

$$X=X_0\beta=\frac{F_0}{k}\frac{1}{\sqrt{(1-\gamma^2)^2+(2\zeta\gamma)^2}} \tag{6.5b}$$

故有

$$F_0=kX\sqrt{(1-\gamma^2)^2+(2\zeta\gamma)^2} \tag{6.5c}$$

显然，如果没有隔振器，质量块 m 直接固定在基础上时，传到基础上的力的幅值就是 F_0。而安装隔振器后，由图 6.4(b) 可知，传到基础上的弹性力和阻尼力分别为

$$F_k=kx=kX\sin(\omega t-\phi) \tag{6.5d}$$

$$F_c=c\dot{x}=c\omega X\cos(\omega t-\phi) \tag{6.5e}$$

易知，F_k 与 F_c 频率相同，但相位相差 90°，故两者合力的幅值为

$$F_T=X\sqrt{k^2+c^2\omega^2}=kX\sqrt{1+(2\zeta\gamma)^2} \tag{6.5f}$$

式(6.5f) 就是采用隔振器后传到基础上的力幅。将传到基础上的力和作用在质量块 m

上的力的幅值之比称为力传递率，记为

$$T_f = \frac{F_T}{F_0} = \sqrt{\frac{1 + (2\zeta\gamma)^2}{(1-\gamma^2)^2 + (2\zeta\gamma)^2}} \tag{6.5g}$$

这样，采用力传递率即可分析隔力隔振器的隔振性能及其参数设计原则。

6.2.1.3　隔振特性

显然，式(6.4b) 位移传递率与式(6.5g) 力传递率的表达式是完全一样的，这也说明了无论是隔幅还是隔力，两者的原理是统一的，将位移传递率 T_d 与力传递率 T_f 统称为传递率 T，即

$$T = \sqrt{\frac{1 + (2\zeta\gamma)^2}{(1-\gamma^2)^2 + (2\zeta\gamma)^2}} \tag{6.6a}$$

图 6.5 绘制了不同阻尼比 ζ 下传递率 T 随频率比 γ 变化的曲线（与图 2.29 完全相同），结合曲线分析，可以看到隔振系统具有如下的隔振特性：

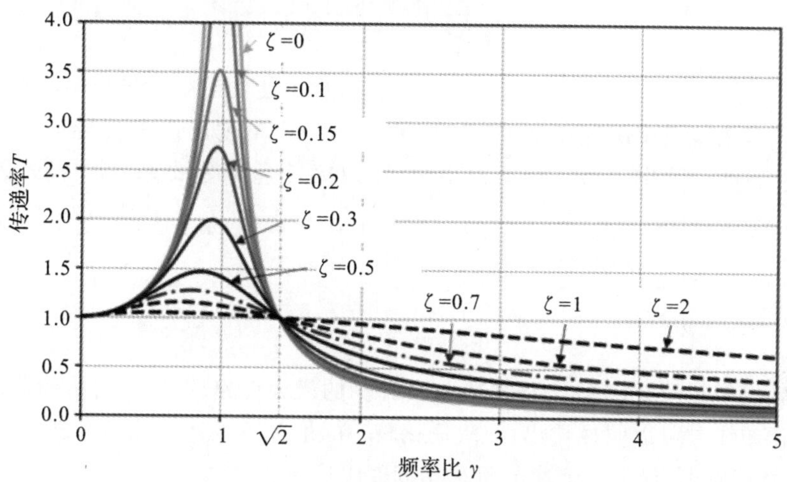

图 6.5　传递率随频率比变化的曲线

(1) 无论阻尼为何值，当频率比 $\gamma > \sqrt{2}$ 时，都有传递率 $T < 1$，即只有当频率比 $\gamma > \sqrt{2}$ 时，才能达到隔振目的。根据 $\gamma = \omega/\omega_n$，隔振器参数设计时，必须满足 $\omega_n < \omega/\sqrt{2}$。

(2) 当频率比 $\gamma > \sqrt{2}$ 时，随着频率比 γ 的增大，传递率 T 越来越小，即隔振效果越来越好，当 $\gamma \to \infty$ 时，$T \to 0$，即振动被完全隔离了。但频率比 γ 太大，就要求系统固有频率很小，意味着隔振器的刚度很小，安装隔振器后系统的静变形将会很大，降低了系统的静稳定性。同时也可看到，在频率比大于 5 以后，传递率变化不明显。理论和实践都证明，频率比取值一般在 2.5 ～ 4.5 的范围内，相应的隔振效率可达到 80% ～ 95%。

这样，根据所需的隔振效率即可给出隔振器的频率比要求，进而根据频率比 $\gamma = \omega/\omega_n$，并结合固有频率 $\omega_n = \sqrt{k/m}$ 的定义，在待隔振结构质量 m 确定的情况下，可以设计出隔振器的刚度系数 k。

(3) 当频率比 $\gamma=\sqrt{2}$ 时,不论阻尼比多大,传递率 T 都为 1,即所有曲线都在 $\gamma=\sqrt{2}$ 处相交。在 $\gamma<\sqrt{2}$ 时,增加阻尼使传递率 T 减小,特别在共振区效果更加明显;而在 $\gamma>\sqrt{2}$ 时,增加阻尼反而使传递率 T 增大。从隔振的观点来看,为了提高隔振效率,应当采用较小的阻尼比,但考虑到要很快衰减掉安装隔振器后系统对瞬态扰动的自由振动响应,以及要避免系统在激励频率(通常外激励频率在振源开机到正常工作的过程中,会从零逐步增加到一个稳定的值)通过共振区时产生过大的共振响应,在设计隔振器时,仍然需要考虑具有适当的阻尼。

(4) 因隔振器需具有适当的阻尼,当阻尼比 $\zeta>0$ 时,利用 $\mathrm{d}T/\mathrm{d}\gamma=0$,可得最大传递率发生在

$$\gamma_{\max}=\sqrt{\frac{\sqrt{1+8\zeta^2}-1}{4\zeta^2}} \tag{6.6b}$$

相应的最大传递率为

$$T_{\max}=\frac{4\zeta^2}{\sqrt{16\zeta^4-\left(\sqrt{1+8\zeta^2}-1\right)^2}} \tag{6.6c}$$

然而,上述计算最大传递率的表达式过于复杂,也不能看出最大传递率与阻尼比的直接关系。考虑到最大传递率出现在 $\gamma=1$ 附近,可从另一个角度出发来推导最大传递率近似公式:当 $2\zeta\ll 1$ 时,$(2\zeta\gamma)^2$ 与 1 相比为小量,可忽略传递率公式(6.6a)根号内分子项的 $(2\zeta\gamma)^2$,则 $T\approx 1/\sqrt{(1-\gamma^2)^2+(2\zeta\gamma)^2}$,按照上述求极值的方法,可获得最大传递率的近似表达式

$$T_{\max}\approx\frac{1}{2\zeta} \tag{6.6d}$$

图 6.6 画出了利用式(6.6c)及式(6.6d)计算的最大传递率 $T_{\max}$ 的精确值及近似值随阻尼比的变化曲线。可以明显看出,在阻尼比较小的情况下上述简化是合理的,并且通过式(6.6d)可以直接看出,最大传递率与阻尼比近似成反比。

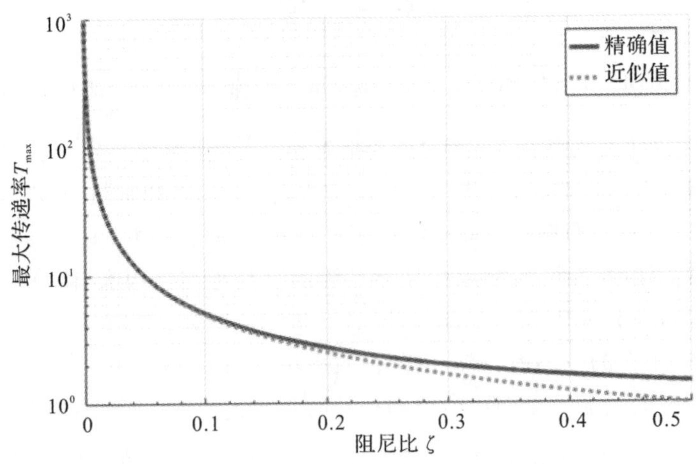

图 6.6　最大传递率随阻尼比变化的曲线

这样，在隔振器设计中，可利用式(6.6d)并结合允许的最大传递率 $T_{\max}$（一般在隔振器设计指标中会给出）来确定隔振器所需的阻尼值，即阻尼比 $\zeta \approx 1/(2T_{\max})$。

(5) 当频率比 $\gamma < \sqrt{2}$ 时，传递率 $T > 1$，此时没有隔振效果，在设计隔振器时，应避免隔振器在这种状态下工作；而当 $\gamma \approx 1$ 时，传递率 T 有最大值，隔振系统处于共振状态，使被隔振结构振动环境更加恶化，在隔振器设计时，决不允许隔振器工作在这种状态。

云实验 19：振动控制 → 隔振 → 隔振器-特性分析

可以利用云实验来研究隔振器的隔振特性，包括系统参数（质量）、外激励参数（幅值、频率范围）及隔振器参数（刚度系数、阻尼比）对隔振特性（时域响应、传递率、相角）的影响，通过勾选参数设置中的阻尼比的影响，可以直观对比其他参数不变时阻尼比对隔振特性的影响。

6.2.2　常见隔振器

隔振也是减振设计中最常用的技术之一，在航空航天、交通运输、建筑桥梁、精密仪器、工程机械、电子设备以及日常生活等各领域都有应用。隔振器形式多样、种类繁多，根据其所采用的主要材料，隔振器可分为橡胶隔振器、金属弹簧隔振器、空气弹簧隔振器以及新型金属阻尼隔振器。如下将简要介绍各种隔振器的基本特性，关于各种隔振器的详细说明可参考书后相关参考文献。

(1) 橡胶隔振器是用橡胶制成的隔振器，既可使用在压缩状态，又可使用在剪切状态，可以设计为承压橡胶块隔振器和承剪橡胶隔振器，主要用于隔离高频振动。橡胶隔振器具有足够的阻尼，适用于静态位移小而动态位移虽短暂但很大的情况，并且可以做成各种形状，以适应空间的要求，但缺点是容易老化失效。

(2) 金属弹簧隔振器的结构形式有圆柱形螺圈弹簧、圆锥形螺圈弹簧、碟形弹簧和板簧等。金属弹簧隔振器的特点是具有较理想的弹性，其应力应变在很大范围内呈线性关系，材料和结构参数都可以在很大范围内变化，能适应不同的载荷、变形和频率要求，且耐油、耐腐蚀、抗高温，使用寿命长，但缺点是阻尼较小，通常与其他阻尼材料配合使用。

(3) 空气弹簧隔振器是在一密封的容器中充入压缩空气，利用气体的可压缩性实现弹簧的作用，通常空气弹簧隔振器由弹簧体、附加气室和高度控制器三部分构成。空气弹簧隔振器隔振效率高，常用于低频隔振，但缺点是尺寸较大、安装环境受限，且气囊容易老化。

(4) 新型金属阻尼隔振器主要包括金属丝网隔振器、金属橡胶隔振器以及金属摩擦隔振器等，其共同的特点是工作频带宽、阻尼大、环境适应性强。金属丝网隔振器以不锈钢金属丝网作为主要的阻尼材料，利用金属丝网垫的整体变形提供刚度，丝网间的相对滑移摩擦提供阻尼以达到隔振的目的，具有结构简单紧凑、安装方便、隔振效果好等特点。金属橡胶隔振器因其质地为全金属材料却又具有橡胶的弹性而得名，它是由金属丝组成的一种类似于橡胶分子结构的空间网状多孔结构，利用金属橡胶元件的弹性变形提供刚度，金属丝间的滑移摩擦提供阻尼达到隔振目的。金属摩擦隔振器利用锥形弹簧部件提供刚度，摩擦材料之间的干摩擦提供阻尼达到隔振目的，具有三向隔振功能，能用于吊装、侧装、正装等各类安装形式。

在隔振器设计时，需要根据振源类型、频率以及可利用的空间尺寸等因素，遵循隔振效率高、结构紧凑、形状合理、材料适宜等原则。需要强调的是，隔振器刚度应满足隔振效率的要求，隔振器阻尼应满足通过共振区时对振幅的限制要求。隔振器设计时，通常的步骤是：

(1) 根据振动分析，找出振源。确定振源的性质、频率 ω、振幅、速度、加速度和振动方向等参数。

(2) 据隔振设计要求，获取待隔振设备的基本参数。包括外形尺寸、质量、重心、技术性能和工作环境条件等。

(3) 按照 $\gamma=\omega/\omega_n \geqslant 2.5 \sim 4.5$，计算隔振系统所需的固有频率 ω_n。若振源不是单纯的简谐振动，则 ω 应取激振频谱的最低分量，对多自由度隔振系统，ω_n 应取最高的固有频率。

(4) 根据隔振系统固有频率 ω_n，估算隔振方向上的总刚度。

(5) 根据待隔振设备所允许的最大传递率，估算隔振器所需的总阻尼。

(6) 根据隔振器的总刚度、总阻尼以及环境要求，选择隔振器的类型、数量和布置形式。隔振器的尺寸要尽量小，安装布局要尽量做到对称于系统中心参考面，避免产生耦合振动。

(7) 结合隔振原理校核隔振器的隔振效率及最大传递率是否满足设计要求，结合强度理论校核隔振器的强度是否满足强度要求，若不满足重复步骤(6)。此外，还要根据工作环境，考虑对温度、湿度、酸、碱等环境的防护措施。

6.3 动力吸振

动力吸振，就是在原振动系统上附加一个由质量、弹簧(及阻尼器) 构成的振动子系统，使原系统的振动能量转移到附加子系统上。附加子系统就叫动力吸振器，根据附加子系统是否包含阻尼器，将动力吸振器分为无阻尼动力吸振器和有阻尼动力吸振器。从振动力学的原理讲，动力吸振就是利用多自由度系统的反共振特性，使原系统的振动幅值达到最小，如下将以最简单的多自由度系统 —— 两自由度振动系统，来说明动力吸振器的工作原理。在学习吸振原理之前，读者可先利用如下虚拟实验探索并感受吸振现象。

云实验 20：振动控制 → 吸振 → 吸振现象

可以利用云实验来对探索吸振现象，通过调整结构参数(刚度系数、固有频率)、外激励参数(幅值、频率) 以及动力吸振器参数(刚度系数、固有频率) 来发现动力吸振现象，并说明产生动力吸振现象的基本要素。

6.3.1　无阻尼动力吸振器

假设用质量 m_1、弹簧 k_1 组成的单自由度系统来表示某结构(这里称为主振动系统，简称主系统)，其固有频率 $\omega_1=\sqrt{k_1/m_1}$，在简谐激励 $f(t)=F_0\sin\omega t$ 的作用下发生强迫振动。分析易知，当激励频率 $\omega=\omega_1$ 时，主系统会发生共振而使振幅为无穷大。想要抑制主系统振动，但出于某种原因，不能改变主系统参数，此时可设计一个由质量 m_2、弹簧 k_2 组成的附加振动系统(简称附系统，也称辅系统或副系统)，与主系统一起组成一个两自由度振动系统，如图 6.7 所示。

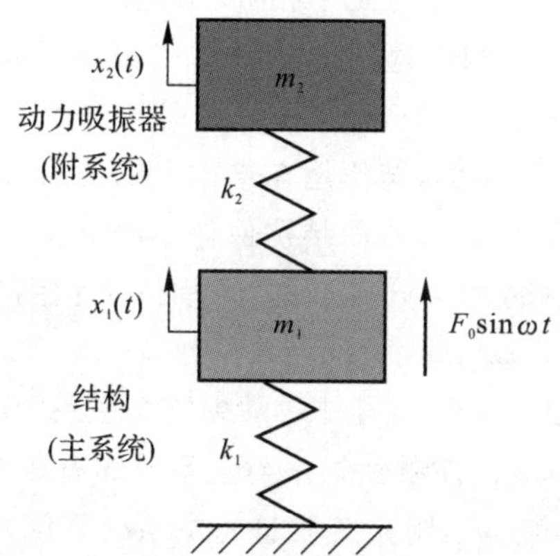

图 6.7　无阻尼动力吸振器系统力学模型

根据 3.2 节所学，容易写出其振动方程

$$\begin{bmatrix} m_1 & 0 \\ 0 & m_2 \end{bmatrix}\begin{Bmatrix} \ddot{x}_1(t) \\ \ddot{x}_2(t) \end{Bmatrix}+\begin{bmatrix} k_1+k_2 & -k_2 \\ -k_2 & k_2 \end{bmatrix}\begin{Bmatrix} x_1(t) \\ x_2(t) \end{Bmatrix}=\begin{Bmatrix} F_0\sin\omega t \\ 0 \end{Bmatrix} \tag{6.7a}$$

采用复数解法，用 $F_0e^{j\omega t}$ 代替 $F_0\sin\omega t$，则最终复响应的虚部即为 $F_0\sin\omega t$ 作用下的振动响应。可设系统的位移响应为 $\begin{Bmatrix} x_1(t) \\ x_2(t) \end{Bmatrix}=\begin{Bmatrix} X_1(\omega) \\ X_2(\omega) \end{Bmatrix}e^{j\omega t}$，其中，$X_1(\omega)$ 和 $X_2(\omega)$ 分别表示主系统响应幅值和附系统响应幅值，将假设的激励及响应代入方程式(6.7a)，易知

$$X_1(\omega)=\frac{(k_2-\omega^2m_2)F_0}{(k_1+k_2-\omega^2m_1)(k_2-\omega^2m_2)-k_2^2} \tag{6.7b}$$

$$X_2(\omega)=\frac{k_2F_0}{(k_1+k_2-\omega^2m_1)(k_2-\omega^2m_2)-k_2^2} \tag{6.7c}$$

将 $\omega_2=\sqrt{k_2/m_2}$ 称为附系统的固有频率，由式(6.7b)可见，当外激励频率 $\omega=\omega_2$ 时，$X_1(\omega)=0$，即主系统的振幅为零。可以看到，即使此时的外激励频率 ω 等于主系统的固有频率 ω_1，但只要附系统的参数设计使外激励频率 ω 等于附系统的固有频率 ω_2，就可使主系统保持不动。从现象上看，主系统受到一个动态激励，却使得附系统产生振动而主系统本身保持不动，即主系统的振动能量被附系统吸收了，因而这种现象称为动力吸振现象，而附系统就称为动力吸振器，简称吸振器。

当发生动力吸振时，即 $\omega=\omega_2$ 时，由式(6.7c) 可知，吸振器幅值 $X_2(\omega)$ 为

$$X_2=-\frac{F_0}{k_2} \tag{6.7d}$$

此时，动力吸振器的响应为

$$x_2(t)=X_2\sin(\omega t)=-\frac{F_0}{k_2}\sin(\omega t) \tag{6.7e}$$

动力吸振器弹簧的弹簧力(以弹簧拉伸为正) 为

$$f_{k_2}(t)=k_2[x_2(t)-x_1(t)]=-F_0\sin(\omega t) \tag{6.7f}$$

可以看到，$f_{k_2}(t)$ 正好与激振力的大小相等、方向相反，同时注意到，动力吸振器的弹簧力 $f_{k_2}(t)$ 也作用在结构上。这样，通过对比动力吸振器的弹簧力与外激励的激振力，可以得到动力吸振器的吸振原理，即当外激励频率 ω 等于动力吸振器(附系统) 固有频率 ω_2 时，作用在结构上的外激励的激振力，与作用在结构上的动力吸振器的弹簧力，大小相等、方向相反，使得结构上的合力始终为零，从而结构保持不动。

在研究动力吸振器时，有时为了分析便利，可引入无量纲参数来表示主系统响应幅值 $X_1(\omega)$ 和附系统响应幅值 $X_2(\omega)$，即，引入

(1) 主系统等效静位移 $X_0=F_0/k_1$：外激励幅值与主系统刚度系数的比值；

(2) 外激励频率比 $\gamma=\omega/\omega_1$：外激励频率与主系统固有频率的比值；

(3) 吸振器质量比 $\mu=m_2/m_1$：附系统质量与主系统质量的比值；

(4) 吸振器频率比 $\delta=\omega_2/\omega_1$：附系统固有频率与主系统固有频率的比值。

这样，$X_1(\omega)$ 和 $X_2(\omega)$ 可分别写为

$$X_1(\omega)=\frac{(\delta^2-\gamma^2)X_0}{(1-\gamma^2)(\delta^2-\gamma^2)-\mu\delta^2\gamma^2} \tag{6.7g}$$

$$X_2(\omega)=\frac{\delta^2 X_0}{(1-\gamma^2)(\delta^2-\gamma^2)-\mu\delta^2\gamma^2} \tag{6.7h}$$

推导易知，在 $\omega=\omega_1=\omega_2$ 的设计条件下，新系统的两个固有频率分别为

$$\Omega_{1,2}=\sqrt{\left(1+\frac{\mu}{2}\right)\mp\sqrt{\mu+\frac{\mu^2}{4}}}\,\omega_1 \tag{6.7i}$$

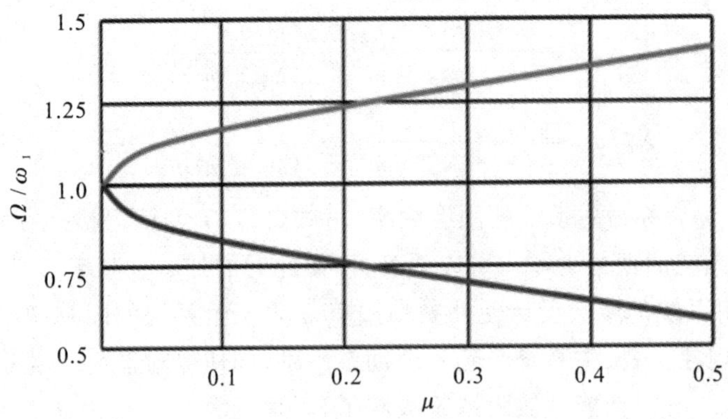

图 6.8　Ω/ω_1 与质量比的关系

可以看到，新系统的两个固有频率只与质量比μ及原系统的固有频率ω_1有关，图 6.8 给出了Ω/ω_1与质量比的关系μ，显然有$\Omega_1 < \omega_1 < \Omega_2$。

云实验 21：振动控制 → 吸振 → 无阻尼动力吸振器-特性分析

可以利用云实验来研究无阻尼动力吸振器的吸振特性，通过调整结构参数（刚度系数、固有频率）、外激励参数（幅值、频率）以及动力吸振器参数（吸振器与结构的质量比、固有频率）来定量研究动力吸振特性，并分析动力吸振器的吸振原理。

6.3.2　有阻尼动力吸振器

根据无阻尼的吸振条件及吸振原理，仅当外激励频率等于动力吸振器固有频率时，才具有吸振现象。在振动控制工程中，对于激励频率在一个较大范围变化的场合，最直接的就是动态调整无阻尼动力吸振器的固有频率，但这种要求在目前的技术水平下非常难实现。针对此问题，一个有效的方法是给无阻尼动力吸振器增加阻尼，组成有阻尼动力吸振器（见图 6.9）来扩大无阻尼动力吸振器的吸振频带。

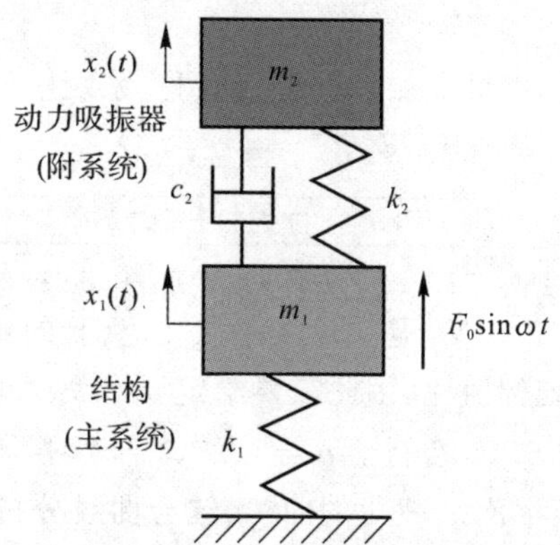

图 6.9　有阻尼动力吸振器系统力学模型

可以看到，有阻尼动力吸振器就是在无阻尼动力吸振器的基础上增加了阻尼器c_2，这样，系统的振动方程为

$$\begin{bmatrix} m_1 & 0 \\ 0 & m_2 \end{bmatrix}\begin{Bmatrix} \ddot{x}_1(t) \\ \ddot{x}_2(t) \end{Bmatrix} + \begin{bmatrix} c_2 & -c_2 \\ -c_2 & c_2 \end{bmatrix}\begin{Bmatrix} \dot{x}_1(t) \\ \dot{x}_2(t) \end{Bmatrix} + \begin{bmatrix} k_1+k_2 & -k_2 \\ -k_2 & k_2 \end{bmatrix}\begin{Bmatrix} x_1(t) \\ x_2(t) \end{Bmatrix} = \begin{Bmatrix} F_0\sin\omega t \\ 0 \end{Bmatrix} \tag{6.8a}$$

仍采用复数解法，用$F_0 e^{j\omega t}$代替$F_0\sin\omega t$，则最终复响应的虚部即$F_0\sin\omega t$作用下的振动响应。可设系统的位移响应为$\begin{Bmatrix} x_1(t) \\ x_2(t) \end{Bmatrix} = \begin{Bmatrix} \overline{X}_1(\omega) \\ \overline{X}_2(\omega) \end{Bmatrix} e^{j\omega t}$，其中，$\overline{X}_1(\omega)$和$\overline{X}_2(\omega)$分别表示主系

统响应复幅值和附系统响应复幅值，将假设的激励及响应代入方程式(6.8a)，易知

$$\overline{X}_1(\omega)=\frac{k_2-\omega^2 m_2+\mathrm{j}\omega c_2}{|\boldsymbol{Z}(\omega)|}F_0 \tag{6.8b}$$

$$\overline{X}_2(\omega)=\frac{k_2+\mathrm{j}\omega c_2}{|\boldsymbol{Z}(\omega)|}F_0 \tag{6.8c}$$

其中

$$\boldsymbol{Z}(\omega)=\begin{bmatrix} k_1+k_2-\omega^2 m_1+\mathrm{j}\omega c_2 & -(k_2+\mathrm{j}\omega c_2) \\ -(k_2+\mathrm{j}\omega c_2) & k_2-\omega^2 m_2+\mathrm{j}\omega c_2 \end{bmatrix} \tag{6.8d}$$

我们关心的是如何选择吸振器参数 m_2、k_2、c_2，使得主系统在激振力作用下的稳态振动幅值减小到许可的范围内。为分析便利，结合无阻尼动力吸振器引入的主系统等效静位移 X_0、外激励频率比 γ、吸振器质量比 μ、吸振器频率比 δ 这几个比值的基础上，再引入吸振器阻尼比 $\zeta=c_2/(2\sqrt{m_2 k_2})$，主系统响应幅值 X_1 和动力吸振器响应幅值 X_2 可分别写为

$$X_1=|\overline{X}_1(\omega)|=\sqrt{\frac{(\delta^2-\gamma^2)^2+4\delta^2\zeta^2\gamma^2}{[(1-\gamma^2)(\delta^2-\gamma^2)-\mu\delta^2\gamma^2]^2+4\delta^2\zeta^2\gamma^2(1-\gamma^2-\mu\gamma^2)^2}}X_0 \tag{6.8e}$$

$$X_2=|\overline{X}_2(\omega)|=\sqrt{\frac{\delta^4+4\delta^2\zeta^2\gamma^2}{[(1-\gamma^2)(\delta^2-\gamma^2)-\mu\delta^2\gamma^2]^2+4\delta^2\zeta^2\gamma^2(1-\gamma^2-\mu\gamma^2)^2}}X_0 \tag{6.8f}$$

为了评价有阻尼动力吸振器的吸振特性，可利用主系统响应幅值 $X_1(\omega)$ 与主系统等效静位移 X_0 的比值定义主系统幅值比，即

$$\frac{X_1}{X_0}=\sqrt{\frac{(\delta^2-\gamma^2)^2+4\delta^2\zeta^2\gamma^2}{[(1-\gamma^2)(\delta^2-\gamma^2)-\mu\delta^2\gamma^2]^2+4\delta^2\zeta^2\gamma^2(1-\gamma^2-\mu\gamma^2)^2}} \tag{6.8g}$$

可以看到，主系统幅值比 X_1/X_0 是关于 μ、δ、ζ 以及 γ 的函数，可以仿照第 2 章分析相关传递率的方法来研究主系统幅值比，因此需要给定 μ 和 δ 两个参数，来分析主系统幅值比 X_1/X_0 与 ζ 及 γ 的关系。图 6.10 绘制了 $\mu=1/20$，$\delta=1$ 时，不同吸振器阻尼比 ζ 下，主系统幅值比 X_1/X_0 随外激励频率比 γ 变化的曲线，结合曲线分析，可以看出以下几点。

(1) 当吸振器阻尼比 ζ 为零时，即无阻尼动力吸振器，系统有一个反共振点和两个共振点，在频率比 $\gamma=1$ 时吸振效果最好，但在频率比 γ 偏离 1 时会出现振动剧烈放大现象，即无阻尼动力吸振器的吸振频带很窄。

(2) 当吸振器阻尼比 ζ 较小时，系统有两个共振点和一个振幅极小值点，在频率比 $\gamma=1$ 时吸振器的吸振效果虽然不是最佳，但在整个频带内没有出现振动剧烈放大现象，即有阻尼动力吸振器的吸振频带较宽。

(3) 在吸振器阻尼比 ζ 超过某一个值后，系统只有一个共振点；当吸振器阻尼比 ζ 为无限大时，系统成为由两个质量块 (m_1+m_2) 及弹簧 k_1 组成的单自由度振动系统，也只有一个共振点；当具有一个共振点时，主系统的振幅随吸振器阻尼比 ζ 增大而增大，在频率比 $\gamma=1$ 附近吸振效果变差；因此，有阻尼动力吸振器需要具有适当的阻尼，而不是阻尼越大越好。

(4) 无论阻尼为何值，主系统幅值比曲线都通过两个特殊的点，即 S 点和 T 点，称为不

动点，这两个不动点就是有阻尼动力吸振器设计原则的基础。

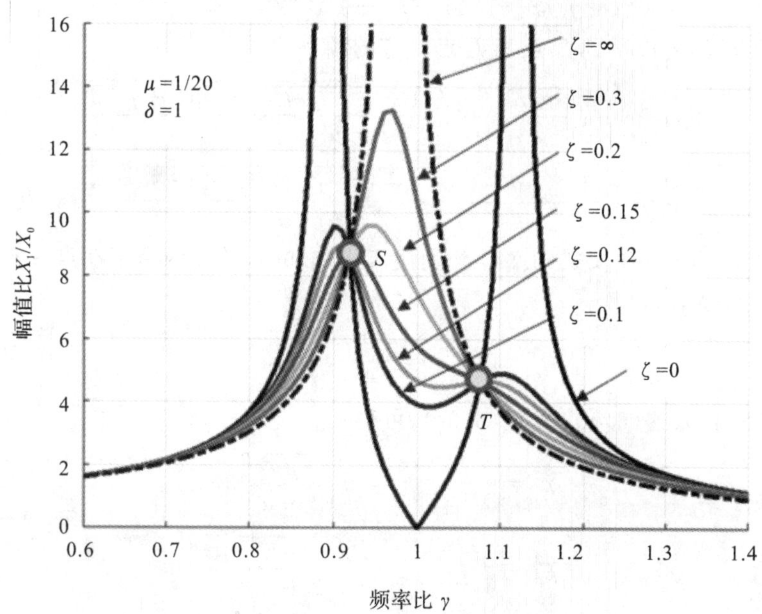

图 6.10　动力吸振器主系统响应曲线

云实验 22：振动控制 → 吸振 → 有阻尼动力吸振器-特性分析

可以利用云实验来研究有阻尼动力吸振器的吸振特性，通过调整结构参数(刚度系数、固有频率)、外激励参数(幅值、频率比范围)以及动力吸振器参数(吸振器与结构的质量比、吸振器与结构的频率比、吸振器的阻尼比)来定量研究有阻尼动力吸振器的吸振特性，通过勾选参数设置中的阻尼比的影响，可以直观对比其他参数不变时阻尼比对吸振特性的影响。

6.3.3　动力吸振器设计

从图 6.10 可以看到，要想在一个较宽的频带内获得良好的吸振性能，在动力吸振器设计时，应该尽可能减小曲线上两个不动点 S 点和 T 点的高度，且使其高度接近或相等。

当阻尼比无穷大时，由式(6.8g)可得

$$\left(\frac{X_1}{X_0}\right)^2=\frac{1}{(1-\gamma^2-\mu\gamma^2)^2} \tag{6.9a}$$

当阻尼比等于零时，由式(6.8g)可得

$$\left(\frac{X_1}{X_0}\right)^2=\frac{(\delta^2-\gamma^2)^2}{[(1-\gamma^2)(\delta^2-\gamma^2)-\mu\delta^2\gamma^2]^2} \tag{6.9b}$$

因不动点 S 点和 T 点与阻尼比无关，令式(6.9a)等于式(6.9b)，即可获得求解 S 点和 T

点频率比的方程，即

$$(2+\mu)\gamma^4-2(1+\delta^2+\mu\delta^2)\gamma^2+2\delta^2=0 \tag{6.9c}$$

求解上述方程，可以得到 S 点和 T 点对应的频率比

$$\gamma_S^2=\frac{1+\delta^2+\mu\delta^2-\sqrt{(1+\delta^2+\mu\delta^2)^2-2(2+\mu)\delta^2}}{2+\mu} \tag{6.9d}$$

$$\gamma_T^2=\frac{1+\delta^2+\mu\delta^2+\sqrt{(1+\delta^2+\mu\delta^2)^2-2(2+\mu)\delta^2}}{2+\mu} \tag{6.9e}$$

将频率比公式(6.9d)及式(6.9e)分别代入式(6.9a)，并令两个不动点 S 点和 T 点的高度相等，即 $X_{1S}=X_{1T}$，可得

$$\delta=\frac{1}{1+\mu} \tag{6.9f}$$

将式(6.9f)代入式(6.9d)及式(6.9e)，可得

$$\gamma_S^2=\frac{1}{1+\mu}\left[1-\sqrt{\frac{\mu}{(2+\mu)}}\right] \tag{6.9g}$$

$$\gamma_T^2=\frac{1}{1+\mu}\left[1+\sqrt{\frac{\mu}{(2+\mu)}}\right] \tag{6.9h}$$

将以上两式分别代入式(6.9a)，可得

$$\frac{X_{1S}}{X_0}=\frac{X_{1T}}{X_0}=\sqrt{\frac{2+\mu}{\mu}} \tag{6.9i}$$

想要吸振器在一个相当宽的频率范围都有良好的吸振效果，应使 X_{1S} 和 X_{1T} 为响应曲线的两个极大值，即在 S 点和 T 点曲线有水平切线，由此可求出相应的 ζ 值。由于根据响应的两个极大值点求得的 ζ 并不相等，取其均值，可得

$$\zeta=\sqrt{\frac{3\mu}{8(1+\mu)}} \tag{6.9j}$$

这样，根据上述公式，即可给出动力吸振器的设计步骤，即：

(1) 首先，根据主系统允许的最大振幅 X_1，结合已知的等效静位移 X_0，由式(6.9i)确定吸振器质量比 μ，从而根据吸振器质量比 $\mu=m_2/m_1$，确定吸振器质量 m_2。

(2) 然后，将吸振器质量比 μ 代入式(6.9f)，可得吸振器频率比 δ，进而根据吸振器频率比 $\delta=\omega_2/\omega_1$，可确定吸振器固有频率 ω_2，再根据吸振器固有频率 $\omega_2=\sqrt{k_2/m_2}$，可确定吸振器弹簧的刚度系数 k_2。

(3) 最后，将吸振器质量比 μ 代入式(6.9j)，可得吸振器阻尼比 ζ，进而根据吸振器阻尼比 $\zeta=c_2/(2\sqrt{m_2k_2})$，可确定吸振器阻尼系数 c_2。

按上述公式设计得到的动力吸振器称为“最佳调谐”动力吸振器。此外，还可以按“等频率调谐”原则设计，其设计参数为

$$\frac{X_1}{X_0}=\frac{1}{-\mu+(1+\mu)\sqrt{\frac{\mu}{\mu+2}}} \tag{6.10a}$$

$$\delta=1 \tag{6.10b}$$

$$\zeta = \sqrt{\frac{\mu(\mu+3)\left[1+\sqrt{\frac{\mu}{\mu+2}}\right]}{8(\mu+1)}} \tag{6.10c}$$

实际工程结构大都是多自由度系统，因此需要按多自由度动力吸振器来设计，但其设计难度较大，一般可将多自由度系统利用模态展开定理解耦，然后分别针各阶模态所对应的单自由度系统，逐一设计不同的动力吸振器。对于安装在实际工程结构上的动力吸振器，其吸振效果除了直接与参数设计有关外，还与在主系统上的安装位置有关。当动力吸振器安装在激振力作用点处时，效果最佳，主系统结构的整体振动被抑制。如果主系统结构的局部需要减振，则动力吸振器安装在需要减振的区域，但注意不能安装在主系统固有振型的节线上。一般情况下，则应将动力吸振器安装在需要减振的频率响应最大的位置。

工程中设计的动力吸振器外形各异，不一定都是用螺旋弹簧连接的一个质量块的形式。图 6.11 为三种常见的动力吸振器结构布局示意图，图 6.12 为两种弯曲型动力吸振器外形示意图。

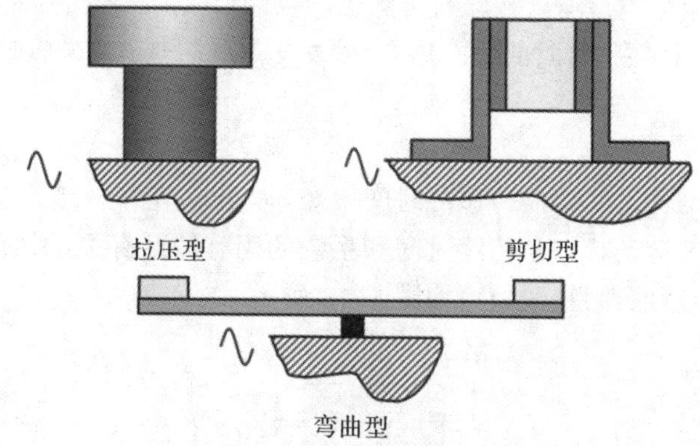

图 6.11　三种常见的动力吸振器结构布局示意图

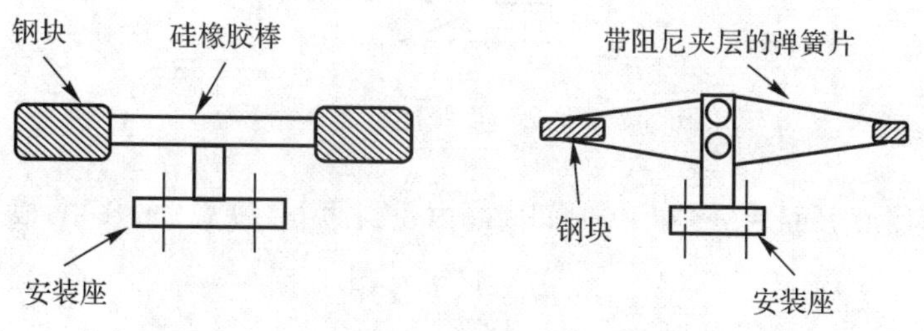

图 6.12　两种弯曲型动力吸振器外形示意图

上述的动力吸振器原理及设计都是针对简谐激励情况的，对于随机激励的情况也可以使用动力吸振器，但只有在激励为窄带随机激励，即振动能量集中在结构某阶固有频率附近的情况下，使用动力吸振措施才能取得较好的减振效果。

动力吸振器在高层建筑结构(高耸结构)的抗风振和抗地震设计中应用也较多，通常在土木工程领域称为“调谐质量阻尼器”(Tuned Mass Damper，TMD)，成熟的应用案例包括上海中心大厦、上海环球金融中心、伦敦千禧桥等等。由于动力吸振器具有一定的质量，在发挥吸振作用时，吸振器本身也需要一定的体积空间和振动空间。因此，对于某些特殊的结构，例如针对飞机结构的减振，在使用动力吸振器时，要考虑到它的增重效应和可以利用的空间，设计时要重点权衡其优缺点。

6.4 缓 冲

在结构振动理论研究的范围内，冲击是指作用时间 Δt 小于结构的最小固有振动周期 T 的动态作用，可以是力也可以是运动，冲击响应就是指结构在冲击作用下的瞬态响应。缓冲就是采用某种装置，将冲击时的动能转化为势能而暂存起来，从而减缓结构的冲击响应。这一装置就称为缓冲器，我们也可以将缓冲解释为隔离结构的冲击响应。因此，缓冲器与隔振器类似，也是由弹簧和阻尼器组成的，可认为是隔离冲击的隔振器。

在实际工程结构中，缓冲通常分为两类：第一类是隔离冲击力，即隔离作用在支承结构上或基础上的冲击力，如机炮发射时缓冲机炮传递给飞机机体的冲击力、冲床工作时隔离传给基座的冲击力等；第二类是隔离基础的突然运动，即减小由于基础突然运动而传给设备的冲击力，如对包装内物体在跌落时的缓冲防护、车载设备在急刹车或碰撞时对设备的防护等。

6.4.1 缓冲原理

在冲击作用下，结构之间动能传递的时间很短，冲击载荷的频谱是连续频谱，冲击激励下的运动是瞬态的，其运动状态与持续时间和系统的固有特性有关，下面以一个单自由度缓冲系统为例来说明缓冲原理，系统模型如图 6.13 所示。

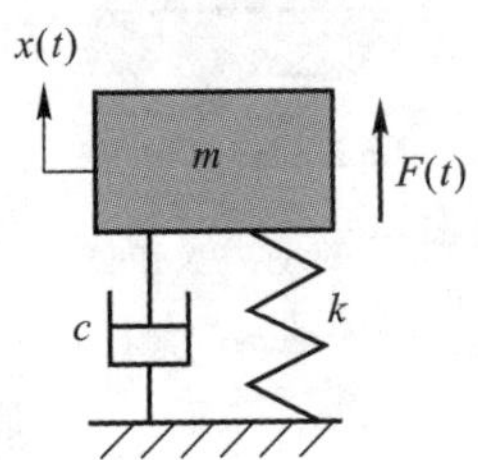

图 6.13 单自由度缓冲系统力学模型

假设初始静止的质量块 m，在 Δt 时间间隔内受到冲击力 $F(t)$ 的作用，根据冲量定理，有

$$mv_0 = \int_0^{\Delta t} F(t)\mathrm{d}t \tag{6.11a}$$

这样，冲击力的作用使质量块获得了初始速度 v_0，同时考虑到冲击作用时间 Δt 一般很小，质量块的位移来不及响应，即冲击作用后质量块的初始位移仍然为零。因此，冲击力 $F(t)$ 作用后，相当于系统获得了初始条件 $x(0)=0$、$\dot{x}(0)=v_0$，冲击响应就是单自由度系统在此初始条件下的自由振动响应，其振动方程及初始条件分别为

$$m\ddot{x}(t) + c\dot{x}(t) + kx(t) = 0 \tag{6.11b}$$

$$x(0)=0,\quad \dot{x}(0)=v_0 \tag{6.11c}$$

根据欠阻尼单自由度系统的位移响应公式(2.9f)，可得

$$x(t)=\frac{v_0}{\omega_d}e^{-\zeta\omega_n t}\sin\omega_d t \tag{6.11d}$$

在响应过程中，质量块受到弹簧力和阻尼力(以向上为正)，其值为

$$f(t)=-kx(t)-c\dot{x}(t) \tag{6.11e}$$

将式(6.11d)代入式(6.11e)，可得结构受力表达式为

$$f(t)=-\frac{mv_0}{\omega_d}e^{-\zeta\omega_n t}\sqrt{(1-2\zeta^2)^2\omega_n^4+(2\zeta\omega_n\omega_d)^2}\sin(\omega_d t+\varphi) \tag{6.11f}$$

其中，$\varphi=\mathrm{actan}\dfrac{2\zeta\omega_n\omega_d}{\omega_n^2-2\zeta^2\omega_n^2}$。

根据缓冲定义，即将冲击时的动能转化为势能而暂存起来，在研究缓冲原理时，可忽略缓冲器阻尼，这时系统位移响应和质量块受力可分别表示为

$$x(t)=\frac{v_0\sqrt{m}}{\sqrt{k}}\sin\omega_n t \tag{6.11g}$$

$$f(t)=-v_0\sqrt{mk}\sin\omega_n t \tag{6.11h}$$

根据以上两式可以看到，在质量 m 及初始速度 v_0 确定的情况下，缓冲器弹簧刚度 k 越小，冲击位移最大值越大、冲击力最大值越小，这是因为弹簧使冲击作用时间变长了。从能量方面考虑，质量的动能转化为弹簧的势能暂时储存起来，然后再慢慢释放，这就是缓冲的基本原理。

云实验 23：振动控制 → 缓冲 → 缓冲现象与特性分析

可以利用云实验来研究初速度冲击下的缓冲特性，通过调整结构参数(质量、刚度系数、阻尼比)及冲击条件(速度)来研究缓冲特性(系统位移、冲击力)，通过勾选参数设置中的刚度系数的影响，可以直观对比其他参数不变时刚度系数对缓冲特性的影响。

6.4.2　缓冲器设计

本节以速度阶跃冲击下缓冲器来说明缓冲器的工作特性及其设计原则，系统力学模型如图 6.14 所示。

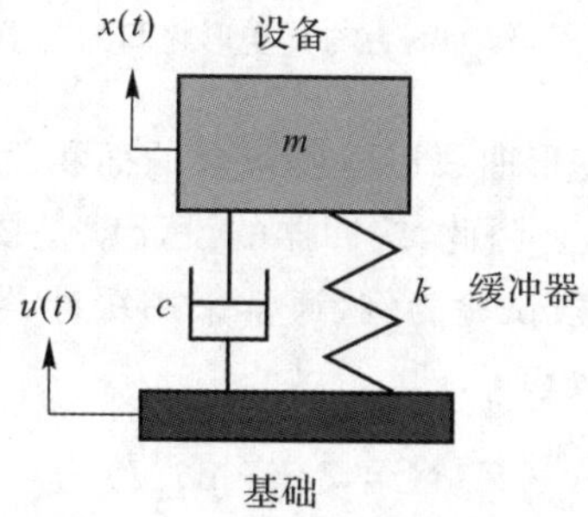

图 6.14　速度阶跃激励下的缓冲系统力学模型

假设基础受到的速度阶跃对应的位移为 $u(t)$，则缓冲器变形可写为 $\delta(t)=x(t)-u(t)$，缓冲器力包含阻尼力及弹簧力，其一般表达式用 $F[\delta(t),\dot{\delta}(t)]$ 表示，这样，系统的振动方程及初始条件可写为

$$m\ddot{x}(t)+F[\delta(t),\dot{\delta}(t)]=0 \tag{6.12a}$$

$$x(0)=0,\dot{x}(0)=0;u(0)=0,\dot{u}(0)=\dot{u}_0 \tag{6.12b}$$

式中：$\dot{u}_0$ 表示速度阶跃的大小，在整个运动过程中 $\dot{u}(t)$ 恒为 $\dot{u}_0$。根据 $\delta(t)=x(t)-u(t)$，并考虑到速度阶跃激励的加速度 $\ddot{u}(t)$ 恒为零，式(6.12a) 及式(6.12b) 可改写为以缓冲器变形为响应量的振动方程及初始条件，即

$$m\ddot{\delta}(t)+F[\delta(t),\dot{\delta}(t)]=0 \tag{6.12c}$$

$$\delta(0)=0,\dot{\delta}(0)=-\dot{u}_0 \tag{6.12d}$$

给式(6.12c) 两边同乘以 $\dot{\delta}(t)$，并从 0 到 t 积分，可得

$$\dot{\delta}(t)^2=\dot{u}_0^2-\frac{2}{m}\int_0^{\delta}F[\delta(t),\dot{\delta}(t)]\mathrm{d}\delta(t) \tag{6.12e}$$

将缓冲器最大压缩量用 $\delta_{\max}$ 来表示，当缓冲器压缩到最大压缩量时，缓冲器变形 $\delta(t)=\delta_{\max}$、缓冲器变形速度 $\dot{\delta}(t)=0$，则

$$\frac{1}{2}m\dot{u}_0^2=\int_0^{\delta_{\max}}F[\delta(t),\dot{\delta}(t)]\mathrm{d}\delta(t) \tag{6.12f}$$

上述公式表明，设备可能获得的初始动能等于缓冲器力所做的功，即缓冲器吸收的能量，包括弹簧存储的势能以及阻尼器耗散的能量。缓冲器设计的基本要求就是尽可能提升缓冲器力做功能力，仿照软弹簧、线性弹簧、硬弹簧的概念，缓冲器力与其变形的关系也包含“软”“线性”“硬” 三类，如图 6.15 所示。

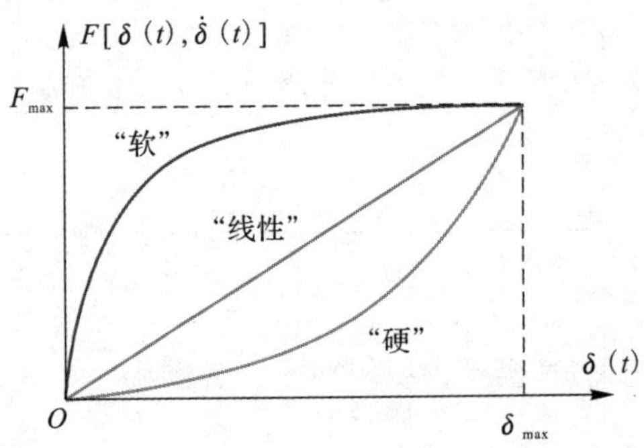

图 6.15 缓冲器力与其变形之间的三类关系

根据功的定义，缓冲器力-变形曲线以下所包含的面积就是缓冲器力所做的功，容易知道，“软” 曲线缓冲器做功能力强。因此，缓冲器的设计就是要设计出尽可能“软” 的缓冲器力-变形曲线。以飞机起落架落震试验为例，通常采用缓冲器力-变形曲线下的面积与其最大可能面积的比值来定义缓冲效率 η，即

$$\eta=\frac{\int_0^{\delta_{\max}}F[\delta(t),\dot{\delta}(t)]\mathrm{d}\delta(t)}{F_{\max}\delta_{\max}}\times 100\% \tag{6.12g}$$

缓冲效率是描述缓冲器缓冲效果的重要指标，一般要求起落架缓冲效率应不低于75%。对于系统受到加速度阶跃激励和脉冲力激励的情况，可以按同样的分析方法获得缓冲器工作特性。缓冲器设计的基本要求是：

(1) 通过缓冲器传到设备或结构上的最大力或最大加速度应小于许可值。

(2) 缓冲器的最大压缩量应小于许可值。

(3) 缓冲器的寿命长，容易安装和维护。

(4) 缓冲器中的阻尼可以耗散部分能量，一般阻尼比 $\zeta < 0.5$ 才会提高缓冲效果，而阻尼比 $\zeta > 0.5$ 时反而会使缓冲效果降低。

缓冲器的一般设计步骤为：

(1)根据冲击激励性质，建立缓冲计算模型。

(2)根据缓冲要求，确定缓冲器最大压缩量、最大冲击力。

(3)根据可用条件，设计缓冲器力-变形曲线。缓冲器变形小时，通常速度大，阻尼力起主要作用，此时阻尼要大；缓冲器变形大时，通常速度小，弹簧力起主要作用，此时刚度要大。

关于各种缓冲器的具体设计过程，可参阅相关参考文献。

6.5　主动振动控制概述

随着生产与科学技术的发展，工程上对减振的要求越来越高，上述传统被动振动控制技术已经不能适应那些具有高标准减振要求的情况，融合现代控制工程理论和结构减振理论的主动振动控制技术应运而生。主动振动控制，也称振动主动控制，目前作为振动控制领域中的一个重要分支，实际上是一个融合振动分析理论、传感器/作动器技术、现代控制理论、信号处理技术、计算机技术以及先进材料等学科的一门综合技术。

6.5.1　基本原理

主动振动控制又称为有源振动控制，分为开环控制和闭环控制两大类，其系统框图如图6.16 所示。开环主动振动控制系统又叫程序控制系统，其控制器中的控制律参数是事先设计好的，控制器的输出指令与振动状态无关。目前的主动控制系统绝大多数是闭环控制系统，其控制律参数是由控制器根据被控系统的振动状态来实时产生的。一个典型的闭环主动振动控制系统包括被控对象、传感器、控制器、作动器及能源五个部分，其工作原理是用传感器拾取被控对象的振动响应信号，作为控制系统的反馈信号传送到控制器，控制器则按所采用的控制律生成控制器的输出指令并发送到作动器，作动器在外部能源的供给下对被控对象施加控制力。下面简要地说明这五部分的主要作用。

(1)被控对象：可以是单自由度结构、多自由度结构或无限自由度(连续)结构，有时要根据被控对象的振动特性或振动控制的目的来确定。

(2)传感器：拾取振动系统的位移、速度或加速度信号等振动信息，并传输到控制器的输入端，用于控制器控制指令的确定。

(3)控制器：主动振动控制的核心环节，根据传感器的输入信号以及所采用的控制理论，形成所需的控制律，并输出控制信号。

(4)作动器:又称为执行器或执行机构,用于提供控制所需的力或力矩。控制力可以直接作用在被控对象上,也可以通过附加子系统施加在被控对象上,例如机翼颤振主动控制系统一般使用附加的小翼面将控制力间接地施加在机翼上。

(5)能源:给作动机构提供工作所需的能量,一般可为液压源、电源或气源。

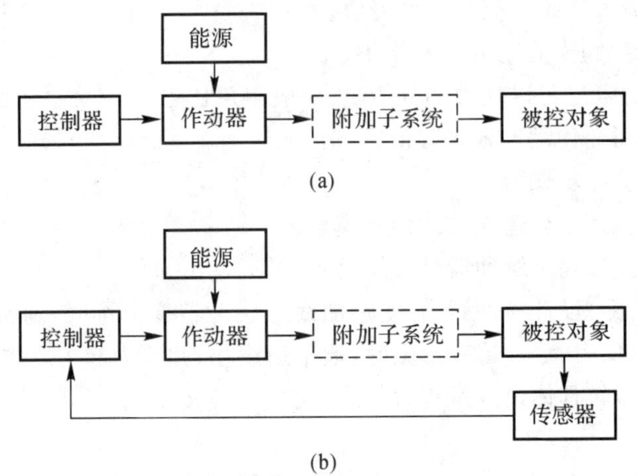

图 6.16　主动振动控制系统框图

(a)开环主动振动控制系统；(b)闭环主动振动控制系统

如前所述,控制器是主动振动控制的核心环节,而描述控制器输入与输出之间传递关系的控制律(也称控制策略)就是控制器的核心,甚至可以说,控制律设计问题是决定主动振动控制系统设计是否成功的关键。进行控制律的设计,一方面,要以现代控制理论等控制领域的研究成果为基础,灵活运用已有的各种控制律设计方法,另一方面,又要考虑到所要解决的振动控制问题的特殊性,发展各种具有结构振动控制特色的控制律设计方法。

一般来说,主动振动控制中的控制律可分为时域设计法和频域设计法。控制律时域设计法是在系统状态空间内进行的,需要建立系统的状态空间数学模型,尤其适用于多输入-多输出控制器的控制律设计,目前有特征结构配置法、最优控制法、次优控制法,独立模态空间控制法、自适应控制法等方法。频域设计法是在实频或复频域内进行的,需要系统的传递函数或传递函数矩阵,适合单输入-单输出或单输入-多输出控制器的控制律设计。考虑到实际工程结构的振动控制大多是多输入-多输出系统,因此时域控制律设计是目前主要采用的方法。关于这些控制律方法,读者可以查阅相关文献。

主动振动控制技术因其直接施加控制力给被控结构,其振动控制效果一般要优于传统的被动振动控制技术,尤其是采用闭环控制系统时,还能适应外界激励的变化和受控系统参数的不确定性,使得被控对象始终处于较优的受控状态。目前,主动振动控制在各行业都有应用,具体可参阅相关文献。然而,结合目前技术发展,针对具体工程结构的主动振动控制有一些因素需要重点考虑:

(1)可实现性问题:控制能源、作动器以及传感器等硬件的性能指标,往往成为主动振动控制系统设计和工程应用中的限制因素。

(2)经济性问题:主动振动控制系统的建设成本一般要高于解决同一问题的被动振动控

制系统，因此需要权衡控制效果与控制成本。

(3)可靠性问题：主动振动控制系统一般都具有各种机械、电子电路环节，与只有简单机械环节的被动振动控制系统相比，其各环节失效的可能性较大，而其中任何一个环节的失效，都会导致整个控制系统的失效甚至反效。因此，可靠性问题是限制主动振动控制系统工程应用的重要因素，在设计主动振动控制系统时必须考虑到相应的可靠性保证措施。

6.5.2　主动振动控制示例

飞行器地板结构的振动问题对其乘员的安全舒适性、机载设备的使用与维护成本和各系统的运行可靠性等方面有着显著的影响。针对飞行器地板结构多输入-多输出多频振动主动控制问题，结合滤波 x 最小均方算法(Filtered-x Least Mean Square，FxLMS)及多输入-多输出多频(Multi-Input Multi-Output Multi-Frequency，MIMOMF)控制算法，建立了 MIMOMF-FxLMS 控制器，并采用弯矩型压电叠堆作动器(Bending moment Piezoelectric Stack Actuator，BPSA)进行了飞行器地板结构模型的振动主动控制研究。

飞行器地板结构模型如图 6.17 所示，由 7075 铝合金加筋板模拟，尺寸为 790 mm×790 mm×4 mm，周围由 6061 铝型材组成支撑框架并通过铆钉与地板结构固接，模型总质量为 7.21 kg。用于输出控制力的弯矩型压电叠堆作动器由 5 个部分组成，尺寸为 170 mm×20 mm×37 mm，总质量为 190 g，如图 6.18 所示。

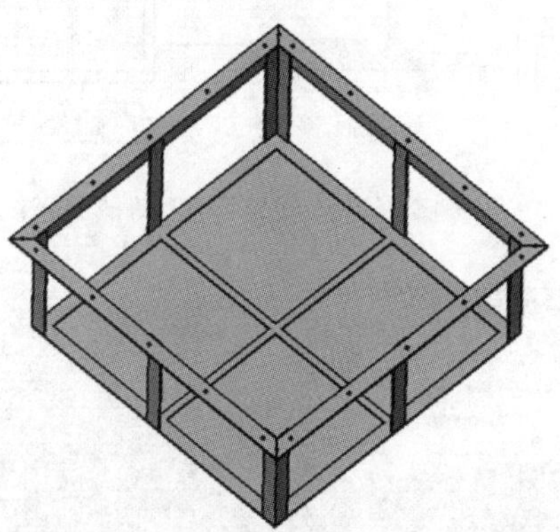

图 6.17　飞行器地板结构及其支撑模型

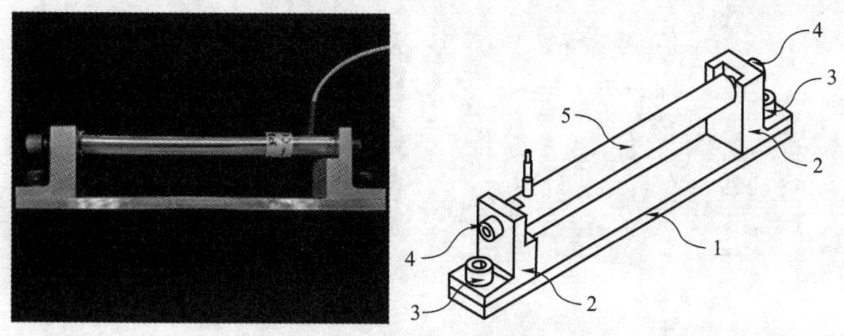

图 6.18　弯矩型压电叠堆作动器

1—耦合底座；　2—卡座；　3—紧固螺钉；　4—预紧螺钉；　5—压电叠堆作动器

地板结构压电主动控制系统框图如图 6.19 所示。通过 dSPACE 实时控制仿真系统中的信号发生器模块产生外激励信号，经输出板卡并通过激振器功放驱动电磁激振器，实现对飞行器地板结构的激励载荷模拟。利用加速度传感器 R1 和 R2 采集地板结构模型的振动响应，通过信号调理器经输入板卡进入 dSPACE 中，根据 MIMOMF-FxLMS 控制算法计算出相应的控制电压信号，再经输出板卡输出到压电功放分别驱动 BPSA1 和 BPSA2 两个弯矩型压电叠堆作动器实现对地板结构模型振动的主动控制，试验现场布置如图 6.20 所示。

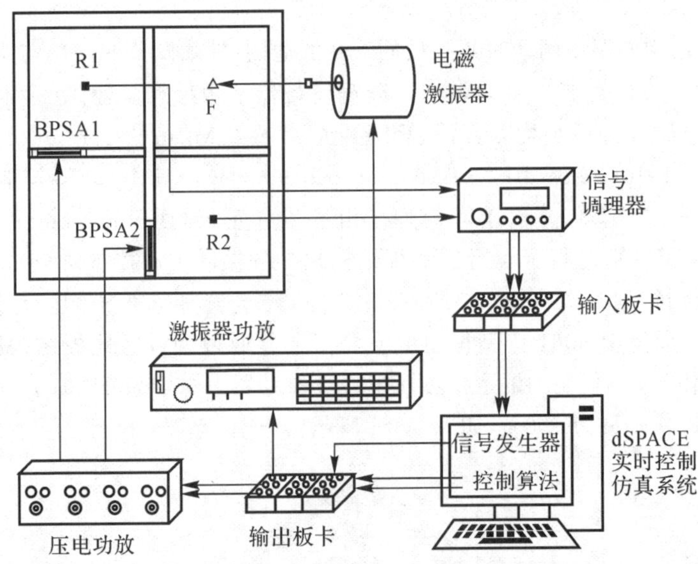

图 6.19　地板结构模型的压电主动控制系统框图

图 6.20　地板结构模型的振动主动控制试验布置

图 6.21 给出了两阶频率叠加谐波激励(20.5 Hz+41 Hz,幅值比 3∶1)下的双输入-双输出主动振动控制效果。试验结果表明,各测点的振动水平均降低了 98%以上,且前两阶频率成分的振动响应均得到了明显抑制。

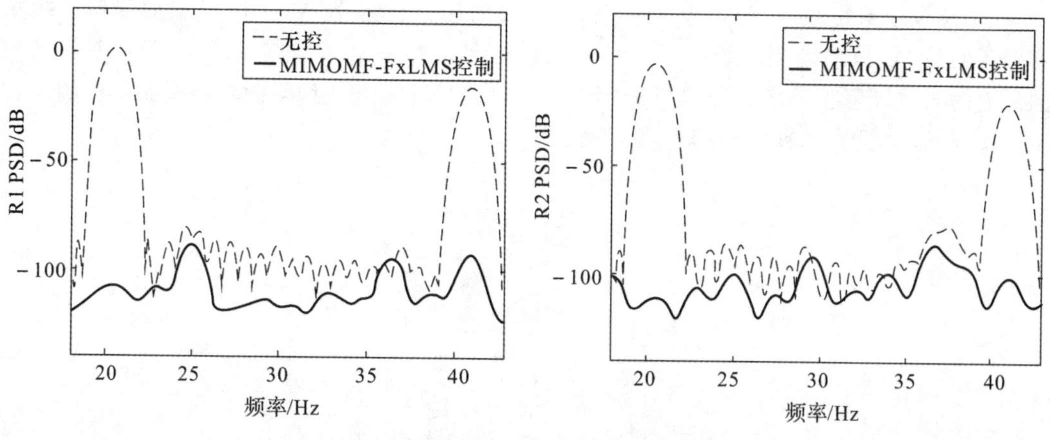

图 6.21　观测点 R1 和 R2 响应的 PSD

6.6　半主动振动控制概述

根据结构振动理论基础,结构的质量、刚度、阻尼及其分布规律是影响结构振动响应的内在因素,若能根据振动控制的目的,动态地去调整相关结构参数,也可实现对结构振动的控制,这就是半主动振动控制的基本思想。也就是说,主动振动控制是通过给被控对象直接施加控制力或力矩来实现振动控制,其作动器往往需要较大的外部能量,而半主动振动控制是通过主动改变被控对象的结构参数来实现振动控制,其作动器往往仅需要少量的外部能量。

半主动控制实际上属于参数控制,就是采用主动控制的相关技术,通过少量能量而动态地去调整被动振动控制系统中的相关参数来实现振动控制。也就是说,半主动控制兼具了主动控制优良的控制效果和被动控制简单易行的优点,同时克服了主动控制需要大能量供给和被动控制适用范围小的缺点。与被动振动控制技术相比,半主动振动控制技术因其可以动态地调整被动振动控制的相关参数,其振动控制效果及适应性更好;与主动振动控制技术相比,半主动振动控制技术因其并不需要直接施加控制力,其对外部能源的性能要求也较低,且大部分半主动振动控制技术在主动控制部件失效时仍具有一定的被动振动控制效果,即其可靠性一般要优于主动振动控制技术。因此,半主动振动控制具有较大的研究和应用价值,是结构振动控制领域当前的研究热点。

6.6.1　基本原理

半主动振动控制就是采用主动振动控制的技术来动态地调整被动振动控制系统的相关参数,其基本原理就是主动振动控制原理与被动振动控制原理的综合,具体实施方法就是主动地调整被控对象的质量、刚度、阻尼或其分布规律。目前,这方面的研究主要集中在半主动隔振及半主动吸振。

半主动隔振是在被动隔振设计的基础上，并联或采用一个受到主动控制的弹簧及/或阻尼器，通过控制弹簧的刚度系数及/或阻尼器的阻尼系数来实现复杂工况下的振动隔离，其主要部件就是自适应变刚度系统(Adaptive Variable Stiffness，AVS)及自适应变阻尼系统(Adaptive Variable Damper，AVD)。图6.22给出了一种基于AVD的半主动隔振系统示意图，通过闭环振动控制系统去动态地连续调整阻尼器的阻尼系数，进而实现实时振动控制。有时半主动隔振的控制律也可采用比较简单的"开-关"控制，即针对隔振器工作的几种不同工况，预先设置几种不同的阻尼系数。

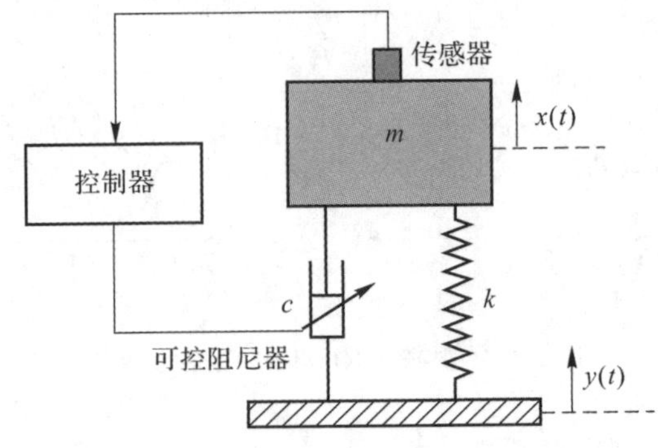

图6.22　半主动隔振示意图

半主动隔振在工程实践中有着普遍的应用。例如，汽车领域的半主动悬架(包括可切换阻尼式悬架和连续可调阻尼式悬架)以及飞机起落架领域的半主动控制起落架。常见的可切换阻尼式悬架一般设置2～3个级别(如"硬""中"和"软")，阻尼系数可根据相关速度在几挡之间快速切换，切换的时间通常为10～20 ms。连续可调阻尼式悬架的阻尼系数在一定范围内可以连续变化，有两种基本实现方式：一种是通过调节减振器节流阀的面积而改变阻尼特性的孔径调节式，其孔径的改变一般可由电磁阀或其他类似的机电式驱动阀来实现；另一种是电流变或磁流变阻尼器，其工作原理是通过改变电场或磁场强度来改变流变体的阻尼特性。半主动控制起落架就是通过机载计算机根据传感器指令，按预定程序控制调整相应的起落架缓冲器参数，从而使起落架传递到机体上的载荷变小，改善飞机着陆和滑跑性能，其核心部件就是可采用低功率装置来进行控制的可控阻尼器。

半主动吸振是将主动控制技术融合到动力吸振技术之中，即按照一定的规律主动去改变动力吸振器的弹性元件或惯性元件的特性，以克服经典(被动)动力吸振器工作频率固定或工作频带很窄的不足，其核心原理就是根据可用条件设计出可主动调节惯性或/及刚度的专用系统。无论采用主动调节惯性或主动调节刚度，其结果都是为了主动调节吸振器的频率，使系统在变化的外激励频率下始终处于反共振状态，因此在土木工程领域将半主动动力吸振器称为主动调谐质量阻尼器(Active Tuned Mass Damper，ATMD)。

6.6.2　半主动振动控制示例

缓冲器是飞机起落架关键技术之一，其作用是减缓飞机在着陆与滑跑过程中的载荷，吸收与耗散飞机着陆和滑行期间的动能。磁流变缓冲器是一种典型的半主动控制缓冲器，使用磁流变液作为缓冲器中的填充液体，通过磁场调节来调整磁流变缓冲器阻尼，以提升磁流变缓冲器起落架的载荷减缓性能。在着陆冲击中，控制系统根据降落前飞机的飞行参数，提前调整好磁流变缓冲器励磁线圈电流，使缓冲器以最佳工作状态减缓着陆冲击载荷，耗散冲击能量。在飞机滑跑的过程中，控制系统根据获取到的响应信息，采用相关半主动控制律，实时对磁流变缓冲器的电流进行调整，从而使飞机达到最佳的减振效果。

图 6.23 给出了一种磁流变限流器的结构示意图，其周向均布 6 个等截面的扇形油孔，励磁线圈缠绕在线圈骨架上，励磁线圈通电后可以在油孔处形成径向的磁场，通过调节施加给励磁线圈的电流以调节限流器磁场，进而调节磁流变限流器的阻尼特性。安装了磁流变限流器的起落架模型及验证磁流变缓冲器起落架缓冲效果的落震试验现场如图 6.24 所示，落震下沉速度为 1.5 m/s，总投放质量为 245.3 kg，其中上部质量为 221.9 kg、下部质量为 23.4 kg。

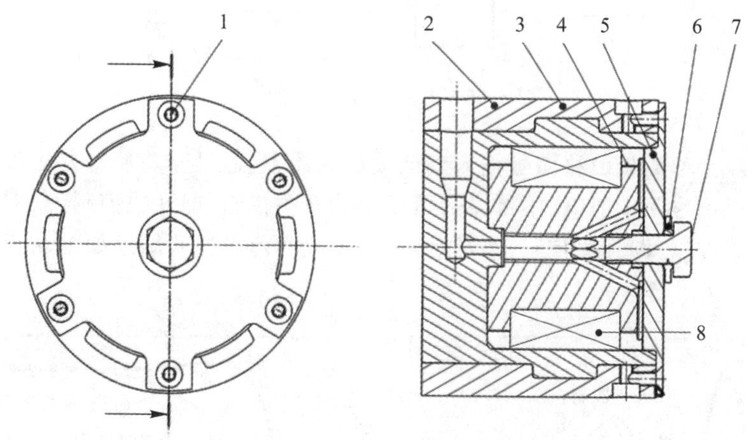

图 6.23　磁流变限流器示意图

1—螺钉；2—限流器外壳；3—耐压外壳；4—线圈骨架；5—线圈端盖；6—密封垫片；7—沉头螺钉；8—励磁线圈

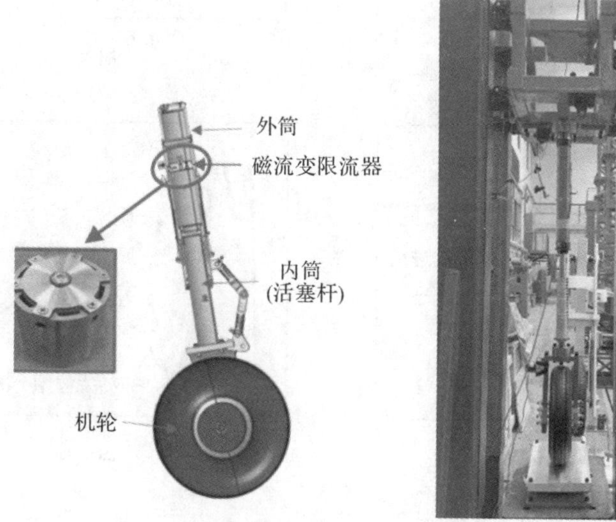

图 6.24　含磁流变限流器的飞机起落架示意图及落震试验现场

采用最简单的开关控制策略，根据上部质量位移等信息决定磁流变缓冲器电路的通断，同时为了提升电流阶跃响应快速性，添加了局部负反馈环节，控制系统框图如图 6.25 所示，其中，K_h 为负反馈通路的比例环节，且由于负反馈环节导致了增益降低，需要在前馈通路添加比例环节 K_a 对增益进行补偿。

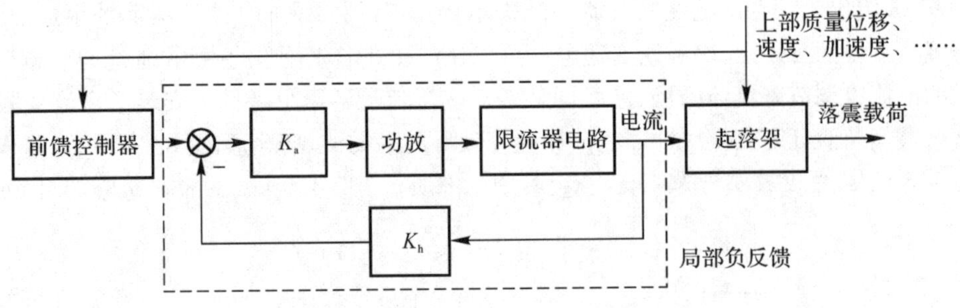

图 6.25　开关式控制系统框图

试验中选取上部质量位移信号输入到前馈控制器中，通过开关控制方法触发电路通断，磁流变缓冲器励磁线圈未通电、不带局部负反馈的开关控制（即开关控制，改进前）和带局部负反馈的开关式控制（即开关控制，改进后）三种工况的落震试验结果如图 6.26 及表 6.2 所示，结果表明：

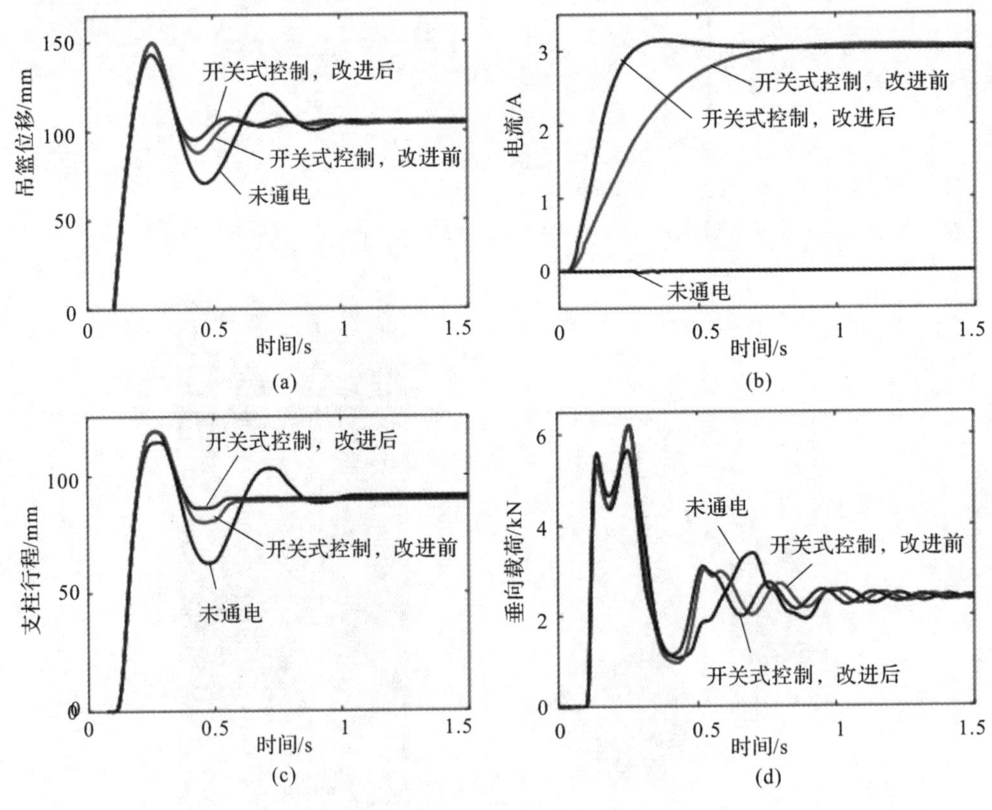

图 6.26　落震试验结果曲线

(a)吊篮位移；（b)励磁线圈电流；（c)支柱行程；（d)垂向载荷

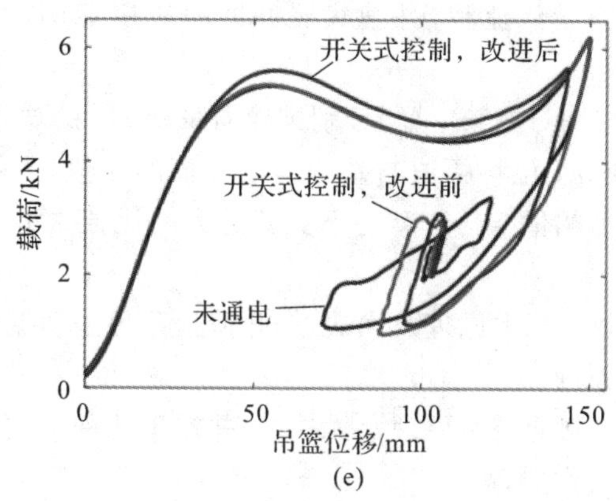

(e)

续图 6.26　落震试验结果曲线

(e)功量曲线

表 6.2　落震试验结果汇总

方法	起落架过载/g	缓冲效率	载荷峰值/kN	载荷减缓率
未通电	2.59	69.6%	6.23	—
开关式控制,改进前	2.58	70.2%	6.20	0.5%
开关式控制,改进后	2.36	78.3%	5.68	8.8%

(1)使用局部负反馈控制可以显著地提升励磁线圈电流响应快速性,励磁线圈电流达到目标值的 63.2%所用时为 119 ms,相比于改进前的 264 ms 降低了 54.9%。

(2)相比于励磁线圈未通电的情况,改进前后的两种开关控制方法均可以使落震响应更快衰减。

(3)相比于励磁线圈未通电的情况,改进前的开关式控制方法对于落震载荷峰值影响较小,载荷减缓效果不明显、载荷减缓率仅有 0.5%,而改进后的开关控制方法,可以明显地降低落震载荷峰值、起落架过载并提升缓冲效率,载荷减缓率可达 8.8%。

思考与练习题

1. 简述常见阻尼减振器的耗能原理及工作特性。

2. 简述隔振器的一般设计流程,并说明在隔振器设计中为什么要遵循如下两个原则:

1)如果振源不是单纯的简谐振动,振源频率应取其频谱的最低分量;

2)对多自由度隔振系统,系统的固有频率应取其最高的固有频率。

3. 查阅相关资料,搜集橡胶隔振器及金属弹簧隔振器的具体设计流程。

4. 在图 6.9 所示的有阻尼动力吸振器力学模型中,如果原结构的阻尼系数为 c_1,推导主系统幅值比 X_1/X_0 与系统参数之间的关系。

5. 简述有阻尼动力吸振器的一般设计流程,并搜集动力吸振器的应用案例、介绍其基本构造及工作原理。

6. 简述缓冲器的一般设计流程，并搜集缓冲器的应用案例、介绍其基本构造及工作原理。

7. 针对第3章思考与练习题第4题，分别推导质量块 m_2 的位移传递率及力传递率(位移传递率的定义为质量块 m_2 位移幅值与基础运动幅值的比值，力传递率的定义为质量块 m_2 在振动状态下受到的力幅值与静止状态下受到的力的比值)，并分别分析如何降低其位移传递率及力传递率。

8. 简述主动振动控制的基本原理及优缺点，并搜集几种主动振动控制在工程领域的应用案例，分别说明其工作原理。

9. 简述半主动振动控制的基本原理及优缺点，并搜集几种半主动振动控制在工程领域的应用案例，分别说明其工作原理。

第 7 章　结构振动问题的工程分析方法

实际工程结构往往属于连续系统，但因其结构形状一般较为复杂，想要按照第 4 章连续系统振动理论来建立其解析解显然是不现实的，往往需要利用有限元素法将其离散为离散系统，再按照第 2、3 章离散系统的相关方法进行振动分析。然而，由于工程结构的自由度一般巨大，且受到的激励形式复杂，难以采用解析解获得其固有模态或振动响应，这就需要采用数值分析方法。结构振动问题工程分析方法的核心就是有限元建模、特征值及微分方程的数值求解，本章将对其重点内容进行概要介绍，针对具体工程问题的分析可参考相关文献。

7.1　工程结构动力学建模

工程结构的动力学建模是其振动问题分析的基础，一般指结构动力学有限元建模，就是将结构离散化为有限个结点和连接这些结点的有限个元素，并施加合理的边界条件及激励载荷。结构动力学有限元建模合理与否，直接影响结构振动分析的计算精度及效率，其原则是在满足精度要求的前提下，尽量使模型简化以减小分析工作量。结构动力学有限元建模必须抓住主要矛盾，分清主要因素和次要因素，确定必须进行详细分析和可以简化分析的部件（或部位）。例如，分析机翼的振动特性时，机翼结构就应该进行详细模拟，而机身、垂直尾翼和水平尾翼的结构就可以进行较大的简化。

与着眼于细节强度分析的结构静力学有限元模型相比，结构动力学有限元模型着眼于结构总体特性，一般需要在静力学有限元模型的基础上进行简化并加入质量、阻尼特性，但随着计算能力的提高，有时也会直接采用静力模型。下面将通过结构离散化、常用元素、阻尼处理、边界条件以及激励载荷等五个方面来介绍结构动力学有限元建模的相关问题。

7.1.1　结构离散化

工程结构的离散化通常有两种方法。第一种方法是直接将结构根据其特点分解成杆元、梁元、板元、弹簧元以及刚性元等。通常结合结构 CAD 模型，采用有限元前处理软件进行单元网格划分及单元属性设置。这种方法所生成的模型自由度往往较高，且不同原则离散化后的模型差异也较大，建模可以详细到每个结构件都对应一个元素或多个元素，也可通过简化把几个纵向构件（如桁条）或横向构件（如肋）合并为一个元素。第二种方法是先将结构简化为一维梁或二维板（有时也会有三维体），再分别离散成若干梁/杆元、板元、体元等。

这种方法生成的模型自由度较低，但元素参数需根据真实结构的特性进行当量化处理。为了验证简化的合理性，最好将模型的若干结点处的柔度影响系数或刚度影响系数与原结构进行比较，对模型及其元素的参数进行必要的调整。为了进一步提升动力学有限元模型的准确性，往往还会结合地面共振试验的模态测试结果对动力学有限元模型进行修正。

结构离散化的精细程度取决于有限元模型的结点数量，结点一般位于实际结构构件的交点处，其数目决定着模型的规模，应该在保证精度的前提下尽量少取，且结点的位置和数量要便于结点位移或模态的处理。在空间坐标系中，结点位移包括三个坐标轴方向的线位移和绕三个坐标轴的角位移，每一种线位移或角位移称为一个自由度上的位移，结点载荷是三个坐标轴方向的力和绕三个坐标轴的力矩。在结构动力学有限元模型中，除了结点与结点之间的有限单元外，结点上一般还会建立相应的集中质量单元，对于线位移的是质量参数，对于角位移是绕三个坐标轴的质量惯性矩参数。

7.1.2 常用元素

本节将简要介绍结构动力学有限元模型的一些常用元素。

(1)杆元：连接两个结点的线元素。只提供沿轴线的拉压刚度，杆元可分为等切面杆元和变切面杆元，也可分为平面杆元和空间杆元。

(2)梁元：也是连接两个结点的线元素。除了提供拉压刚度外，还可提供弯曲刚度、扭转刚度和横向剪切刚度，梁元可以分成等切面梁元和变切面梁元，也可分成平面梁元和空间梁元。

(3)板元：包括各种二维元素。不提供绕板平面法线方向的旋转刚度，板元按形状分为三角形元和四边形元，按承力性质分为膜元、纯剪板元、弯曲板元和一般板元等。

1)膜元：只提供面内拉压刚度和面内剪切刚度，多用于飞机的薄蒙皮。

2)纯剪板元：是膜元的一个特例，只提供面内剪切刚度，多用于飞机的薄蒙皮和腹板。

3)弯曲板元：只提供弯曲刚度和横向剪切刚度，适用于板中面的面内变形可以忽略的厚蒙皮。

4)一般板元：既提供面内拉压刚度和剪切刚度，又提供弯曲刚度和横向剪切刚度，适用于一般的厚蒙皮。

(4)体元：包括各种三维实体元素，提供 3 个平移方向上的刚度，体元按形状分为四面体元、五面体元、六面体元等。各种体元可有不同数目的结点，例如，四面体元可有 4～10 个结点，五面体元可有 6～15 个结点，六面体元可有 8～20 个结点。对于结构动力学分析模型，体元应用相对较少，主要用于一些 3 个方向尺寸比较接近的块状结构。

(5)弹簧元：又称为弹性标量元，可连接两个自由度之间的位移(包括线位移和角位移)，直接给出两个自由度之间的弹簧刚度系数，主要用于模拟连接弹簧。如果已用试验或计算求得两个自由度之间的弹簧刚度系数，则使用它就很方便。

(6)广义元：又称为一般元，是弹簧元的推广。可连接任意数目的结点自由度上的位移，直接给出这些结点自由度之间的刚度影响系数矩阵或柔度影响系数矩阵。如果已用试验或计算求得这些刚度影响系数矩阵或柔度影响系数矩阵，则使用广义元就非常方便。例如，采用广义元可进行翼吊发动机的连接刚度模拟。

(7)刚性元:实质上是 7.1.4 节将要讲到的多点约束的一种特殊形式,但被当作一类元素来使用。一个空间刚体最多有 6 个独立的自由度,其余的自由度均可表达成这 6 个自由度的线性组合,称为非独立自由度。

7.1.3　阻尼处理

实际的工程结构都存在一定的阻尼,但产生阻尼的物理机制复杂,导致其理论建模非常困难,通常都采用先验的阻尼特性假设,1.5.1.3 节给出了常见的几种阻尼假设。在工程结构振动分析中,常用的两种阻尼是线性阻尼和结构阻尼。由于工程结构的振动响应分析大都采用模态叠加法,因此模态阻尼比是工程结构阻尼建模的重要参数,通常可结合模态试验进行各阶模态阻尼比的识别,如没有试验数据,一般可人为设置一个比较符合工程实际的模态阻尼比,例如,针对飞行器结构各阶模态阻尼比可设置为 1.5%左右。

7.1.4　边界条件

对有限元模型,还需要引入必要的边界条件,进行对称性处理和零刚度约束,指定某些连接关系等,这就要用到各种各样的约束条件。约束可以分为两类:单点约束和多点约束。

单点约束是将某些自由度上的位移(线位移或角位移)限定为零或给定的值,主要用于有限元计算中的边界条件处理(根据边界条件将边界约束处结点对应的自由度位移置零)、对称性处理(根据对称性将对称面上的某些自由度位移置零)以及零刚度处理(将零刚度方向的位移置零以消除刚度矩阵的奇异性)。

多点约束是将结构一部分自由度上的位移表示成另一部分自由度上的位移的线性组合,主要用途有:规定某结点沿某方向的位移为零,而该方向不与坐标系中各坐标轴平行;铰接点处理,如果两个梁元在某点处铰接,则可在该点处设置两个结点,并令这两个结点的三个方向上的线位移对应相等;刚性元处理,刚性元实质上是多点约束的一种特殊形式,刚性元可以同多点约束通用。

7.1.5　激励载荷

模态分析和振动响应分析是工程结构振动分析的两项重要任务,模态分析与振动响应分析使用相同的动力学有限元模型,唯一的不同就是模态分析不需要施加外部激励,而振动响应分析往往需要施加特定的外部激励。以飞机结构的相关分析为例,这些激励主要包含基础运动激励及外力激励。基础激励含着陆滑跑时跑道不平度对飞机结构的激励以及机载设备受到的基础加速度激励,需要通过基础位移激励或基础加速度激励的形式模拟,也就是需要给基础结点上施加符合激励形式的基础位移或基础加速度;外力激励主要包括突风载荷激励、抖振载荷激励以及发动机不平衡质量引起的激励等,一般都是通过集中力的形式施加到有限元模型的对应结点上。另外,关于颤振、操纵面嗡鸣、前轮摆振及刹车振动等自激振动涉及的载荷施加较为复杂,读者可参阅相关文献。

7.1.6　动力学模型示例

建立结构动力学有限元模型时,应特别注意各部件之间的相对几何位置和连接形式、连接刚度，应充分反映真实结构的传力形式，应尽可能利用各种条件（如对称性）减小模型规模。图 7.1 给出了某客机的全机结构动力学有限元模型。该飞机的机身、机翼、水平尾翼、垂直尾翼、发动机以及副翼、升降舵、方向舵均简化为梁模型。其中，机身和机翼根部的模型为由梁元组成的一条折线，其余模型为直线；机翼、水平尾翼、垂直尾翼与机身之间用刚性元和弹簧元连接；副翼和机翼之间、升降舵和水平尾翼之间、方向舵和垂直尾翼之间分别用若干刚性元连接；发动机与机翼采用广义元连接。为直观显示模态振型，参照翼面前后缘、机身的几何轮廓，还建立了附加的结点和线单元，这些结点经过刚性元固连于对应站位处的结构结点上，注意这些附加的单元不应提供任何刚度和质量。

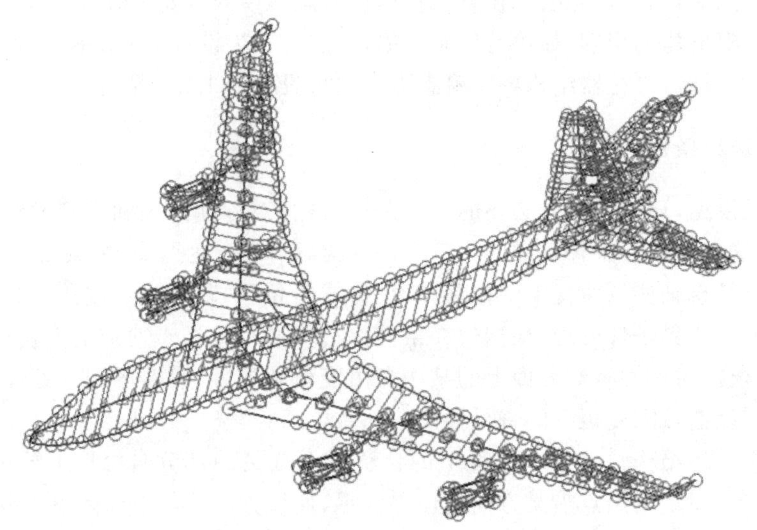

图 7.1　某客机全机结构动力学有限元模型

7.2　振动响应的数值解法

结构振动问题的数值解法主要包括固有模态的数值解法以及振动响应的数值解法。固有模态分析是已知结构质量矩阵 $\boldsymbol{M}$ 及刚度矩阵 $\boldsymbol{K}$ 的广义特征值问题，目前计算广义特征值问题的数值方法已经非常完善，各种算法均有相关的程序可以直接使用，具体算法流程可查阅相关文献，这里仅简要介绍各种方法的使用原则：① 对于自由度不多的系统，广义特征值阶次不高，计算部分或全部模态的工作量差异不大，可采用诸如雅可比法或 QR 法等矩阵变换法；② 对于自由度巨大的系统，广义特征值阶次很高，计算全部模态的计算量过大，通常仅计算低阶模态（通常外激励频带仅覆盖低阶模态），可采用诸如子空间迭代法、Lanczos 法等迭代方法。振动响应分析由于问题的复杂多变性常常会需要自行编写求解程序，本节就简要介绍几种振动响应的数值解法。3.2.5 节式(3.8a) 给出了多自由度系统振动方程的一般形式，即

$$\boldsymbol{M}\ddot{\boldsymbol{x}}(t)+\boldsymbol{C}\dot{\boldsymbol{x}}(t)+\boldsymbol{K}\boldsymbol{x}(t)=\boldsymbol{f}(t)$$

振动响应分析就是在给定的初始条件（包括初始位移和初始速度）下求解该二阶微分

方程组，一般包含频域分析和时域分析。频域法在结构频响函数矩阵确定（根据频响函数矩阵定义，当系统模型确定后，其频响函数矩阵就完全确定）的情况下利用矩阵运算容易实现，但一般只能用于求解线性系统的稳态响应。针对工程结构的瞬态响应分析或非线性响应分析，就只能借助于时域法，且完成时域振动响应分析之后，也可利用傅里叶变换获得频域响应结果。因此，本节从微分方程组的初值问题出发，介绍可用于工程结构时域振动响应分析的数值积分方法，即直接积分法。

直接积分法是指在对振动方程式(3.8a)进行求解前，没有对其进行任何形式变换，而是按时间步长逐步积分来获得方程的解，其基本假设是：① 只在相隔 Δt 的离散时刻上，而不是在整个时间区间上的任一个时刻 t 上满足方程，即平衡是在求解区间上的一些离散时刻上获得的；② 假定位移、速度、加速度在每一个时间区间 Δt 内按一定规律变化，也正是采用不同的变化形式，决定了各种直接积分法的精度、稳定性和求解速度。

直接积分法的计算流程是：首先，用 $\boldsymbol{x}_0,\dot{\boldsymbol{x}}_0,\ddot{\boldsymbol{x}}_0$ 表示初始时刻($t=0$)的位移、速度和加速度，因初位移 $\boldsymbol{x}_0$、初速度 $\dot{\boldsymbol{x}}_0$ 会以初始条件的形式给出，而初加速度 $\ddot{\boldsymbol{x}}_0$ 则可通过振动方程直接求出；然后，把时间段 T 均分为 n 个间隔 $\Delta t=T/n$，再逐步利用前若干步的响应值求解后一步的响应值，即在 $0,\Delta t,2\Delta t,\cdots,t$ 的解已知的情况下，求解 $t+\Delta t$ 时刻的解。根据直接积分法的基本假设及计算流程，在时域上连续的振动方程式(3.8a)可写为在一系列时间点上的振动方程，即

$$\boldsymbol{M}\ddot{\boldsymbol{x}}_t+\boldsymbol{C}\dot{\boldsymbol{x}}_t+\boldsymbol{K}\boldsymbol{x}_t=\boldsymbol{f}_t \tag{7.1}$$

式中：t 表示某一时刻。工程上常见直接积分法包括中心差分法、线性加速度法、Wilson-θ 法、Newmark 法以及 Runge-Kutta 法等，如下将逐一介绍。

7.2.1　中心差分法

中心差分因其采用中心差分的格式来通过位移响应表示速度响应及加速度响应，即

$$\dot{\boldsymbol{x}}_t=\frac{1}{2\Delta t}(\boldsymbol{x}_{t+\Delta t}-\boldsymbol{x}_{t-\Delta t}) \tag{7.2a}$$

$$\ddot{\boldsymbol{x}}_t=\frac{1}{\Delta t^2}(\boldsymbol{x}_{t+\Delta t}-2\boldsymbol{x}_t+\boldsymbol{x}_{t-\Delta t}) \tag{7.2b}$$

假定 $\boldsymbol{x}_t$ 及前一时刻的位移 $\boldsymbol{x}_{t-\Delta t}$ 已经求得，则将 $\ddot{\boldsymbol{x}}_t$ 及 $\dot{\boldsymbol{x}}_t$ 代入方程式(7.1)，可得

$$\left(\frac{1}{\Delta t^2}\boldsymbol{M}+\frac{1}{2\Delta t}\boldsymbol{C}\right)\boldsymbol{x}_{t+\Delta t}=\boldsymbol{f}_t-\left(\boldsymbol{K}-\frac{2}{\Delta t^2}\boldsymbol{M}\right)\boldsymbol{x}_t-\left(\frac{1}{\Delta t^2}\boldsymbol{M}-\frac{1}{2\Delta t}\boldsymbol{C}\right)\boldsymbol{x}_{t-\Delta t} \tag{7.2c}$$

求解式(7.2c)可由 $\boldsymbol{x}_t$ 及 $\boldsymbol{x}_{t-\Delta t}$ 获得 $\boldsymbol{x}_{t+\Delta t}$，显然，该过程是一个显式格式。在具体计算时，还有一个求解启动问题，即 $\boldsymbol{x}_{-\Delta t}$ 的求解问题。由上述 $\ddot{\boldsymbol{x}}_t$ 及 $\dot{\boldsymbol{x}}_t$ 的差分表达式(7.2a)和式(7.2b)，消去 $\boldsymbol{x}_{t+\Delta t}$ 并令 $t=0$，可求出

$$\boldsymbol{x}_{-\Delta t}=\boldsymbol{x}_0-\Delta t\dot{\boldsymbol{x}}_0+\frac{\Delta t^2}{2}\ddot{\boldsymbol{x}}_0 \tag{7.2d}$$

这样，中心差分法的具体步骤为：

(1) 用有限元素法形成结构的刚度矩阵 $\boldsymbol{K}$、质量矩阵 $\boldsymbol{M}$、阻尼矩阵 $\boldsymbol{C}$；

(2) 计算初始值 $\boldsymbol{x}_0,\dot{\boldsymbol{x}}_0,\ddot{\boldsymbol{x}}_0$；

(3) 选择步长 Δt，并计算积分常数：

$$a_0=\frac{1}{\Delta t^2},\quad a_1=\frac{1}{2\Delta t},\quad a_2=2a_0,\quad a_3=\frac{1}{a_2} \tag{7.3a}$$

(4) 计算

$$\boldsymbol{x}_{-\Delta t}=\boldsymbol{x}_0-\Delta t\dot{\boldsymbol{x}}_0+a_3\ddot{\boldsymbol{x}}_0 \tag{7.3b}$$

(5) 形成

$$\hat{\boldsymbol{M}}=a_0\boldsymbol{M}+a_1\boldsymbol{C} \tag{7.3c}$$

(6) 求解 $\hat{\boldsymbol{M}}$ 的逆矩阵 $\hat{\boldsymbol{M}}^{-1}$。

对每一步长，进行：

(1) 求 $t+\Delta t$ 时刻的等效载荷

$$\hat{\boldsymbol{f}}=\boldsymbol{f}_t-(\boldsymbol{K}-a_2\boldsymbol{M})\boldsymbol{x}_t-(a_0\boldsymbol{M}-a_1\boldsymbol{C})\boldsymbol{x}_{t-\Delta t} \tag{7.3d}$$

(2) 求解在时刻 $t+\Delta t$ 的位移

$$\boldsymbol{x}_{t+\Delta t}=\hat{\boldsymbol{M}}^{-1}\hat{\boldsymbol{f}} \tag{7.3e}$$

(3) 如果需要，计算 t 时刻的加速度和速度

$$\dot{\boldsymbol{x}}_t=a_1(\boldsymbol{x}_{t+\Delta t}-\boldsymbol{x}_{t-\Delta t}) \tag{7.3f}$$

$$\ddot{\boldsymbol{x}}_t=a_0(\boldsymbol{x}_{t+\Delta t}-2\boldsymbol{x}_t+\boldsymbol{x}_{t-\Delta t}) \tag{7.3g}$$

直接积分法的最突出问题就是计算效率与计算精度之间的矛盾，为了保证精度，时间步长 Δt 应取足够小，但过小的时间步长会增加计算工作量，也可能引入累积误差。因此，评价直接积分法的重要标准之一就是允许使用的最大积分步长：① 若算法在任意步长时都不会导致计算结果发散，则称算法是无条件稳定；② 若算法仅在一定步长范围内才不发散，则称算法是条件收敛的。对于中心差分法，其步长必须小于临界步长 $\Delta t_{cr}=T_n/n$，其中，n 为系统的阶数，T_n 为系统最小自然周期，即

$$\Delta t\leqslant\Delta t_{cr}=\frac{T_n}{n} \tag{7.3h}$$

因此，中心差分法是条件稳定的。中心差分法作为显示算法的优点是：① 当质量阵为对角阵，若阻尼阵也可以对角化时，可以避免矩阵求逆运算；② 特别在进行具有非线性刚度的响应分析时，虽然需要在每个增量步修改刚度矩阵 $\boldsymbol{K}$，但计算过程中需要求逆的矩阵 $\hat{\boldsymbol{M}}$ 与刚度矩阵无关 $\boldsymbol{K}$，因此整个过程仅需对 $\hat{\boldsymbol{M}}$ 矩阵进行一次求逆即可，可显著提升求解效率。

7.2.2 Wilson-θ 法

Wilson-θ 法是一种基于线性加速度假设的方法，是线性加速度法的推广。线性加速度法假定加速度从时刻 t 到时刻 $t+\Delta t$ 为线性变化，而 Wilson-θ 法则假定加速度从时刻 t 到时刻 $t+\theta\Delta t$ 为线性变化，以 τ 为时间增量($0\leqslant\tau\leqslant\theta\Delta t$)，Wilson-$\theta$ 法对加速度的假设如图 7.2 所示，任意时刻的加速度可表示为

$$\ddot{\boldsymbol{x}}_{t+\tau}=\ddot{\boldsymbol{x}}_t+\frac{\tau}{\theta\Delta t}(\ddot{\boldsymbol{x}}_{t+\theta\Delta t}-\ddot{\boldsymbol{x}}_t) \tag{7.4a}$$

以 τ 为积分变量，从 $0\sim\tau$ 积分式(7.4a) 两次，可得

$$\dot{\boldsymbol{x}}_{t+\tau} = \dot{\boldsymbol{x}}_t + \tau\ddot{\boldsymbol{x}}_t + \frac{\tau^2}{2\theta\Delta t}(\ddot{\boldsymbol{x}}_{t+\theta\Delta t} - \ddot{\boldsymbol{x}}_t) \tag{7.4b}$$

$$\boldsymbol{x}_{t+\tau} = \boldsymbol{x}_t + \tau\dot{\boldsymbol{x}}_t + \frac{\tau^2}{2}\ddot{\boldsymbol{x}}_t + \frac{\tau^3}{6\theta\Delta t}(\ddot{\boldsymbol{x}}_{t+\theta\Delta t} - \ddot{\boldsymbol{x}}_t) \tag{7.4c}$$

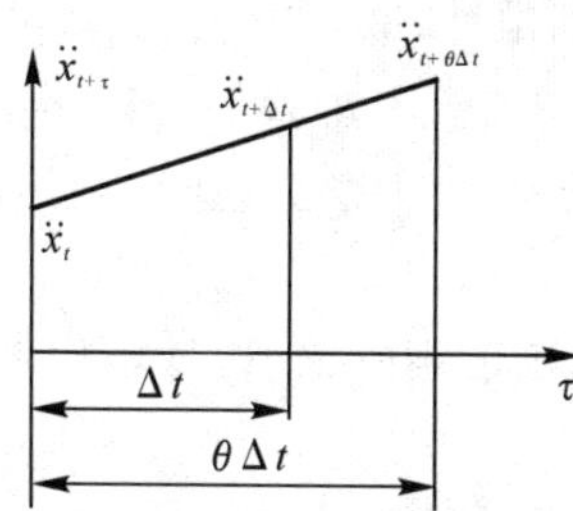

图 7.2　Wilson-θ 法的线性加速度假设

当 $\tau = \theta\Delta t$ 时

$$\dot{\boldsymbol{x}}_{t+\theta\Delta t} = \dot{\boldsymbol{x}}_t + \frac{\theta\Delta t}{2}(\ddot{\boldsymbol{x}}_{t+\theta\Delta t} + \ddot{\boldsymbol{x}}_t) \tag{7.4d}$$

$$\boldsymbol{x}_{t+\theta\Delta t} = \boldsymbol{x}_t + \theta\Delta t\dot{\boldsymbol{x}}_t + \frac{\theta^2\Delta t^2}{6}(\ddot{\boldsymbol{x}}_{t+\theta\Delta t} + 2\ddot{\boldsymbol{x}}_t) \tag{7.4e}$$

由式(7.4e) 可求出 $\ddot{\boldsymbol{x}}_{t+\theta\Delta t}$

$$\ddot{\boldsymbol{x}}_{t+\theta\Delta t} = \frac{6}{\theta^2\Delta t^2}(\boldsymbol{x}_{t+\theta\Delta t} - \boldsymbol{x}_t) - \frac{6}{\theta\Delta t}\dot{\boldsymbol{x}}_t - 2\ddot{\boldsymbol{x}}_t \tag{7.4f}$$

再代入式(7.4d) 可求出 $\dot{\boldsymbol{x}}_{t+\theta\Delta t}$

$$\dot{\boldsymbol{x}}_{t+\theta\Delta t} = \frac{3}{\theta\Delta t}(\boldsymbol{x}_{t+\theta\Delta t} - \boldsymbol{x}_t) - 2\dot{\boldsymbol{x}}_t - \frac{\theta\Delta t}{2}\ddot{\boldsymbol{x}}_t \tag{7.4g}$$

在 $t + \theta\Delta t$ 时刻的平衡方程可写为

$$\boldsymbol{M}\ddot{\boldsymbol{x}}_{t+\theta\Delta t} + \boldsymbol{C}\dot{\boldsymbol{x}}_{t+\theta\Delta t} + \boldsymbol{K}\boldsymbol{x}_{t+\theta\Delta t} = \overline{\boldsymbol{f}}_{t+\theta\Delta t} \tag{7.4h}$$

其中，$\overline{\boldsymbol{f}}_{t+\theta\Delta t}$ 为用线性插值表示的 $t + \theta\Delta t$ 时刻的载荷

$$\overline{\boldsymbol{f}}_{t+\theta\Delta t} = \boldsymbol{f}_t + \theta(\boldsymbol{f}_{t+\Delta t} - \boldsymbol{f}_t) \tag{7.4i}$$

将式(7.4f)、式(7.4g) 及式(7.4i) 代入式(7.4h)，可得

$$\left(\frac{6}{\theta^2\Delta t^2}\boldsymbol{M} + \frac{3}{\theta\Delta t}\boldsymbol{C} + \boldsymbol{K}\right)\boldsymbol{x}_{t+\theta\Delta t} = \boldsymbol{f}_t + \theta(\boldsymbol{f}_{t+\Delta t} - \boldsymbol{f}_t) + \boldsymbol{M}\left(\frac{6}{\theta^2\Delta t^2}\boldsymbol{x}_t + \frac{6}{\theta\Delta t}\dot{\boldsymbol{x}}_t + 2\ddot{\boldsymbol{x}}_t\right) + \boldsymbol{C}\left(\frac{3}{\theta\Delta t}\boldsymbol{x}_t + 2\dot{\boldsymbol{x}}_t + \frac{\theta\Delta t}{2}\ddot{\boldsymbol{x}}_t\right) \tag{7.4j}$$

求解式(7.4j)，即可获得 $\boldsymbol{x}_{t+\theta\Delta t}$，代入式(7.4f) 可获得 $\ddot{\boldsymbol{x}}_{t+\theta\Delta t}$，进一步令式(7.4a) 中 $\tau = \Delta t$，并将 $\ddot{\boldsymbol{x}}_{t+\theta\Delta t}$ 代入，可得

$$\ddot{\boldsymbol{x}}_{t+\Delta t} = \frac{6}{\theta^3\Delta t^2}(\boldsymbol{x}_{t+\theta\Delta t} - \boldsymbol{x}_t) - \frac{6}{\theta^2\Delta t}\dot{\boldsymbol{x}}_t + \left(1 - \frac{3}{\theta}\right)\ddot{\boldsymbol{x}}_t \tag{7.4k}$$

同时注意到，根据加速度的线性假设，当 $\theta = 1$ 时式(7.4a) ～ 式(7.4e) 仍然成立，则根据式(7.4d) 和式(7.4e) 有

$$\dot{\boldsymbol{x}}_{t+\Delta t}=\dot{\boldsymbol{x}}_t+\frac{\Delta t}{2}(\ddot{\boldsymbol{x}}_{t+\Delta t}+\ddot{\boldsymbol{x}}_t) \tag{7.4l}$$

$$\boldsymbol{x}_{t+\Delta t}=\boldsymbol{x}_t+\Delta t\dot{\boldsymbol{x}}_t+\frac{\Delta t^2}{6}(\ddot{\boldsymbol{x}}_{t+\Delta t}+2\ddot{\boldsymbol{x}}_t) \tag{7.4m}$$

Wilson-θ 法具有很好的数值稳定性，取 $\theta>1.37$ 即可保证算法是无条件稳定的，通常取 $\theta=1.4$，而 θ 的最优值为 1.420 815。不难验证，当 $\theta=1$ 时，Wilson-θ 法就退化为常说的线性加速度法，但需要强调的是，线性加速度法是条件稳定的。

Wilson-θ 法的具体步骤为：

(1) 用有限元素法形成结构的刚度矩阵 $\boldsymbol{K}$、质量矩阵 $\boldsymbol{M}$、阻尼矩阵 $\boldsymbol{C}$；

(2) 计算初始值 $\boldsymbol{x}_0,\dot{\boldsymbol{x}}_0,\ddot{\boldsymbol{x}}_0$；

(3) 选择步长 Δt，取 $\theta=1.4$，并计算积分常数

$$a_0=\frac{6}{(\theta\Delta t)^2},\quad a_1=\frac{3}{\theta\Delta t},\quad a_2=2a_1,\quad a_3=\frac{\theta\Delta t}{2},$$

$$a_4=\frac{a_0}{\theta},\quad a_5=-\frac{a_2}{\theta},\quad a_6=1-\frac{3}{\theta},\quad a_7=\frac{\Delta t}{2},\quad a_8=\frac{\Delta t^2}{6} \tag{7.5a}$$

(4) 形成

$$\hat{\boldsymbol{K}}=a_0\boldsymbol{M}+a_1\boldsymbol{C}+\boldsymbol{K} \tag{7.5b}$$

(5) 求解 $\hat{\boldsymbol{K}}$ 的逆矩阵 $\hat{\boldsymbol{K}}^{-1}$。

对每一步长，进行：

(1) 求 $t+\theta\Delta t$ 时刻的等效载荷

$$\hat{\boldsymbol{f}}=\boldsymbol{f}_t+\theta(\boldsymbol{f}_{t+\Delta t}-\boldsymbol{f}_t)+\boldsymbol{M}(a_0\boldsymbol{x}_t+a_2\dot{\boldsymbol{x}}_t+2\ddot{\boldsymbol{x}}_t)+\boldsymbol{C}(a_1\boldsymbol{x}_t+2\dot{\boldsymbol{x}}_t+a_3\ddot{\boldsymbol{x}}_t) \tag{7.5c}$$

(2) 求解在时刻 $t+\theta\Delta t$ 的位移

$$\boldsymbol{x}_{t+\theta\Delta t}=\hat{\boldsymbol{K}}^{-1}\hat{\boldsymbol{f}} \tag{7.5d}$$

(3) 计算 $t+\Delta t$ 时刻的加速度、速度和位移

$$\ddot{\boldsymbol{x}}_{t+\Delta t}=a_4(\boldsymbol{x}_{t+\theta\Delta t}-\boldsymbol{x}_t)+a_5\dot{\boldsymbol{x}}_t+a_6\ddot{\boldsymbol{x}}_t \tag{7.5e}$$

$$\dot{\boldsymbol{x}}_{t+\Delta t}=\dot{\boldsymbol{x}}_t+a_7(\ddot{\boldsymbol{x}}_{t+\Delta t}+\ddot{\boldsymbol{x}}_t) \tag{7.5f}$$

$$\boldsymbol{x}_{t+\Delta t}=\boldsymbol{x}_t+\Delta t\dot{\boldsymbol{x}}_t+a_8(\ddot{\boldsymbol{x}}_{t+\Delta t}+2\ddot{\boldsymbol{x}}_t) \tag{7.5g}$$

7.2.3 Newmark 法

Newmark 法也可以认为是线性加速度方法的推广，其基本假设为

$$\dot{\boldsymbol{x}}_{t+\Delta t}=\dot{\boldsymbol{x}}_t+[(1-\delta)\ddot{\boldsymbol{x}}_t+\delta\ddot{x}_{t+\Delta t}]\Delta t \tag{7.6a}$$

$$\boldsymbol{x}_{t+\Delta t}=\boldsymbol{x}_t+\dot{\boldsymbol{x}}_t\Delta t+\left[\left(\frac{1}{2}-\alpha\right)\ddot{\boldsymbol{x}}_t+\alpha\ddot{\boldsymbol{x}}_{t+\Delta t}\right]\Delta t^2 \tag{7.6b}$$

式中：δ,α 为积分常数，表示时间间隔结尾的加速度对相应时间的速度及位移的贡献程度，可根据积分精度和计算的稳定性来确定。

根据式(7.6b)可得

$$\ddot{\boldsymbol{x}}_{t+\Delta t}=\frac{1}{\alpha\Delta t^2}(\boldsymbol{x}_{t+\Delta t}-\boldsymbol{x}_t)-\frac{1}{\alpha\Delta t}\dot{\boldsymbol{x}}_t-\left(\frac{1}{2\alpha}-1\right)\ddot{\boldsymbol{x}}_t \tag{7.6c}$$

将式(7.6c) 代入式(7.6a),可得

$$\dot{\boldsymbol{x}}_{t+\Delta t}=\frac{\delta}{\alpha\Delta t}(\boldsymbol{x}_{t+\Delta t}-\boldsymbol{x}_t)+\left(1-\frac{\delta}{\alpha}\right)\dot{\boldsymbol{x}}_t+\left(1-\frac{\delta}{2\alpha}\right)\Delta t\ddot{\boldsymbol{x}}_t \tag{7.6d}$$

在 $t+\Delta t$ 时刻的平衡方程可写为

$$\boldsymbol{M}\ddot{\boldsymbol{x}}_{t+\Delta t}+\boldsymbol{C}\dot{\boldsymbol{x}}_{t+\Delta t}+\boldsymbol{K}\boldsymbol{x}_{t+\Delta t}=\boldsymbol{f}_{t+\Delta t} \tag{7.6e}$$

将式(7.6c) 和(7.6d) 代入式(7.6e),可得

$$\begin{aligned}\left(\frac{1}{\alpha\Delta t^2}\boldsymbol{M}+\frac{\delta}{\alpha\Delta t}\boldsymbol{C}+\boldsymbol{K}\right)\boldsymbol{x}_{t+\Delta t}&=\boldsymbol{f}_{t+\Delta t}+\boldsymbol{M}\left(\frac{1}{\alpha\Delta t^2}\boldsymbol{x}_t+\frac{1}{\alpha\Delta t}\dot{\boldsymbol{x}}_t+\left(\frac{1}{2\alpha}-1\right)\ddot{\boldsymbol{x}}_t\right)\\&\quad+\boldsymbol{C}\left(\frac{\delta}{\alpha\Delta t}\boldsymbol{x}_t+\left(\frac{\delta}{\alpha}-1\right)\dot{\boldsymbol{x}}_t+\left(\frac{\delta}{2\alpha}-1\right)\Delta t\ddot{\boldsymbol{x}}_t\right)\end{aligned} \tag{7.6f}$$

求解式(7.6f) 可得 $\boldsymbol{x}_{t+\Delta t}$,再代入式(7.6c) 及式(7.6d) 可得 $\ddot{\boldsymbol{x}}_{t+\Delta t}$ 及 $\dot{\boldsymbol{x}}_{t+\Delta t}$。需要强调的是,当 $\delta\geqslant\frac{1}{2},\alpha\geqslant\frac{1}{4}\left(\delta+\frac{1}{2}\right)^2$ 时,可保证算法是无条件稳定的。不难验证,当 $\delta=\frac{1}{2},\alpha=\frac{1}{6}$ 时,Newmark 法就退化为常说的线性加速度法。

Newmark 法的具体步骤为:

1) 用有限元素法形成结构的刚度矩阵 $\boldsymbol{K}$、质量矩阵 $\boldsymbol{M}$、阻尼矩阵 $\boldsymbol{C}$;

2) 计算初始值 $\boldsymbol{x}_0,\dot{\boldsymbol{x}}_0,\ddot{\boldsymbol{x}}_0$;

3) 选择步长 Δt,选取参数 δ,α,保证 $\delta\geqslant\frac{1}{2},\alpha\geqslant\frac{1}{4}\left(\delta+\frac{1}{2}\right)^2$,并计算积分常数

$$a_0=\frac{1}{\alpha\Delta t^2},\quad a_1=\frac{\delta}{\alpha\Delta t},\quad a_2=\frac{1}{\alpha\Delta t},\quad a_3=\frac{1}{2\alpha}-1,$$

$$a_4=\frac{\delta}{\alpha}-1,\quad a_5=\frac{\Delta t}{2}\left(\frac{\delta}{\alpha}-2\right),\quad a_6=(1-\delta)\Delta t,\quad a_7=\delta\Delta t \tag{7.7a}$$

4) 形成

$$\hat{\boldsymbol{K}}=a_0\boldsymbol{M}+a_1\boldsymbol{C}+\boldsymbol{K} \tag{7.7b}$$

5) 求解 $\hat{\boldsymbol{K}}$ 的逆矩阵 $\hat{\boldsymbol{K}}^{-1}$。

对每一步长,进行:

1) 求 $t+\Delta t$ 时刻的等效载荷

$$\hat{\boldsymbol{f}}=\boldsymbol{f}_{t+\Delta t}+\boldsymbol{M}(a_0\boldsymbol{x}_t+a_2\dot{\boldsymbol{x}}_t+a_3\ddot{\boldsymbol{x}}_t)+\boldsymbol{C}(a_1\boldsymbol{x}_t+a_4\dot{\boldsymbol{x}}_t+a_5\ddot{\boldsymbol{x}}_t) \tag{7.7c}$$

2) 求解在时刻 $t+\Delta t$ 的位移

$$\boldsymbol{x}_{t+\Delta t}=\hat{\boldsymbol{K}}^{-1}\hat{\boldsymbol{f}} \tag{7.7d}$$

3) 计算 $t+\Delta t$ 时刻的加速度和速度

$$\ddot{\boldsymbol{x}}_{t+\Delta t}=a_0(\boldsymbol{x}_{t+\Delta t}-\boldsymbol{x}_t)-a_2\dot{\boldsymbol{x}}_t-a_3\ddot{\boldsymbol{x}}_t \tag{7.7e}$$

$$\dot{\boldsymbol{x}}_{t+\Delta t}=\dot{\boldsymbol{x}}_t+a_6\ddot{\boldsymbol{x}}_t+a_7\ddot{\boldsymbol{x}}_{t+\Delta t} \tag{7.7f}$$

7.2.4　Runge-Kutta 法

Runge-Kutta 法是一种求解一阶常微分方程组初值问题的经典方法,假设一阶常微分方程为

$$\dot{\boldsymbol{y}}(t)=\boldsymbol{f}(\boldsymbol{y}(t),t) \tag{7.8a}$$

式中：$\boldsymbol{f}(\boldsymbol{y}(t),t)$ 是 m 维向量 $\boldsymbol{y}(t)$ 和时间 t 的任意连续函数向量。该方法基于对 $\boldsymbol{y}(t+\Delta t)$ 在 $\boldsymbol{y}(t)$ 处的泰勒展开式作修正，通常取四阶导数项（即经典四阶 Runge-Kutta 法），其离散状态的递推公式为

$$\boldsymbol{y}_{t+\Delta t}=\boldsymbol{y}_t+\frac{\Delta t}{6}(\boldsymbol{h}_1+2\boldsymbol{h}_2+2\boldsymbol{h}_3+\boldsymbol{h}_4) \tag{7.8b}$$

其中

$$\boldsymbol{h}_1=\boldsymbol{f}(\boldsymbol{y}(t),t) \tag{7.8c}$$

$$\boldsymbol{h}_2=\boldsymbol{f}\left(\boldsymbol{y}(t)+\frac{1}{2}\Delta t\boldsymbol{h}_1,t+\frac{1}{2}\Delta t\right) \tag{7.8d}$$

$$\boldsymbol{h}_3=\boldsymbol{f}\left(\boldsymbol{y}(t)+\frac{1}{2}\Delta t\boldsymbol{h}_2,t+\frac{1}{2}\Delta t\right) \tag{7.8e}$$

$$\boldsymbol{h}_4=\boldsymbol{f}(\boldsymbol{y}(t)+\Delta t\boldsymbol{h}_3,t+\Delta t) \tag{7.8f}$$

用该方法求解方程式(3.8a)时，需要将其转化为式(7.8a)的形式，可将方程式(3.8a)改写为

$$\ddot{\boldsymbol{x}}(t)=-\boldsymbol{M}^{-1}[\boldsymbol{C}\dot{\boldsymbol{x}}(t)+\boldsymbol{K}\boldsymbol{x}(t)]+\boldsymbol{M}^{-1}\boldsymbol{f}(t) \tag{7.9a}$$

引入 $m=2n$ 维状态向量

$$\boldsymbol{y}(t)=[\boldsymbol{x}^{\mathrm{T}}(t)\quad \dot{\boldsymbol{x}}^{\mathrm{T}}(t)]^{\mathrm{T}} \tag{7.9b}$$

则方程式(7.9a)可表示为向量形式的一阶常微分方程组

$$\dot{\boldsymbol{y}}(t)=\begin{bmatrix}\boldsymbol{0} & \boldsymbol{I}_n\\ -\boldsymbol{M}^{-1}\boldsymbol{K} & -\boldsymbol{M}^{-1}\boldsymbol{C}\end{bmatrix}\boldsymbol{y}(t)+\begin{bmatrix}0\\ \boldsymbol{M}^{-1}\boldsymbol{f}(t)\end{bmatrix} \tag{7.9c}$$

进而可采用 Runge-Kutta 法进行求解。由式(7.8a)可知，Runge-Kutta 法适用范围很广，有相关的程序可以直接使用，但对于维数较大的问题，其求解效率不如前三种方法。

7.2.5 大型结构振动响应数值求解策略

与模态分析的矩阵变换法类似，对于自由度巨大的系统，采用直接积分法求解振动方程因涉及系统矩阵的相关求逆运算，其求解计算量非常大、效率很低，通常并不直接采用上述直接积分法，而是采用 3.6 节和 3.7 节中介绍的模态叠加法，且往往只需求解前若干阶模态方程（因工程结构的外激励往往只覆盖结构前若干阶模态）。模态叠加法的本质是将描述多自由度系统的耦合的振动方程解耦为若干个独立的模态方程，针对这些模态方程的时域求解，因模态激励通常为任意激励，可采用 2.3.3.1 节的卷积积分法并通过数值积分进行求解，当然模态方程的求解也采用上述直接积分法。

7.3 分析流程

工程结构动力学分析，大都借助有限元素法，针对一般问题可直接采用商用有限元软件完成建模及分析，针对一些特定问题，则需要自编程序或对商用有限元软件进行二次开发，但其分析流程基本类似，如下：

(1)获取结构几何及物理参数信息,包括所有元件的尺寸及材料等属性。对于尺寸参数通常有两种获取方式,即利用 CAD 设计参数或是通过实物测量。

(2)有限元建模。利用结构几何及物理参数,完成结构有限元建模,包括网格划分、元素类型、元素属性、边界条件、载荷施加及阻尼处理等。

(3)模型修正。初始建立的有限元模型往往由于多种假设以及相关参数取值并不非常准确,为了后续动响应分析能符合实际,往往需要结合部分试验数据对有限元建模过程中的一些不准确参数进行修正。模型修正本身就是动力学领域的一大研究热点,其具体方法可参阅相关文献。

(4)动响应分析。根据有限元模型维度及其结构受载情况,选择合适的动响应计算方法,完成动力学响应分析。对于复杂工程结构大都采用模态叠加法。

(5)结果验证。通过经验或部分试验数据,验证结构的合理性,若不合理,则需从有限元建模开始,逐一核实并处理建模中的不准确因素。

在上述基本流程的基础上,针对一些特定的分析,如飞机着陆滑跑响应分析、飞机突风响应分析、飞机抖振响应分析、飞机颤振响应分析、飞机操纵面嗡鸣响应分析等,还需要考虑一些特定的因素及步骤,具体可参考相关文献或手册。

思考与练习题

1. 查阅资料,编写欧拉-伯努利梁的刚度矩阵及质量矩阵程序,程序输入为梁的长度、弹性模量、密度、截面尺寸、有限元单元个数,输出为质量矩阵及刚度矩阵。

2. 搜集用于动力学分析的几种边界条件处理方法,并说明如何用程序实现。

3. 编写 Wilson-θ 法和 Newmark 法求解振动响应的程序,并以任一悬臂梁梢部受到简谐激励为算例,假设采用比例阻尼,验证两种算法的一致性。

4. 结合第 3 章思考与练习题第 13 题编写的模态叠加法程序,针对一个包含有 10 000 个自由度的简支梁模型,假设有 0～2 000 Hz 的随机激励作用在其中间结点,分别采用 Wilson-θ 法、Newmark 法及模态叠加法(可分别考虑全部模态、前 10 阶模态、前 50 阶模态、前 100 阶模态)程序求解其振动响应,并对比各种方法的计算结果及求解时间。

附　　录

附录 A　云实验项目简介

附表 A.1　云实验项目简介

序　号	实验名称	教材章节	实验内容简介
1	无阻尼单自由度系统的自由振动	2.2.1 节	研究系统参数(固有频率)以及初始条件(初始速度、初始位移)对无阻尼单自由度系统的自由振动位移响应、速度响应及加速度响应的影响,并可观察这三种响应的相位关系
2	有阻尼单自由度系统的自由振动	2.2.2 节	研究系统参数(固有频率、阻尼比)以及初始条件(初始速度、初始位移)对有阻尼单自由度系统自由振动响应的影响,通过勾选参数设置中的阻尼比的影响,可以直观对比其他参数不变时阻尼比对振动响应的影响
3	简谐力激励下的振动响应(欠阻尼系统)	2.3.1.1 节	研究系统参数(刚度系数、固有频率、阻尼比)、外激励参数(幅值、频率)以及初始条件(初始速度、初始位移)对有阻尼单自由度系统在简谐力激励下的强迫振动响应(含总响应、自由振动响应、自由伴随振动响应、稳态响应)的影响,以及响应与激励之间的相位关系,同时可以探索无阻尼共振的形成过程、有阻尼共振的形成过程以及典型的拍振等多种振动现象
4	简谐力激励下的稳态响应	2.3.1.1 节	研究系统参数(刚度系数、固有频率、阻尼比)及外激励参数(幅值、频率范围)对有阻尼单自由度系统在简谐力激励下的强迫振动稳态响应、位移放大率及相角的影响,通过勾选参数设置中的阻尼比的影响,可以直观对比其他参数不变时阻尼比对响应特征的影响。
5	旋转不平衡质量引起的稳态响应	2.3.1.2 节	研究系统参数(刚度系数、固有频率、阻尼比)及外激励参数(不平衡质量、偏心距、频率范围)对有阻尼单自由度系统在旋转不平衡质量激励下的强迫振动稳态响应、放大因子及相角的影响,通过勾选参数设置中的阻尼比的影响,可以直观对比其他参数不变时阻尼比对响应特征的影响

续表

序　号	实验名称	教材章节	实验内容简介
6	基础做简谐运动引起的稳态响应	2.3.1.3 节	研究系统参数(刚度系数、固有频率、阻尼比)及外激励参数(基础运动幅值、频率范围)对有阻尼单自由度系统在基础运动激励下的强迫振动稳态响应、传递率及相角的影响,通过勾选参数设置中的阻尼比的影响,可以直观对比其他参数不变时阻尼比对响应特征的影响
7	周期激励下的稳态响应	2.3.2 节	研究单自由度系统在周期方波激励、周期后峰锯齿波激励下的响应特征,可调整系统参数(刚度系数、固有频率、阻尼比)及外激励参数(幅值、频率、谐波分量个数),通过勾选参数设置中的傅里叶级数展开谐波分量个数,可以直观对比其他参数不变时谐波分量个数对激励及响应特征的影响
8	任意激励下的强迫振动(欠阻尼系统、零初始条件)	2.3.3.1 节	研究单自由度系统在矩形脉冲激励、后峰锯齿波激励、半正弦激励、阶跃激励、斜坡阶跃激励下的响应特征,可调整系统参数(刚度系数、固有频率、阻尼比)及外激励参数以分析相关影响
9	单自由度系统的频响函数	2.3.1.4 节	研究单自由度系统频响函数(包括位移频响函数、速度频响函数、加速度频响函数)的多种频响曲线(包括幅频曲线、相频曲线、实部-频率曲线、虚部-频率曲线、实部-虚部曲线)的特性,可调整系统参数(质量、刚度系数、阻尼比)及频率范围以分析相关影响
10	两自由度系统的固有模态	3.3 节	研究两自由度系统的模态参数(包括固有频率、固有振型),可调整系统参数(质量、刚度系数)以分析系统参数对模态参数的影响
11	无阻尼两自由度系统的自由振动(主振动叠加法)	3.4.1 节	研究系统参数(固有频率、固有振型)以及初始条件(初始速度、初始位移)对无阻尼两自由度系统的自由振动位移响应的影响,并可探索各自由度上位移响应的构成,也可探索各阶模态的主振动
12	有阻尼两自由度系统的自由振动(模态叠加法)	3.6.3 节	研究系统参数(质量、刚度系数、阻尼系数)以及初始条件(初始速度、初始位移)对有阻尼两自由度系统自由振动位移响应的影响,并可探索各阶模态响应及各自由度的位移响应
13	简谐力激励下稳态响应的直接解法	3.5.1 节	研究系统参数(质量、刚度系数、阻尼系数)、外激励参数(幅值、频率)对两自由度系统在简谐力激励下的强迫振动稳态响应的影响,以及两个自由度各自响应的特征
14	简谐力激励下稳态响应的模态叠加法	3.6.4 节	研究系统参数(质量、刚度系数、阻尼系数)、外激励参数(幅值、频率)对两自由度系统在简谐力激励下的强迫振动稳态响应的影响,可探索各阶模态响应及各自由度的位移响应

续表

序　号	实验名称	教材章节	实验内容简介
15	两自由度系统的频响函数	3.5.2 节	研究两自由度系统位移频响函数(包括原点频响函数及跨点频响函数)的多种频响曲线(包括幅频曲线、相频曲线、实部-频率曲线、虚部-频率曲线、实部-虚部曲线)的特性,可调整系统参数(质量、刚度系数、阻尼系数)及频率范围
16	阻尼减振现象	6.1 节	对比有无阻尼器时的减振效果,可调整的系统参数有频率比及阻尼比,可分别研究定频激励、扫频激励、变阻尼系统时的减振效果,以定性分析频率比及阻尼比对减振效果的影响
17	阻尼减振器特性分析	6.1.1 节	研究阻尼减振器的减振特性,包括系统参数(质量)、外激励参数(幅值、频率范围)及阻尼器参数(刚度系数、阻尼比)对减振特性(时域响应、位移放大率、相角)的影响,通过勾选参数设置中的阻尼比的影响,可以直观对比其他参数不变时阻尼比对减振特性的影响
18	隔振现象	6.2.1.1 节	对比有无隔振器时的减振效果,可调整的系统参数有频率比及阻尼比,可分别研究定频激励、扫频激励、变阻尼系统时的减振效果,以定性分析频率比及阻尼比对减振效果的影响
19	隔振器特性分析	6.2.1.3 节	研究隔振器的隔振特性,包括系统参数(质量)、外激励参数(幅值、频率范围)及隔振器参数(刚度系数、阻尼比)对隔振特性(时域响应、传递率、相角)的影响,通过勾选参数设置中的阻尼比的影响,可以直观对比其他参数不变时阻尼比对隔振特性的影响
20	吸振现象	6.3 节	探索吸振现象,通过调整结构参数(刚度系数、固有频率)、外激励参数(幅值、频率)以及动力吸振器参数(刚度系数、固有频率)来发现动力吸振现象,并说明产生动力吸振现象的基本要素
21	无阻尼动力吸振器特性分析	6.3.1 节	研究无阻尼动力吸振器的吸振特性,通过调整结构参数(刚度系数、固有频率)、外激励参数(幅值、频率)以及动力吸振器参数(吸振器与结构的质量比、固有频率)来定量研究动力吸振特性,并分析动力吸振器的吸振原理
22	有阻尼动力吸振器特性分析	6.3.2 节	研究有阻尼动力吸振器的吸振特性,通过调整结构参数(刚度系数、固有频率)、外激励参数(幅值、频率比范围)以及动力吸振器参数(吸振器与结构的质量比、吸振器与结构的频率比、吸振器的阻尼比)来定量研究有阻尼动力吸振器的吸振特性,通过勾选参数设置中的阻尼比的影响,可以直观对比其他参数不变时阻尼比对吸振特性的影响
23	缓冲现象与特性分析	6.4.1 节	研究初速度冲击下的缓冲特性,通过调整结构参数(质量、刚度系数、阻尼比)及冲击条件(速度)来研究缓冲特性(系统位移、冲击力),通过勾选参数设置中的刚度系数的影响,可以直观对比其他参数不变时刚度系数对缓冲特性的影响

附录B　傅里叶变换性质及常用傅里叶变换对

附表 B.1　傅里叶变换性质

序　号	性　质	原函数 $f(t),f_1(t),f_2(t)$	傅里叶变换 $F(\omega),F_1(\omega),F_2(\omega)$
1	线　性	$\alpha f_1(t)+\beta f_2(t)$	$\alpha F_1(\omega)+\beta F_2(\omega)$
2	时　移	$f(t-\tau)$	$e^{-j\omega\tau}F(\omega)$
3	频　移	$e^{-j\omega_0 t}f(t)$	$F(\omega-\omega_0)$
4	卷　积	$f_1(t)*f_2(t)$	$F_1(\omega)F_2(\omega)$
5	时域导数	$f^{(n)}(t)$	$(j\omega)^nF(\omega)$
6	时域积分	$\int_{-\infty}^{t}f(x)dx$	$\frac{F(\omega)}{j\omega}+\pi F(0)\delta(\omega)$
7	频域导数	$(-jt)^nf(t)$	$F^{(n)}(\omega)$
8	频域积分	$\frac{f(t)}{jt}+\pi f(0)\delta(t)$	$\int_{-\infty}^{\infty}F(x)dx$

附表 B.2　常用傅里叶变换对

序　号	原函数	傅里叶变换
1	Dirac 函数 $\delta(t)$	1
2	1	$2\pi\delta(\omega)$
3	单位阶跃函数 $u(t)=\begin{cases}1,t\geqslant 0\\0,t<0\end{cases}$	$\frac{1}{j\omega}+\pi\delta(\omega)$
4	$tu(t)$	$\frac{1}{(j\omega)^2}$
5	$\sin(\omega_0 t)$	$j\pi[\delta(\omega+\omega_0)-\delta(\omega-\omega_0)]$
6	$\cos(\omega_0 t)$	$\pi[\delta(\omega+\omega_0)+\delta(\omega-\omega_0)]$
7	$e^{j\omega_0 t}$	$2\pi\delta(\omega-\omega_0)$
8	$e^{j\omega_0 t}u(t)$	$\frac{1}{j(\omega-\omega_0)}$
9	$e^{-\alpha t},\alpha>0$	$\frac{2\alpha}{\alpha^2+\omega^2}$
10	$e^{-\alpha t}u(t),\alpha>0$	$\frac{1}{\alpha+j\omega}$

续 表

序　号	原函数	傅里叶变换
11	$e^{-\alpha t}\sin(\omega_0 t)u(t), \alpha > 0$	$\dfrac{\omega_0}{\omega_0^2-(\omega-j\alpha)^2}$
12	$e^{-\alpha t}\cos(\omega_0 t)u(t), \alpha > 0$	$\dfrac{j(\omega-j\alpha)}{\omega_0^2-(\omega-j\alpha)^2}$

附录 C　拉普拉斯变换性质及常用拉普拉斯变换对

附表 C.1　拉普拉斯变换性质

序　号	性　质	原函数 $f(t), f_1(t), f_2(t)$	拉普拉斯变换 $F(s), F_1(s), F_2(s)$
1	线　性	$\alpha f_1(t)+\beta f_2(t)$	$\alpha F_1(s)+\beta F_2(s)$
2	时　移	$f(t-\tau)$	$e^{-s\tau}F(s)$
3	复频移	$e^{at}f(t)$	$F(s-a)$
4	卷　积	$f_1(t)*f_2(t)$	$F_1(s)F_2(s)$
5	时域导数	$\dot{f}(t)$	$sF(s)-f(0)$
		$\ddot{f}(t)$	$s^2F(s)-sf(0)-\dot{f}(0)$
		$f^{(n)}(t)$	$s^nF(s)-\sum_{r=0}^{n-1}s^{n-r-1}f^{(r)}(0)$
6	时域积分	$\int_0^t f(x)dx$	$\dfrac{F(s)}{s}$
		$\underbrace{\int_0^t\cdots\int_0^t}_{n} f(x)(dx)^n$	$\dfrac{F(s)}{s^n}$
7	复频域导数	$(-1)^n t^n f(t)$	$F^{(n)}(s)$
8	复频域积分	$\dfrac{F(t)}{t}$	$\int_s^{\infty}F(x)dx$

附表 C.2　常用拉普拉斯变换对

序　号	原函数	拉普拉斯变换
1	Dirac 函数 $\delta(t)$	1
2	单位阶跃函数 $u(t)=\begin{cases}1, t\geqslant 0\\0, t<0\end{cases}$	$\dfrac{1}{s}$

续表

序　号	原函数	拉普拉斯变换
3	$t^n, n=1,2,3,\cdots$	$\dfrac{n!}{s^{n+1}}$
4	e^{at}	$\dfrac{1}{s-a}$
5	te^{at}	$\dfrac{1}{(s-a)^2}$
6	$\sin(\omega t)$	$\dfrac{\omega}{s^2+\omega^2}$
7	$\cos(\omega t)$	$\dfrac{s}{s^2+\omega^2}$
8	$\sinh(\omega t)$	$\dfrac{\omega}{s^2-\omega^2}$
9	$\cosh(\omega t)$	$\dfrac{s}{s^2-\omega^2}$
10	$e^{-at}\sin(\omega t)$	$\dfrac{\omega}{(s+a)^2+\omega^2}$
11	$e^{-at}\cos(\omega t)$	$\dfrac{s+a}{(s+a)^2+\omega^2}$
12	$1-e^{-at}$	$\dfrac{a}{s(s+a)}$
13	$1-\cos(\omega t)$	$\dfrac{\omega^2}{s(s^2+\omega^2)}$
14	$\omega t-\sin(\omega t)$	$\dfrac{\omega^3}{s^2(s^2+\omega^2)}$
15	$\omega t\sin(\omega t)$	$\dfrac{2\omega^2 s}{(s^2+\omega^2)^2}$
16	$\omega t\cos(\omega t)$	$\dfrac{\omega(s^2-\omega^2)}{(s^2+\omega^2)^2}$
17	$\dfrac{1}{(n+1)!}t^{n-1}e^{-at}$，$n$ 为正整数	$\dfrac{1}{(s+a)^n}$
18	$\dfrac{1}{\omega_d}e^{-\zeta\omega_n t}\sin(\omega_d t)$， $\omega_d=\sqrt{1-\zeta^2}\,\omega_n$	$\dfrac{1}{s^2+2\zeta\omega_n s+\omega_n^2}$
19	$e^{-\zeta\omega_n t}\left[\cos(\omega_d t)+\dfrac{\zeta}{\sqrt{1-\zeta^2}}\sin(\omega_d t)\right]$， $\omega_d=\sqrt{1-\zeta^2}\,\omega_n$	$\dfrac{s+2\zeta\omega_n}{s^2+2\zeta\omega_n s+\omega_n^2}$

参考文献

[1] 中国力学学会. 中国力学科学史[M]. 北京：中国科学技术出版社，2012.

[2] FAHY F, THOMPSON D. Fundamentals of Sound and Vibration [M]. 2nd ed. Boca Raton：CRC Press，2015.

[3] 胡海岩. 振动力学：研究性教程[M]. 北京：科学出版社，2020.

[4] 李有堂. 机械振动理论与应用[M]. 2 版. 北京：科学出版社，2020.

[5] 王乐，杨智春，郭宁. 振动与噪声控制基础[M]. 西安：西北工业大学出版社，2020.

[6] 刘延柱，陈立群，陈文良. 振动力学[M]. 3 版. 北京：高等教育出版社，2019.

[7] 张义民. 机械振动[M]. 2 版. 北京：清华大学出版社，2019.

[8] 刘习军. 振动理论及工程应用 [M]. 2 版. 北京：机械工业出版社，2018.

[9] RAO S S. Mechanical Vibration [M]. 6th ed. Hoboken：Pearson Education，Inc，2017.

[10] 贺尔铭，赵志彬. 飞行器振动及测试基础[M]. 西安：西北工业大学出版社，2014.

[11] 闻邦椿. 机械振动理论及应用[M]. 北京：高等教育出版社，2009.

[12] 胡海岩. 机械振动基础[M]. 2 版. 北京：北京航空航天大学出版社，2022.

[13] BISMARCK-NASR M N. Structural Dynamics in Aeronautical Engineering [M]. Reston：AIAA，1999.

[14] 方同，薛璞. 振动理论及应用[M]. 西安：西北工业大学出版社，2000.

[15] 飞行器振动基础编写组. 飞行器振动基础[Z]. 南京：南京航空学院，1983.

[16] MCCONNELL K G，VAROTO P S. Vibration Testing：Theory and Practice [M]. 2nd ed. Hoboken：Wiley，2008.